動物病院ナースのための臨床テクニック Vol.2

動物病院
検査技術ガイド

監修　石田卓夫

チクサン出版社

ご注意
本書中の診断法，治療法，薬用量については，最新の獣医学的知見をもとに，細心の注意をもって記載されていますが，実際の症例へ応用する場合は，使用する機器，検査センターの正常値に注意し，かつ用量等はチェックし，各獣医師の責任の下，注意深く診療を行ってください（編集部）。

まえがき

　臨床獣医学の中で獣医師が行うべき仕事は，診断，処方，手術と定められています。これ以外の仕事は原則として動物看護士が行ってよいものと理解されますが，現状では動物看護士あるいは動物看護職自体の定義，資格が決定されていないため，けっきょく若干の制約のもとで，だれでも行ってよい仕事となっていたようです。たとえば皮下注射を行ってよいのか，静脈点滴をつけてよいのかなど，グレーゾーンの部分もあり（判例はないため誰もわからない），一般的な常識として動物に対して侵襲的である手技は避ける傾向があったと思われます。今後は，動物看護士に対する国家試験，国家資格の制度が整備される方向に動き始めているため，動物看護士が行ってよい手技も定義されるでしょう。

　現代の医療レベルで，人間の病院で看護師や臨床検査技師のいない状況は考えられず，急速に発達する伴侶動物獣医学の分野でも動物看護職は必須の職域としてこれから認識されていくものでしょう。ただし，獣医師免許では対象動物が定義されており，同様に動物看護士の免許においても，対象動物の範囲を定義するとなると，若干の困難があることは確かです。伴侶動物獣医学以外の場面では，動物看護士の活躍の場面も限られていますが，動物という名前で免許が与えられる以上，どの動物も対象にできるのかというと，トレーニングの面でも様々な問題があるでしょう。

　今後，関係者や関係諸団体が知恵を集めて，動物看護士の資格，義務と権利について徹底的な議論を重ね，1日も早く，免許制度が完成することを願います。

2010年6月

一般社団法人
日本臨床獣医学フォーラム
会長　石田　卓夫

ロイヤルカナン ベテリナリーダイエットの食欲不振時・回復期の栄養サポート食。

栄養要求が高まっている犬や猫のために特別に調整された食事療法食「退院サポート」。疾病回復期、手術後および成長期、妊娠・授乳期に合わせてカロリー含有量を高め、各栄養素を強化しました。

犬・猫用
VETERINARY EXCLUSIVE
獣医師専用

◎**高カロリー密度**
（119kcal/100g：カロリーの49.4％が脂肪由来）

◎**高タンパク質**
（カロリーの42.2％）

◎**クリティカルケアに重要な栄養素を強化**
分枝鎖アミノ酸（1.29g/100kcal）
グルタミン／グルタミン酸（1.42g/100kcal）
アルギニン（590mg/100kcal）
亜鉛（5.23mg/100kcal）

◎**EPA/DHA強化**
（590mg/100kcal）

◎**可溶性食物繊維**
（フラクトオリゴ糖・マンノオリゴ糖）含有

◎**アンチオキシダント強化**
ビタミンE（20.3mg/100kcal）
ビタミンC（5.49mg/100kcal）
タウリン（130mg/100kcal）
ルテイン（0.1mg/100kcal）

缶（ソフトタイプ）：195g

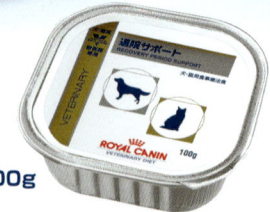

トレイ：100g

犬・猫用

退院サポート
RECOVERY PERIOD SUPPORT

栄養失調は、免疫機能障害・感染への感受性増加・創傷治癒の遅延などを助長するため十分な栄養を3日以上摂取していないペットには栄養支持が必要といわれています。そして、クリティカルケアの食事管理では次のような栄養素が重要です。

■**脂肪**
タンパク異化を起こしている患者ではグルコースよりも遊離脂肪酸のほうが主要なエネルギー源となり、脂肪をエネルギー源として使うことでタンパク異化を防ぐことができるため、カロリーの40％以上を脂肪として与えるべきです。

■**タンパク質**
サイトカイン・炎症性伝達物質・神経ホルモン反応が活性化し、代謝亢進状態になりエネルギー消費を増加させるため、骨格筋などのアミノ酸が糖新生のために動員されます。したがって体タンパクの喪失を防ぐために、カロリーの25～45％をタンパク質にするべきです。また、分枝鎖アミノ酸は筋肉代謝に利用される必須アミノ酸で、体タンパク合成率を上昇させタンパク分解率を低下させます。

■**グルタミン／グルタミン酸**
腸粘膜細胞や免疫細胞のような急速に分裂する細胞の重要なエネルギー源となり、窒素運搬・肝臓のタンパク合成の調整に重要な役割を持ちます。また腸粘膜のIg-A分泌細胞の維持に必要であり、不足すると腸粘膜バリアの障害から感染を招く危険性があります。

■**アルギニン**
猫では尿素サイクルに不可欠な必須アミノ酸であり、一酸化窒素の前駆物質でもあります。一酸化窒素は血管弛緩因子として働くほか、細胞性免疫・創傷治癒などを増強させます。

■**亜鉛**
タンパク質・核酸代謝・創傷治癒の促進に重要であり、亜鉛欠乏はタンパク質合成障害・タンパク異化の増加・創傷治癒の低下・免疫機能の低下を招きます。

■**可溶性食物繊維**（フラクトオリゴ糖・マンノオリゴ糖）
可溶性食物繊維は乳酸菌やビフィズス菌の成長を促し、腸粘膜バリアに好影響を与えます。また、結腸細胞の栄養となる短鎖脂肪酸を産生します。短鎖脂肪酸はナトリウムと水分の吸収を促進し、粘膜血流を増加させ、消化管ホルモンの放出を増加させます。

VETERINARY

製品群の栄養に関するご質問は テレフォンサポート 0120-761-101
受付時間 10:00～12:00、13:00～17:00（土日、祝日を除く）

www.royalcanin.co.jp

ロイヤルカナン ジャポン Inc.
〈総販売元〉
共立製薬
東京都千代田区九段南1-5-10

執筆者一覧 （掲載順）

総論

- 石田　卓夫（一般社団法人日本臨床獣医学フォーラム会長）　診断と治療方針はどのように決めるのか･･･9

第1部　動物の体に対する検査

- 長江　秀之（ナガエ動物病院）･････････････････身体検査の欠かせないポイント･･････14
- 佐藤　浩（獣医総合診療サポート）･････････････聴診のポイント･････････････････････22
- 安部　勝裕（安部動物病院）･･･････････････････眼科検査･･･････････････････････････30
- 大村　知之（おおむら動物病院）･･･････････････耳の検査･･･････････････････････････40
- 佐藤　浩（獣医総合診療サポート）･････････････心電図検査と波形のみかた･････････････50
- 川田　睦／戸次　辰郎（ネオベッツVRセンター）･･･････単純X線検査の補助････････････････58
- 竹中　晶子（赤坂動物病院）･･･････････････････スクリーニングエコー検査･････････････74
- 入江　充洋（入江動物病院）･･･････････････････内視鏡検査の補助･･･････････････････80

第2部　体から取り出した材料に対する検査

- 打江　和歌子（赤坂動物病院）･････････････････検体の取り扱い方の基本･････････････90
- 重田　界（桜花どうぶつ病院）･････････････････血液検査（CBC）･･･････････････････102
- 重田　界（桜花どうぶつ病院）･････････････････血液塗抹標本の観察と検査･･･････････108
- 竹内　和義（たけうち動物病院）･･･････････････血液化学スクリーニング検査と
  検査値の見方････････････････････118
- 林宝　謙治（埼玉動物医療センター）･･･････････凝固系スクリーニング検査･･･････････128
- 山下　時明（真駒内どうぶつ病院）･････････････細胞診標本の作り方･････････････････134
- 草野　道夫（くさの動物病院）･････････････････尿検査の欠かせないポイント･････････142
- 草野　道夫（くさの動物病院）･････････････････糞便検査の欠かせないポイント･･･････146
- 大村　知之（おおむら動物病院）･･･････････････耳垢検査・皮膚掻爬検査による
  外部寄生虫の検出････････････････152
- 石田　卓夫（赤坂動物病院）･･･････････････････骨髄の検査･････････････････････････158
- 石田　卓夫（赤坂動物病院）･･･････････････････特殊検査･･･････････････････････････166
- 内田　恵子（ACプラザ苅谷動物病院）･･････････クロスマッチ試験の手順･････････････168
- 竹内　和義（たけうち動物病院）･･･････････････内分泌学的検査とは･････････････････172
- 栗田　吾郎（栗田動物病院）･･･････････････････微生物検査法とは･･･････････････････188

（2010年7月現在）

動物病院 検査技術ガイド

[目　　次]

- まえがき ……………………………………………… 3
- **総　論** ………………………………………………… 9
  - 診断と治療のプロセス ………………………… 9
    1. 患者の問題 ………………………………… 9
    2. スクリーニング検査 …………………… 10
    3. スクリーニング検査から特殊検査へ … 11
    4. 治療法の選択 …………………………… 11

第1部　動物の体に対する検査 …………… 13

01 身体検査の欠かせないポイント ……… 14
1. 全身 …………………………………………… 14
2. 問診 …………………………………………… 15
3. 身体検査 ……………………………………… 15
   - （1）皮膚と全身 …………………………… 16
   - （2）眼 ……………………………………… 18
   - （3）耳 ……………………………………… 18
   - （4）口 ……………………………………… 19
   - （5）鼻 ……………………………………… 19
   - （6）四肢 …………………………………… 20
   - （7）循環と呼吸 …………………………… 20
   - （8）腹部 …………………………………… 20

02 聴診のポイント ……………………………… 22
1. 環境作り ……………………………………… 22
2. 聴診器の装着前に …………………………… 22
3. 聴診開始 ……………………………………… 23
4. 心拍確認そして移行聴診 …………………… 23
5. 右側胸壁での聴診 …………………………… 24
6. 呼吸音の聴診 ………………………………… 24
7. カルテ記入と報告 …………………………… 25
   - 聴診を実施するに当たって知っておくとためになる豆知識 ……………………………… 26
     - （1）心拍数の測定 ………………………… 26
     - （2）実際の聴診では ……………………… 26
     - （3）呼吸リズムが心拍リズムに及ぼす影響について ………………………………… 27
     - （4）移行聴診 ……………………………… 27
     - （5）心雑音と胸壁からのスリルの触診 … 27
     - （6）心雑音の音量の客観的な評価 ……… 27
     - （7）「心音が聞き取りにくい！」 ………… 27
     - （8）「呼吸音がなんだかおかしい！〜ラッセル音〜」 ………………………………… 27
     - （9）パンティングしている動物での注意点 … 28
     - （10）猫の喉鳴らし，「グルグル」音はどうする？ ……………………………………… 28

03 眼科検査 ……………………………………… 30
1. 身体検査 ……………………………………… 30
2. 問診 …………………………………………… 30
3. 拡大鏡を用いる ……………………………… 30
4. 細隙灯検眼鏡を用いる ……………………… 31
   - （1）細隙灯検眼鏡の構え方・見方 ……… 32
   - （2）動物の保定 …………………………… 33
   - （3）眼球各部の観察時の設定 …………… 33
5. 直像検眼鏡の活用 …………………………… 33
6. 倒像検眼鏡の活用 …………………………… 34
7. パンオプティック検眼鏡の活用 …………… 35
8. シルマー涙液試験のポイント ……………… 35
9. フルオレセイン検査のポイント …………… 36
10. トノペンの活用 ……………………………… 37
11. トノベットの活用 …………………………… 38

04 耳の検査 ……………………………………… 40
1. 耳の病気 ……………………………………… 40
   - （1）解剖学の理解 ………………………… 40
   - （2）疾患の理解 …………………………… 40
2. 問診 …………………………………………… 41
   - （1）プロフィール ………………………… 42
   - （2）現病歴 ………………………………… 42
   - （3）既往症 ………………………………… 42
3. 身体検査 ……………………………………… 43
   - （1）症状の観察 …………………………… 43
   - （2）耳道の状態 …………………………… 43
   - （3）耳介の所見 …………………………… 43
   - （4）分泌物 ………………………………… 44
4. 耳道内観察 …………………………………… 44
   - （1）耳道内の異物 ………………………… 44
   - （2）耳道内寄生虫 ………………………… 44
   - （3）炎症所見 ……………………………… 44
   - （4）耳道内隆起 …………………………… 44
   - （5）鼓膜の状態 …………………………… 45
5. 耳垢検査 ……………………………………… 45
   - （1）直接鏡検 ……………………………… 45
   - （2）細胞診 ………………………………… 45
   - （3）微生物学的検査 ……………………… 46
6. 画像診断 ……………………………………… 46
   - （1）X線検査 ……………………………… 46
   - （2）CT検査およびMRI検査 …………… 48

05 心電図検査と波形のみかた ……………… 50
- 心電図検査の目的と概要 …………………… 50
  1. 心電計の準備 …………………………… 51
  2. 動物の保定 ……………………………… 51
  3. 電極クリップの装着 …………………… 52
  4. 心電図波形の記録 ……………………… 52
  5. 獣医師への報告 ………………………… 52
- 心電図の読み方の基本 ……………………… 52
  1. 記録された心電図の基本情報 ………… 52
  2. 心電図の読み方マニュアル …………… 52
- これだけは覚えておきたい心電図波形と不整脈 ………………………………………… 54

1．心臓の形態学的異常が疑われる心電図所見 ···54
　　2．不整脈の所見 ··54
　　　　（1）第2度房室ブロック ··························55
　　　　（2）第3度房室ブロック ··························55
　　　　（3）心房細動 ···55
　　　　（4）心室期外収縮 ·····································55
　　心電図検査を実施するに当たって知っておく
　　とためになる豆知識 ···56

06 単純X線検査の補助 ·································58
　　1．撮影準備 ···62
　　2．保定と撮影 ···62
　　　　（1）胸部 ···64
　　　　（2）腹部 ···65
　　　　（3）四肢 ···66
　　　　（4）骨盤 ···69
　　　　（5）脊椎 ···70
　　3．現像 ···71
　　4．画質の評価 ···71

07 スクリーニングエコー検査 ················74
　　1．検査までの準備 ···74
　　2．検査の順番 ···75
　　3．検査終了後 ···77
　　　　豆知識 ···78

08 内視鏡検査の補助 ····································80
　　1．検査前の準備 ···82
　　2．内視鏡挿入 ···82
　　3．内視鏡検査 ···82

第2部　体から取り出した材料に対する検査 ···89

09 検体の取り扱い方の基本 ····················90
　　1．検体の種類と取り扱い方 ·····························90
　　　　（1）尿 ···91
　　　　（2）便 ···92
　　　　（3）血液 ···92
　　　　（4）体液／貯留液 ·····································97
　　　　（5）組織 ···98

10 血液検査（CBC） ····································102
　　1．手技の流れ ···102
　　2．検査のポイント ···104

11 血液塗抹標本の観察と検査 ···············108
　　1．血液塗抹標本の作製 ···································108
　　2．血液塗抹標本の観察 ···································108
　　　　（1）血小板の観察 ···································108
　　　　（2）赤血球の観察 ···································108
　　　　（3）白血球分類 ·······································113
　　　　（4）有核赤血球 ·······································114
　　　　（5）白血球の観察 ···································115
　　　　（6）その他 ···115
　　付録　うさぎの血液像 ··117

12 血液化学スクリーニング検査と検査値の見方 ···118
　　1．採血 ···120
　　2．すばやく採血管に移し，十分に転倒混和する ···120
　　3．遠心分離 ···120
　　4．検査 ···120
　　各血液化学検査値の見方 ································122

13 凝固系スクリーニング検査 ···············128
　　1．ACTの検査手順 ···128
　　　　手技の手順 ···128
　　2．PT，APTTの検査手順 ·····························130
　　　　手技の手順 ···130

14 細胞診標本の作り方 ····························134
　　細胞診とはどのようなものか？ ····················134
　　1．準備 ···135
　　2．細胞の採取 ···136
　　3．標本の作製 ···137
　　　　（1）塗抹，乾燥 ·······································137
　　　　（2）固定 ···137
　　　　（3）染色（ライト・ギムザ染色）·········137
　　　　（4）水洗，乾燥 ·······································138
　　　　（5）封入 ···138

15 尿検査の欠かせないポイント ··········142
　　1．標本作製の流れ ···142
　　　　標本作製に失敗したときの対処法 ·······144
　　　　検査のコツ・ポイント ···························144

16 糞便検査の欠かせないポイント ······146
　　1．肉眼的検査 ···146
　　2．顕微鏡検査 ···146
　　　　（1）直接塗抹法 ·······································146
　　　　（2）飽和食塩水浮遊法（フィカライザー使用）···148
　　　　（3）硫酸亜鉛遠心浮遊法 ·······················149

17 耳垢検査・皮膚掻爬検査による外部寄生虫の検出 ···152
　　1．各疾患の概要 ···152
　　　　（1）耳疥癬 ···152
　　　　（2）犬のニキビダニ感染症（毛包虫症）···152
　　　　（3）犬の疥癬（ヒゼンダニ症）·············153
　　　　（4）猫のヒゼンダニ症（猫疥癬症）·····153
　　　　（5）ツメダニ症 ·······································154
　　2．耳垢検査 ···154
　　3．皮膚掻爬検査 ···154
　　4．毛検査 ···156
　　5．くし検査 ···156

18 骨髄の検査 ···158
　　1．骨髄材料の採取 ···158
　　2．骨髄塗抹標本のライト・ギムザ染色 ·······160
　　3．骨髄のスクリーニング評価 ·······················161
　　　　（1）細胞充実性 ·······································161

- （2）巨核球は存在するか ……………………162
- （3）骨髄球系と赤芽球系の比 ………………162
- （4）ある系統の過形成はあるか ……………162
- （5）ある系統の低形成・無形成はあるか ……163
- （6）成熟分化過程は正常か …………………163
- （7）最終生産物は十分あるか ………………163
- （8）異形成所見はあるか ……………………163
- （9）異型な細胞は出現していないか ………164
- （10）芽球比率は30％を超えていないか ……164
- （11）骨髄造血系以外の細胞の増加は ………164

19 特殊検査 ……………………………………166
- 特殊検査の種類 …………………………………166
  1. 内分泌検査 …………………………………166
  2. 特殊画像検査 ………………………………166
  3. 細胞病理学的検査 …………………………166
  4. 機能検査 ……………………………………166
  5. 神経学的検査 ………………………………167
  6. 心臓検査 ……………………………………167
  7. 臓器特異的検査 ……………………………167
  8. その他の検査 ………………………………167

20 クロスマッチ試験の手順 …………………168
  1. 患者・ドナーからの採血 …………………168
  2. 血漿分離 ……………………………………168
  3. 血球洗浄 ……………………………………168
  4. 血球浮遊液の作製 …………………………169
  5. クロスマッチ試験 …………………………170
  6. 評価 …………………………………………170

21 内分泌学的検査とは …………………………172
- Ⅰ．甲状腺疾患 ……………………………………172
  - 甲状腺疾患と甲状腺ホルモンの
    メカニズム ……………………………………172
  - A．甲状腺機能低下症の診断 ………………172
    - 診断の手順 …………………………………172
    1. 臨床症状と身体検査所見 ………………173
    2. 一般臨床検査および臨床病理学的特徴 …174
    3. 甲状腺機能検査 …………………………174
    4. 甲状腺正常疾患群（Euthyroid sick
       syndrome）について ……………………175
  - B．甲状腺機能亢進症の診断 ………………176
    - 診断の手順 …………………………………176
    1. 臨床症状と身体検査所見 ………………176
    2. 臨床病理学的検査所見 …………………176
    3. 甲状腺機能検査 …………………………177
- Ⅱ．副腎疾患 ………………………………………177
  - 副腎皮質機能検査 …………………………177
  - A．副腎皮質機能亢進症の診断 ……………178
    - 診断の手順 …………………………………178
    1. 臨床症状と身体検査所見 ………………178
    2. 一般臨床検査および臨床病理学的検査所見 …178
    3. 副腎皮質機能検査 ………………………179
      - （1）尿コルチゾール／クレアチニン比
        （UCCR） …………………………………179
      - （2）ACTH刺激試験 ………………………179
      - （3）低容量デキサメサゾン抑制試験
        （LDDST） …………………………………180
      - （4）画像診断 ………………………………181
      - （5）高用量デキサメサゾン抑制試験
        （HDDST） …………………………………181
  - B．副腎皮質機能低下症（アジソン病）の診断
    - 診断の手順 …………………………………181
    1. 臨床症状と身体検査所見 ………………181
    2. 一般臨床検査および臨床病理学的検査所見 …182
    3. 副腎皮質機能検査 ………………………182
- Ⅲ．糖尿病 …………………………………………183
  - 糖尿病の診断およびモニタリング ………183
    - 診断の手順 …………………………………183
    1. 臨床症状と身体検査所見 ………………183
    2. 一般臨床検査および臨床病理学的検査所見 …183
    3. 糖尿病に関連した検査とモニタリング法 …183
      - （1）空腹時血糖値 …………………………183
      - （2）尿糖の検出 ……………………………184
      - （3）フルクトサミン値 ……………………184
      - （4）糖化ヘモグロビン値 …………………184
      - （5）連続血糖曲線 …………………………185
    4. 糖尿病性ケトアシドーシス ……………185

22 微生物検査法とは ……………………………188
  1. 採材前のポイント …………………………191
    - （1）量 ………………………………………191
    - （2）色調 ……………………………………191
    - （3）臭気 ……………………………………191
    - （4）混濁 ……………………………………193
    - （5）血液混入の有無 ………………………193
  2. 採材時のポイント …………………………193
    - （1）容器は近くに置く ……………………193
    - （2）検体は速かに容器に入れる …………193
    - （3）アルコールなどの消毒剤が検体に混入
      しないようにする ………………………193
    - （4）できればバーナーのそばで …………193
  3. 検体別の注意点 ……………………………193
    - （1）尿 ………………………………………195
    - （2）糞便 ……………………………………195
    - （3）血液 ……………………………………195
    - （4）膿汁 ……………………………………195
    - （5）胸腹水 …………………………………195
    - （6）粘膜 ……………………………………195
    - （7）皮膚 ……………………………………196
    - （8）各種の手術材料 ………………………196

執筆者一覧 …………………………………………5
索　引 ………………………………………………200

総論　診断と治療方針はどのようにして決めるのか

> **アドバイス**
>
> 　伴侶動物医療の目的は，患者（動物）の問題（病気）を解決し，あるいは予防し，家族（人間）の心配を解消し，楽しい動物との生活を，動物にも人間にも，より長く楽しんでもらうことです。
> 　このことにより，幸せな家族が生まれ，幸せな子供が育ち，そして幸せで安全な社会が作られるのです。
> 　この章では，動物の病気に焦点を当て，それをどう診断するのか，そしてどのように治療方針を決定するのかを述べます。

診断と治療のプロセス

1．患者の問題

　患者の問題は明らかなことも，あまりはっきりしないこともあります。たとえば，明らかな問題とは，皮膚に外傷によりきずができて，そこから出血しているというような場合です。その場合は，通常は原因は明らかで，しかも1回だけだとしたら（事故とか喧嘩など），原因を追及するまでもなく，その問題を治療すればよいわけです（縫ってあげるなど）。

　あるいは，車にはねられた後，足をひきずっているという問題で犬が来院したとします。その場合は「後肢の跛行」という問題ですが，身体検査を行うことで，おそらく骨が折れているのではないか，あるいは関節が脱臼しているのではないかというような，根底にある問題がい

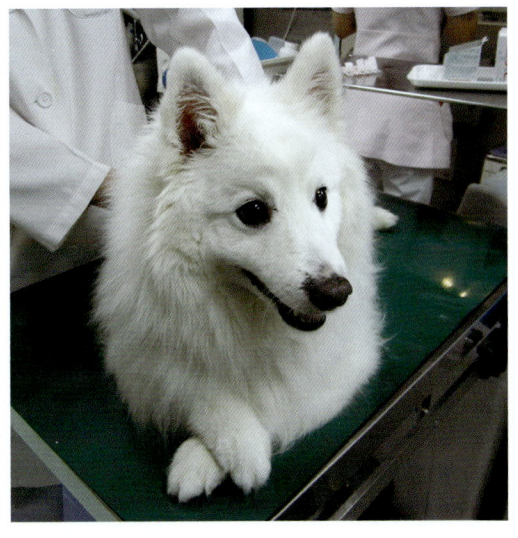

くつか容易に想像されます。このように想像されるもの，あるいはもっと正しい言葉で言えば，考えられる病気，というもののリストを鑑別診断リストと呼びます。

　すなわち，後肢を引きずっているなら，骨の問題，関節の問題，筋肉の問題などが鑑別診断として浮かぶ（というか獣医学の教科書には症状別に書いてある）わけです。そのような場合には，関節の病気と骨の病気を診断するためにはどんな検査を行ったらよいかを考えます。当然，後肢のX線を撮ろうということになります。それで骨折がみつかったら，次にどのように骨折を治そうか治療法を計画するわけです。

さて，動物が「元気がない，食欲がない」という問題で来院したとします。それで問診を行って，下痢はないか，嘔吐はないかなどをすべて聞いたうえで，全身の身体検査を行います。

それでおなかのなかに例えばしこりが触れられたら，それではそのしこりは何だろうと考えてみるのです。しこりがどこにあるのか，大きさはどうか，中身は何か，などを調べるために，次の検査が計画されます。普通は腹部のX線と超音波検査です。そして，中身が液体なのか充実性なのかをみたうえで，膿がたまっている状況が考えられたら針をささないかもしれないが，液体の貯留やがんが疑われたら，多分針をさして細胞診を行うのが早い診断法でしょう。それで診断がついたら，次に治療法を計画するわけです。

2. スクリーニング検査

同様の症例で，おなかの中のしこりも触れず，身体検査上は軽度の脱水と痩せ以外何もみつからなかったとします。問診と身体検査で何もみつからなくとも，病気がないというわけではありません。元気食欲の低下という，病気の症状は確実に出ているのですから，必ず何らかの病気はあるのです。さらに，問診と身体検査で何もみつからないといって，診断法が悪いというものでもありません。病気はもっと体の奥に潜んでいて，これまでの検査の範囲ではなにもみつからないだけです。

なにもみつからない，といっても痩せている，

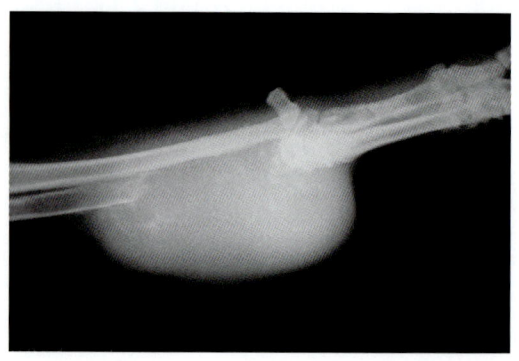

というもうひとつの異常は発見されました。しかし，ここまでの結果では，どの臓器が悪い，どのへんが悪い，といった情報はまだ得られていないのです。

そのような場合は，体の中でどんな病気が起こっているのか（感染症か，炎症か，壊死か，過敏症か，貧血かなど），どこの場所で病気が起こっているのか（肝臓か，腎臓か，ホルモン系かなど）を知るため，スクリーニング検査というものを行うのです。

スクリーニング検査では，血液検査（CBC），尿検査（UA），血液化学スクリーニング検査（Chem）を行います。画像診断としてのスクリーニング検査では，腹部，胸部のX線検査，全身の超音波検査を行います。このような検査を行うと，どこが悪い，どんな病気が，といった情報が得られます。どこが，が特定できなくても，たとえば低アルブミン血症のような明確な問題点が，多くの場合検出されます。

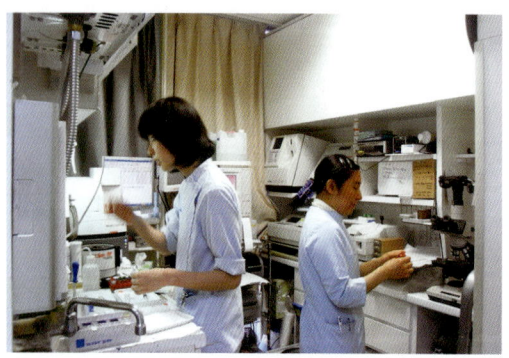

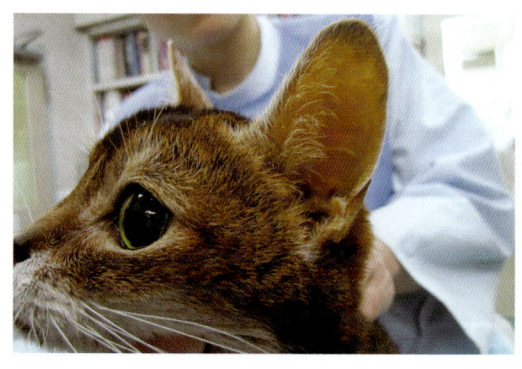

3. スクリーニング検査から特殊検査へ

たとえば，低アルブミン血症が問題点として明らかになったとします。次に，低アルブミン血症はなぜ起こっているのかを追求すればいいのです。低アルブミン血症が起こる原因には，全身のやけどのような激しい炎症，過剰輸液，出血，高タンパクの腹水，胸水の除去といったヒストリーや身体検査から簡単に否定できるものがあり，それらが否定されたら，残るのは，肝臓で作っていないか，腎臓から漏れているか，腸から漏れているかしかありません。

それではおなかを開ければ手っ取り早いかというと，そういうものでもなく，腎臓から漏れるなら尿検査で蛋白陽性になるはず，肝臓で作っていないなら他の肝臓の数値にも異常がでるだろう，腸から漏れているならアルブミンと共にグロブリンも減っていて，下痢や軟便などの症状もあるだろうということが知られているのです。

したがって，これらの知識から，臓器を鑑別することは可能なのです。それでもし，腸（小腸）しかありえないということになったら，はじめて腸の生検を行うのです。というのも，腸から蛋白が漏れる病気はひとつではなく，炎症，腫瘍，リンパ管拡張症の3つがあるからです。これらを鑑別するのに最も正確な方法は，生検組織の顕微鏡検査なのです。

獣医師に伝えるポイント

・正確なデータを出し，正確に伝えましょう。獣医師はすべて，看護士の出すデータを基に判断を行うのです。

動物の家族に伝えるポイント

・なぜ検査がそんなに必要なのか，なぜ治療が早く開始されないのか，家族の心配も強いものです。看護士は，診断や評価を行うべきではありませんが，早く診断をつけて正しい治療を行うのが早道であること，あるいは生命にかかわる異常について，適切な対症療法を行っていることなどは，伝えることができます。
・獣医師と一緒に家族の心配を少しでも軽減してあげましょう。

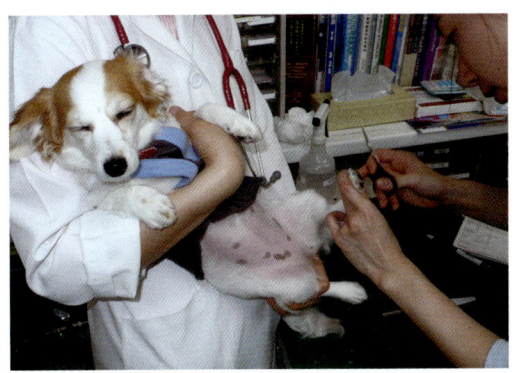

4. 治療法の選択

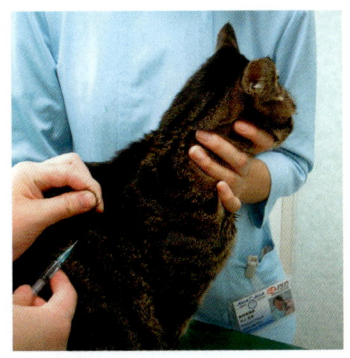

診断名が決まれば，治療法は教科書に書いてあるので，そこを参照することができます。診断名がないと，教科書を参照するわけにもいかないのです。

治療法にはいくつかのオプションもあります。たとえば大きな手術を最初から行う方法，薬物だけで最初は治療してみる方法など様々です。この中から，獣医師はその患者に最適と思われるものをいくつか選び，家族と相談して最終的な治療法を決めるのです。

石田卓夫

（一般社団法人 日本臨床獣医学フォーラム 会長）

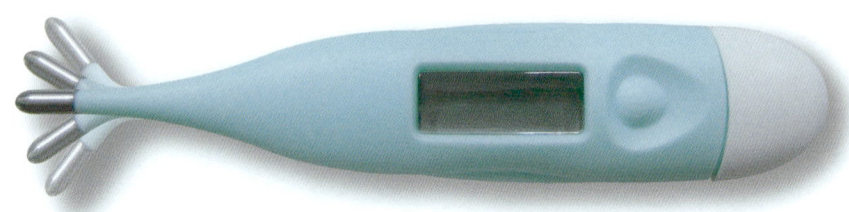

・先端フレキシブルタイプの採用
・防水加工を採用
・最速 **10** 秒のスピード検温

 株式会社 アステック メディコア事業部

千葉県流山市南流山3-11-5秋元ビル2F
TEL：04-7150-8051　FAX：04-7150-8170
http://www.astec-medical.co.jp/
info@astec-medical.co.jp

第1部　動物の体に対する検査

01．身体検査の欠かせないポイント　14
02．聴診のポイント　22
03．眼科検査　30
04．耳の検査　40
05．心電図検査と波形のみかた　50
06．単純X線検査の補助　58
07．スクリーニングエコー検査　74
08．内視鏡検査の補助　80

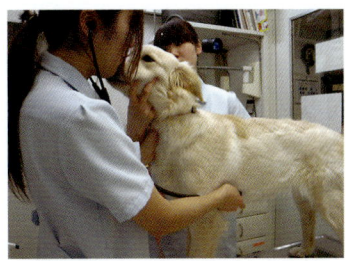

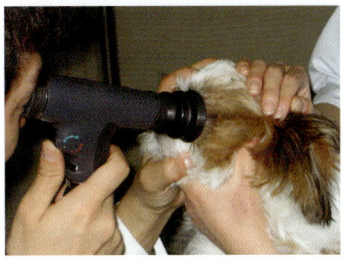

chapter 01 身体検査の欠かせないポイント

> **アドバイス**
>
> 　身体検査は診察室で行うと思っていませんか？　それは大きな間違いです。
> 　身体検査は，患者さんが待合室に入った瞬間から始まっています。
> 　待合室に入ってきたときの歩き方，呼吸様式，鳴き方，舌の色，家族の方の抱き方，体位，皮膚の汚れ方，排便排尿を行った場合はその様式や色や形状，などの全てを観察してできる限りの情報をすぐさま取得します。
> 　待合室での状態を獣医師が見ることは難しい場合が多いので，動物看護士はしっかりと動物を観察してください。もし重病と判断した場合はすぐさま獣医師に報告してください。
> 　こういった重症度の判定はトリアージと言い，これも看護士の重要な任務です。
> 　看護士は獣医師同様に，頭の先から尾の先まで，決められた方法で毎回同じ身体検査が行えるようにトレーニングしておきます。看護士が行った身体検査で見つかった問題点を元に獣医師の診察が進み，診断につながるとても重要なセクションですので間違いのない的確な検査を行ってください。
> 　このような的確な検査で得られた「問題点」を元に診断を進める方法を「POMR(Probrem-Oriented Medical Record)」と言います。これは日本語では「問題指向性医学情報記録システム」と訳され，1960年代に医学領域で使用され始め，獣医界では1970年代初めから獣医大学を中心に使用された理論であり，診断の進め方です。
> 　これは動物が抱える問題点を的確に見つけ出してそれを認識し，この先はどういった検査が必要かを見極めた上で問題を解決する，すなわち診断と治療につなげる大切な理論であり手法です。
> 　その初めの第一歩は看護士の行う「身体検査」に委ねられていることをしっかりと覚えておいてください。

手技の手順

1．全身

　動物が間近にいると全体が見づらいので，まず少し離れて観察します。しかし診察室に入るだけで動物は興奮して通常の動きが見られないことが多いので，前もって待合室や受付での自然な動きを遠くから観察しておきます（図1）。これを視診と言います。この検査は時間をかけずにチェックできるようにトレーニングしておきましょう。この観察で大きな異常があった場合は診察を最優先させなければならないので，獣医師に至急報告します。これが待合室におけるトリアージです。

- 歩様は正常か？　足をかばっていないか？

> **準備するもの**
>
> - 研ぎ澄まされた五感と，学習により得た知識と，日ごろの経験が最大の検査器具です。触覚，聴覚，視覚，嗅覚，頭脳を最大限に活用しましょう。
> - 特にチェックするべき項目とその異常値は正しく理解しておきます。
> - 必要に応じて聴診器，検眼鏡，検耳鏡などを準備します。

- 立ち姿は正常か？　自力で立てるのか？　背中が曲がったりしていないか？　頭と首の位置は正常か？
- 特に歩様に関しては，動物を上から見下ろす

身体検査の欠かせないポイント chapter 01

図1　待合室で離れた位置から動物の自然な動きをそっと観察します。この時はそっと見守る形で「視診」を行います。

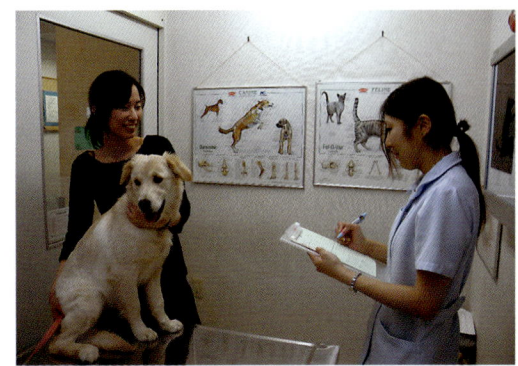

図2　問診時にはご家族の方の目を見て話を聞きます。この時はさりげない笑顔で「聞く姿勢」をアピールして信頼感を得るように努力して下さい。

のではなくて、しゃがんだりして動物の足と同じ低い目線で四肢の動きを観察します。
- 皮膚のラインや筋肉に大きな凹凸がないか？
- 肉眼で見られる腫瘍はないか？
- 周囲に対する反応は正常か？　周囲の動きを眼で追うかどうか？　音に対して正しく反応するか？
- 元気があるのか？　虚脱していないのか？　ボーっとしていないか？
- 太りすぎたり痩せすぎていないか？　毛艶は良いか？
- 大きな出血はないか？
- 呼吸は大きく乱れていないか？　舌の色はどうなのか？（診察室に入るだけで呼吸が荒くなり、チアノーゼになる動物もいるので待合室で観察しておきます）
- 腹部が異常に大きく腫れていないか？
- 尾の動きは正常か？

以上を短時間で観察しておきます。
次に、診察室で実際に動物に触れて身体検査を行います。

2．問診

まずは家族の方とお話しして、いろいろな話を聞きましょう。家族の方は病気の動物を抱えて大変ナーバスになっていらっしゃる可能性があるので、言動には十分に注意します。

優しい表情と、動物に対する愛情と、話を聞く姿勢をさりげなくアピールしてください（図2）。

家族の方はその動物と一番長く一緒にいるので、そのお話の中には病気を解明する上でとても大切な情報が詰め込まれています。

問診の具体的な取り方については「伴侶動物の臨床病理学」（石田卓夫著：チクサン出版社）、を参照してください。

3．身体検査

問診が終わったら次は身体検査です。
診察に入ったら動物が興奮する前に、安静時の体温、呼吸数、心拍数を測定し、同時に体重も測定します。
- 体温計測は直腸が基本ですが、耳道に汚れがない場合は鼓膜で測定してもかまいません。（平均体温：38.0～39.0℃）（図3，4）

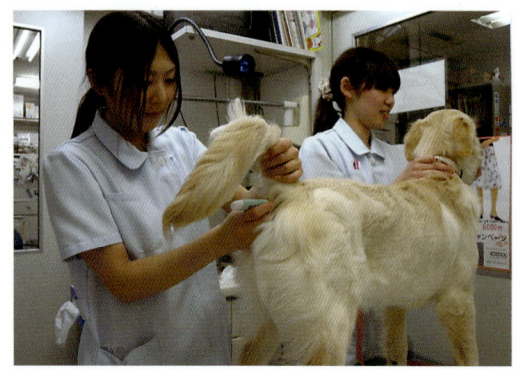

図3　肛門に体温計を挿入して体温を計測します。この時，体温計の先端を少し持ち上げて直腸にしっかりと接触させて下さい。

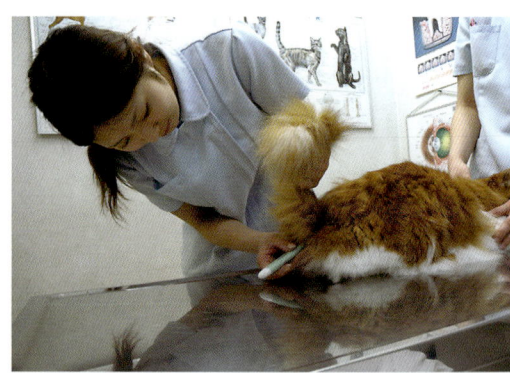

図4　同左。

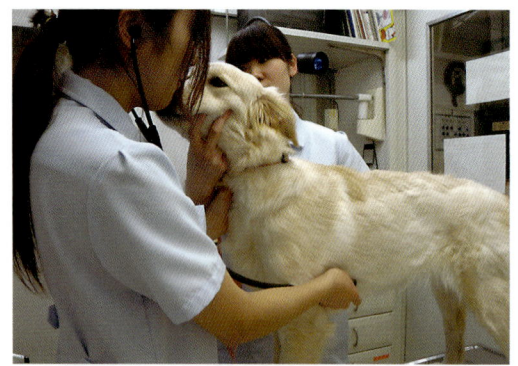

図5　聴診器で心拍数の計測，呼吸音，心音をチェックします。心音は左側の肘の後ろあたりに聴診器を当てて聞きます。

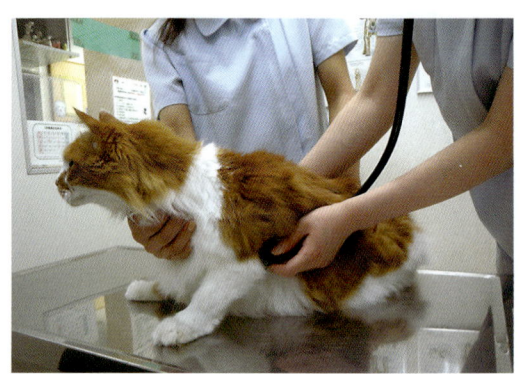

図6　同左。

- 呼吸数は一分間の呼吸数を肉眼的に測定します。（正常犬：10〜30回／分，正常猫：20〜40回／分）
- 心拍数は聴診器を用いるか（図5，6），胸に手を当てて心拍を触知するか，内腿の股動脈で測定します（図7，8）。（正常犬：60〜180回／分，猫：140〜220回／分）

更に，待合室で観察できなかった，上記の全身的な項目をチェックします。

（1）皮膚と全身

次は皮膚全体を触ります（図9，10）。皮膚被毛は見た目と，触った感じと，臭いで判断します。

まず，全体を眺めます。
- 全身的に皮膚被毛はきれいか？　毛が異常に薄くないか？　綺麗に生えそろっているか？
- 次に皮膚全体を丁寧に撫でて，皮膚や腫瘤などを観察します。強く押しすぎると皮膚の微妙な凹凸が判りにくくなるので，そっと撫でる様に全身の皮膚を触診します。
- 同時に頭頂部の泉門の開口（図14）や皮下のヘルニア（臍，鼠径，大腿輪，会陰など）の有無を検査します。
- また触診時に各部位の痛みや腫瘤の有無を観察します。
- 生殖器や肛門の汚れなども観察します。特に雌で外陰部の分泌物の有無は要注意です（図11）。

身体検査の欠かせないポイント chapter 01

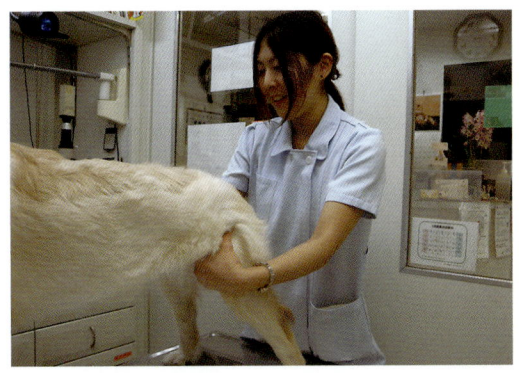

図7 内股の大腿動脈で心拍数を測定します。最初は分かりづらいですが、慣れれば簡単に触知できます。

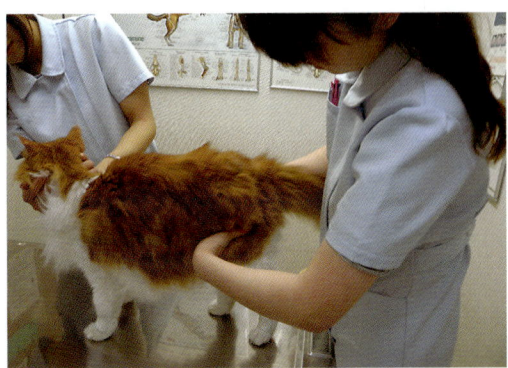

図8 同左。

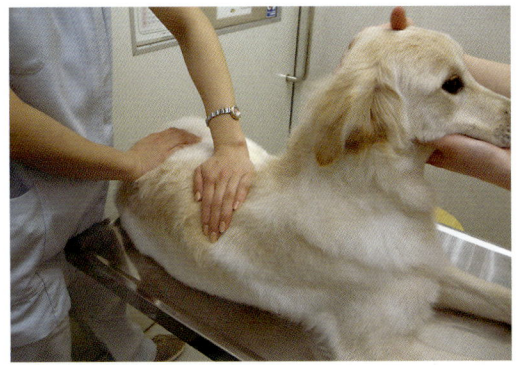

図9 皮膚全体を丁寧に触診します。指先と手のひらに神経を集中させて、細かな変化も見落としません。

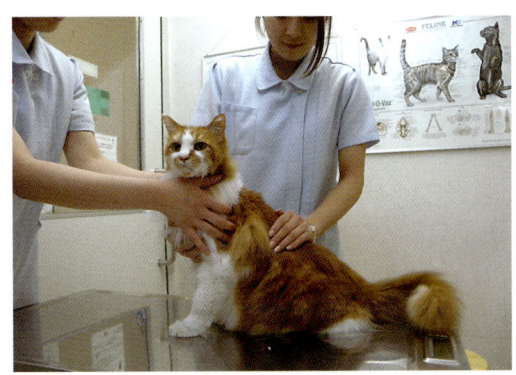

図10 同左。

- 精巣（大きさ，個数，左右対称，痛みなど），ペニス（大きさ，分泌物，痛みなど）も観察します。
- 腋の下や内股などの見えづらい部位は，動物を立たせたりしてしっかりと観察しましょう（図12）。

次に，毛をかき分けて観察します。
- 皮膚にフケやカサブタや他の皮膚病変は無いか？
- 乾燥しすぎたりベタベタして，脂漏になっていないか？
- 抜け毛が激しくないか？ 毛が剥げている部位がないか？
- 痒がって掻いた部位はないか？

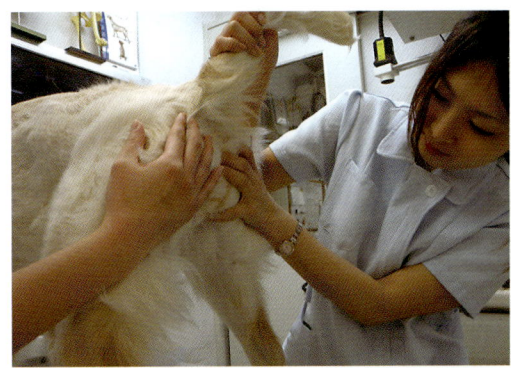

図11 外陰部のチェックです。毛が密な動物では毛をかき分けて，腫れ，分泌物，臭いを観察します。

- 皮膚にダニなどが付着していないか？
- 腫瘍や外傷はないのか？
- 皮膚は異常に薄くないか？

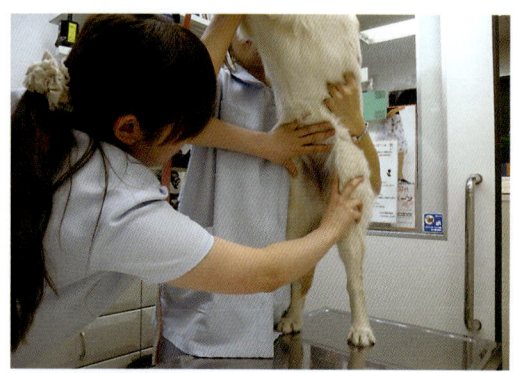

図12　脇や腹部は動物を立たせて観察します。大型犬や暴れる動物の場合は診察台の下で行った方が安全なときがあります。

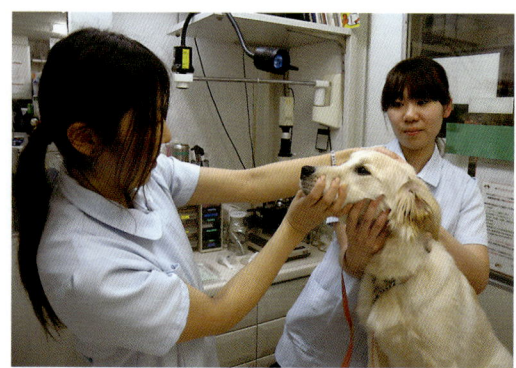

図13　頭部の検査です。眼，耳，口，鼻などを少し離れた位置から観察します。

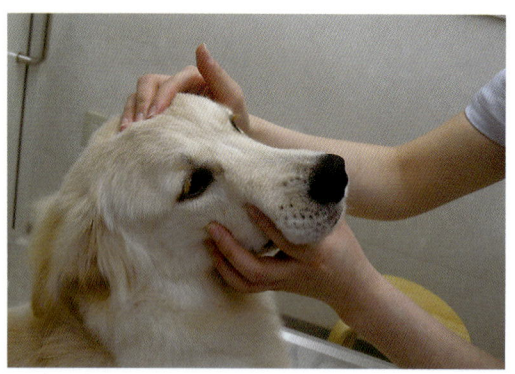

図14　泉門の開口もチェックします。

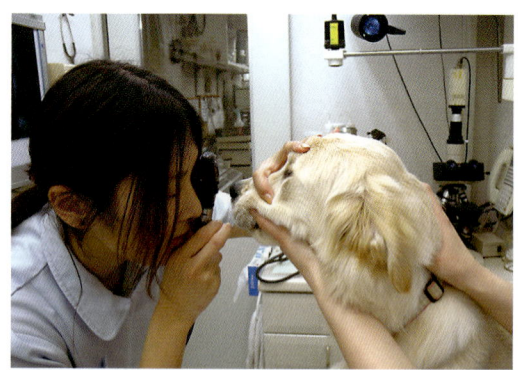

図15　検眼鏡を用いて眼の詳しい観察を行います。

次は臭いの観察です。
- 皮膚の汚れや感染による臭い，薬物の臭い，香水やお香などの環境の臭い，分泌物や天然孔（鼻や肛門や外陰部など）の臭い（特に化膿臭）なども慎重に観察します。

（2）眼

眼を触られることを嫌がる動物が多いので，まず少し離れて肉眼的に観察します（図13）。
- 眼の形は左右対称か？　痛そうに閉じていないのか？
- 眼ヤニや涙は出ていないか？
- 周囲の動きを眼で追うか？　眼は見えているか？

次に眼に近づいて観察します。

- 眼が白くないか？　赤くないか？
- 眼球の大きさは左右対称か？
- 瞬膜は出ていないか？
- 腫瘍は見られないか？
- 検眼鏡が使える場合は角膜，前眼房，光彩，水晶体，硝子体，眼底なども観察します（図15）。

（3）耳

耳を触られることを嫌がる動物がいるので，離れて観察（図13）した後に耳介をそっと持ち上げて観察します。
- 耳介にダニの付着，皮膚の病変や腫れがないか？
- 耳道が狭いか？　耳道の肥厚，多量の耳垢，毛の密生，腫瘤，痛みはないか？

身体検査の欠かせないポイント chapter 01

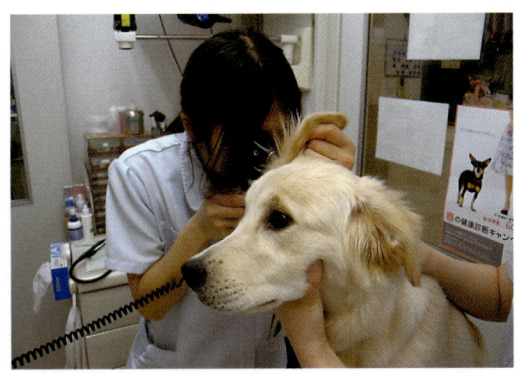

図16　検耳鏡を用いて耳道内を観察します。

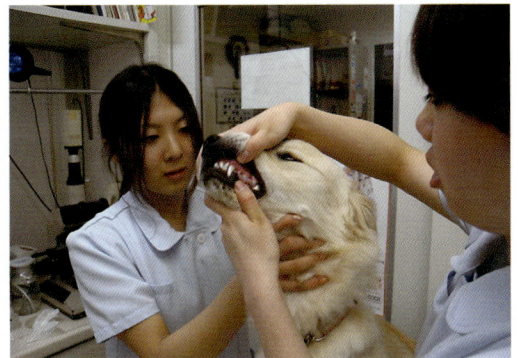

図17　口内のチェックは咬まれないように慎重に行いましょう。

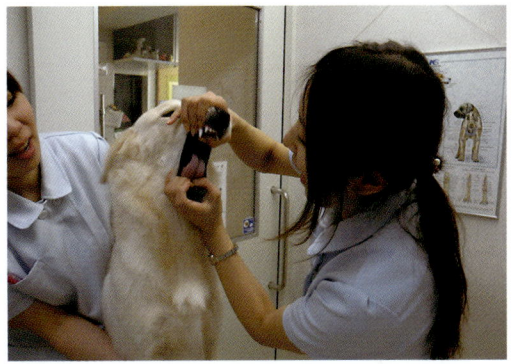

図18　同左。

- 耳介の色も要注意です。黄疸があると耳介や耳道周囲が黄色くなります。
- 検耳鏡が使える場合は，耳道の汚れ，耳道の凹凸や腫瘤，鼓膜，ダニの感染などを観察します（図16）。

（4）口

口の検査は噛まれないように十分に注意してください（図17，18）。攻撃性がある場合や，口を開けることを嫌がる動物での無理な検査は禁物です。

- ヨダレがあるか？
- 口臭があるか？
- 歯並びは正常か？　歯石はあるか？
- 歯肉などの口内に炎症や潰瘍や出血はあるか？
- 舌は正常か？（形態，動き）
- 口蓋裂はないのか？
- 口蓋や歯肉の色で貧血や循環の様子や黄疸もチェックできるので，それらの色も観察します。黄色や白は要注意です。
- 歯ぐきを軽く押して，色が元に戻る時間を測定してください。これはCRTといって循環の状況がわかります。正常値は2秒程度です。

（5）鼻

肉眼的な観察（図13）の後に，ティッシュを鼻の穴に軽くあてて分泌物もチェックしましょう。

- 鼻の穴は正常な大きさか？　穴が塞がっていないか？
- 鼻の周囲は腫れていないか？　左右対称か？
- 鼻水や出血や分泌物はあるか？

図19 少し離れた位置から低い姿勢で歩様を観察します。高い位置から観察すると，細かい異常を見落とします。

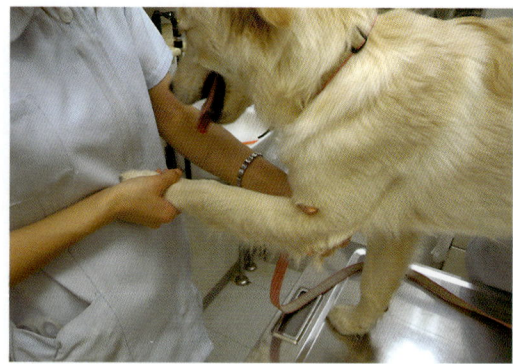

図20 四肢の触診を行います。関節を曲げたり伸ばしたりして異常を観察します。

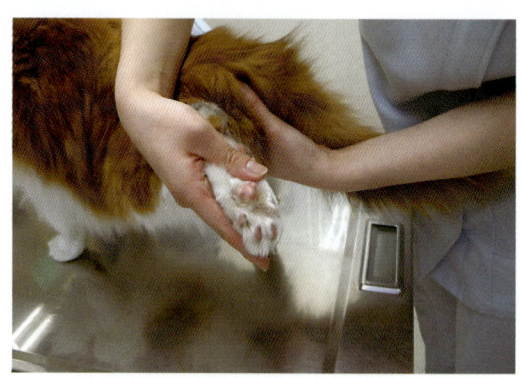

図21 足の裏もよく観察して異物や傷を探します。

（6）四肢

まず広い場所で歩行させて低い視線で四肢の動きを観察し（図19），その後に触診を行います。
- 歩き方は正常か？
- 足を引きずらないか？
- 着地を嫌がるのか？ 着地した後に負重を嫌がるのか？
- 関節や骨は腫れていないか？
- 関節は正しく曲がるか？（図20）
- 爪やパットや足裏に痛みや異常はないか？（図21）
- 嫌がらない動物では，四肢の関節を曲げたり伸ばしたりして痛みや動きのスムーズさを検査します。

（7）循環と呼吸

触診と視診に加えて聴診器を用いて聴診（図5，6）を行います。
- 前胸部に左右から手のひらを当てて心臓を触り，心臓のリズムが乱れていないか，心雑音が手で感知できるか観察します。
- 呼吸が速いか？
- テンポは乱れないか？
- 努力性か？
- 呼吸時に異常な音が聞こえるか？
- 呼吸に伴って鼻から泡などの分泌物が見られるか？
- 次に聴診器をあてて，心音の大きさ，リズム，雑音（心臓と呼吸）を観察します。

（8）腹部

腹部を軽く触診します。強く触診すると膀胱破裂などを引き起こしますので，慣れるまでは慎重に行ってください（図22）。
- まず腹部が大きく腫れているかを視診と触診でチェックします。腫れている場合は触診するべきかを獣医師に確認します。
- また腹部触診時に痛みがある場合は，腹部の触診は中止します。

痛みや腫れがない場合はゆっくりと慎重に触診を開始します。
- 下腹部で膀胱の大きさをチェックします。膀胱が大きい場合や高齢の場合は膀胱破裂の危険があるので獣医師に確認します。
- トレーニングを重ねれば肝臓，脾臓，腎臓，子宮，腸管などの触診が行えますので，その形態に異常があるかを慎重に観察します。
- また，腹腔内を全体的に触診して異常な構造物がないかを確認します。

以上で身体検査は終了です。すべての所見をカルテに記載して獣医師に報告しましょう。検査項目を毎回記載するのは大変ですから，記入しやすい「身体検査表」を作っておくと便利です。

検査では細部を近距離から観察する前に，少し離れて観察することを忘れないで下さい。

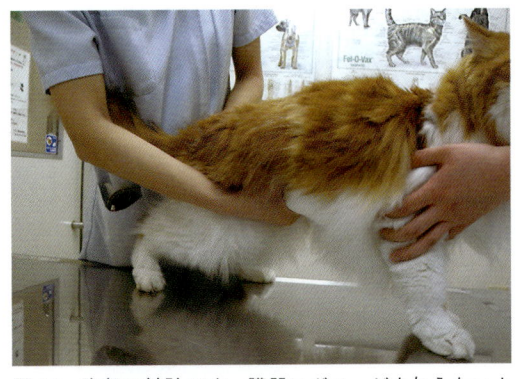

図22 腹部の触診です。臓器にダメージを与えないように慎重に行って下さい。

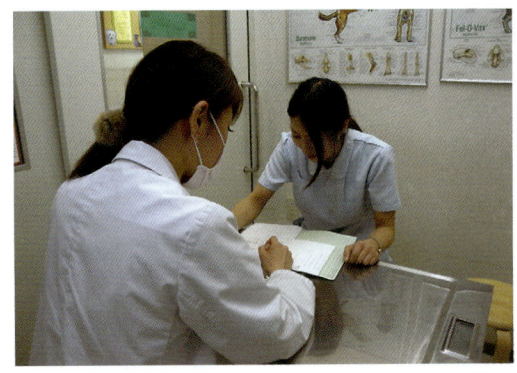

図23 身体検査の結果を獣医師に報告します。異常な項目は口頭でもしっかりと伝えて指示を仰ぎましょう。

器具のメンテナンス

- 聴診器はベルの部分を毎回清潔にし，感染症が疑われる場合は固く搾ったアルコール綿でベルを消毒します。
- 検耳鏡のスペキュラは汚れを落として綺麗にし，毎回消毒して下さい。

獣医師に伝えるポイント

・検査の内容はカルテに正しく記載して，全てを獣医師に報告します(図23)。
・少しでも異常がみられた内容は，確認のために口頭でも報告して対応方法の指示をもらいます。
・特に，貧血，努力性呼吸，激しい疼痛，出血，激しい下痢と嘔吐などが見られた場合は急を要しますので，検査の途中でも獣医師に報告して指示を仰ぎます。

動物の家族に伝えるポイント

・獣医師には話しづらいけれど，動物看護士にはいろいろなことを話してくれるご家族の方が多いので，できるだけ多くの情報を聞き出すようにしてください。
・異常所見が見られた場合はそれに伴う問診を再度行い，身体検査ももう一度行って異常を確認します。
・最終的な判断と診断は獣医師が行うので，看護士は身体検査の結果を，ご家族にははっきりと断言しないようにしましょう。

長江秀之(ナガエ動物病院)

chapter 02 聴診のポイント

> **アドバイス**
>
> 　現在,医療検査機器の進歩は目覚ましく,検査そのものも高度になってきています。しかし,検査機器が進歩しても,身体検査を十分に行うことは診療の基本です。
>
> 　聴診は,聴診器ひとつで検査が可能です。その技術や知識に精通することで,有益な情報が得られる,すぐれた身体検査のひとつであるといえます。来院するすべての症例において,聴診を行うことから診察が始まるといっても過言ではありません。
>
> 　聴診では心音を聞いて心拍数を測定します。心雑音の音質や発生部位などから,心臓病の鑑別診断リストを作成することが可能です。また心拍リズムの乱れから不整脈の有無を判断することもできます。さらに呼吸音も聞くことが可能であり,異常な呼吸音から呼吸器疾患などを疑うこともできます。
>
> 　このように聴診は,一般的な身体検査から循環器疾患,呼吸器疾患に対する検査のひとつとして,重要な役割を担っています。
>
> 　聴診の技術向上は経験が必要とされるため,日々の診療において「聴診器を傍らに診察に係る」という姿勢や環境作りも重要であると考えてください。また,循環器や呼吸器に異常が認められない,健康な動物の心音や呼吸音を繰り返し聞くことは,異常な聴診所見を発見するためのトレーニングになります。
>
> 　聴診で異常所見が得られた場合,生命にかかわる危険な病態のこともあるので,動物の状態を観察しながら速やかに獣医師に報告することが必要となります。

手技の手順

　聴診の重要なポイントは,異常所見を聞き逃さないようにいつも決まった手順で聴診を行うことです。著者の場合,以下に示す方法で毎回同じ手順で聴診を行っています。

1. 環境作り

　来院した動物ができるだけ興奮しない環境作りをします。ある程度診察室の環境に慣れてきたところで,体温測定や全身の触診をする前に聴診をするようにします。

2. 聴診器の装着前に

　聴診器を耳に装着する前に呼吸の様子を観察し,心臓の拍動を強く感じる部分の胸壁に両手で挟むように掌を優しく当て,胸壁の触診を行います(図4,5)。

準備するもの

- 聴診器

聴診器はシンプルな検査器具です(図1)。様々なタイプの聴診器がありますが,一般的には性能がよいものほど高価であり,異常所見をより正確に把握できると考えられます(図2)。

聴診器の使用にあたっては,耳へのフィット感やチューブの長さ,チェストピースの形状など数種類の聴診器を試してみて,使いやすいものを選択することが重要です。

- 聴診できる環境

動物の鳴き声や人の話し声などが飛び交うにぎやかな環境では,聴診が十分に行えない場合があります。X線撮影室などの静かな環境で聴診を行うことが必要になる場合があります(図3)。

聴診のポイント chapter 02

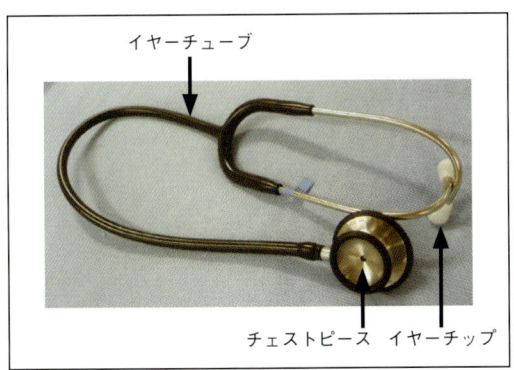

図1　一般的な聴診器と各部位の名称。

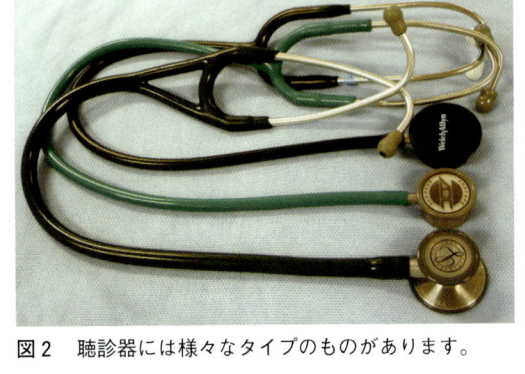

図2　聴診器には様々なタイプのものがあります。

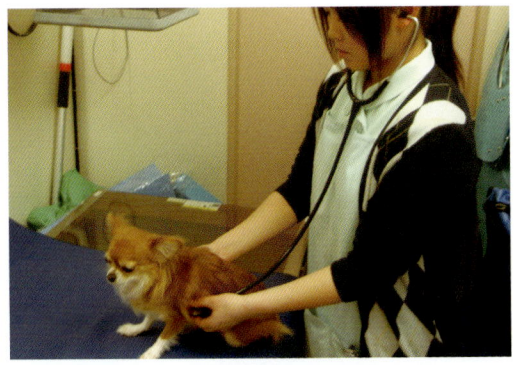

図3　看護士によるX線撮影室での聴診の様子。

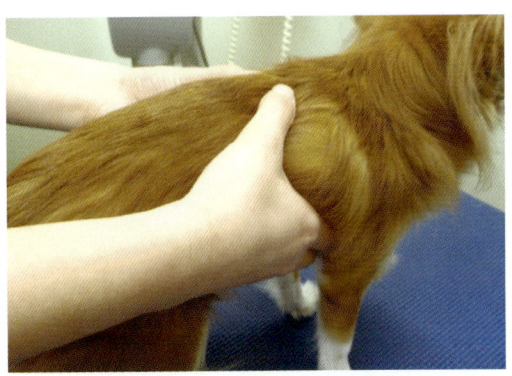

図4　脇の下付近に掌を当てて心拍動の触診をします。

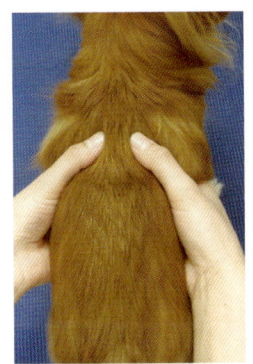

図5　左右対称に包み込むように触診をします。

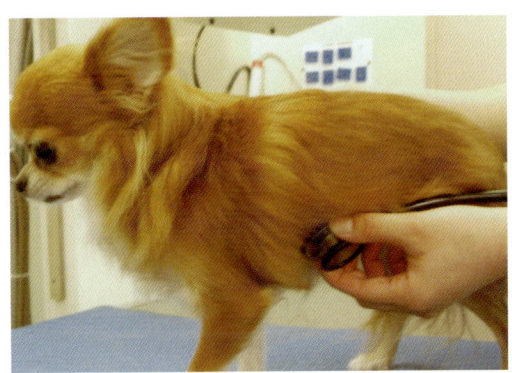

図6　心拍動が一番強く感じられる部分（通常，僧帽弁口部または心尖部）から聴診を始めます。

3．聴診開始

通常，左側胸壁の第5～6肋間付近で心拍動が一番強く感じられます。この部位は僧帽弁が存在する部位に相当し，僧帽弁口部または心尖部と呼ばれています。この部位にチェストピースをあてて聴診を開始します（図6）。

4．心拍確認そして移行聴診

最初に心拍数を数えながら同時に心拍リズムの乱れや心雑音がないか確認します。その後，図7に示すように心尖部（黄丸印）から心基部（青丸印，大動脈弁や肺動脈弁が存在する部位に相当）を目標に，チェストピースを滑らせるよう

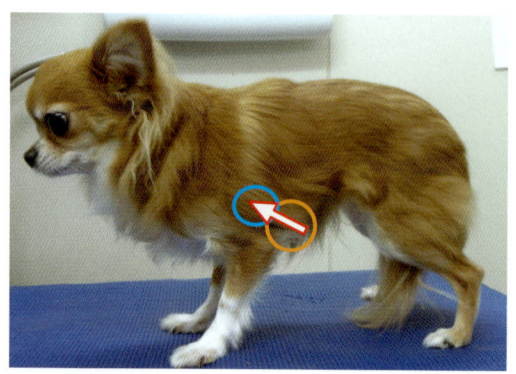

図7 左側心尖部（黄丸印）から心基部（青丸印）への聴診部位の移動。

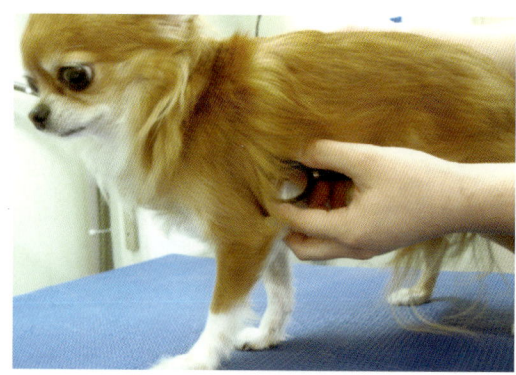

図8 左側心基部での実際の聴診部位。

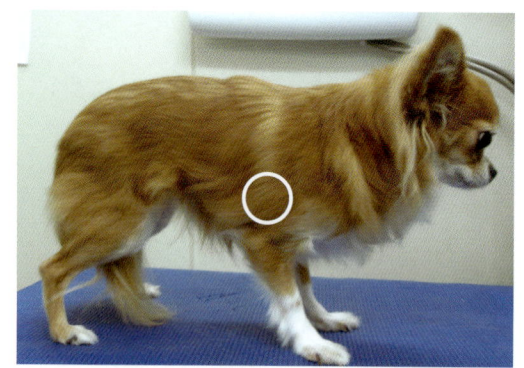

図9 右側胸壁の聴診部位（白丸印）。

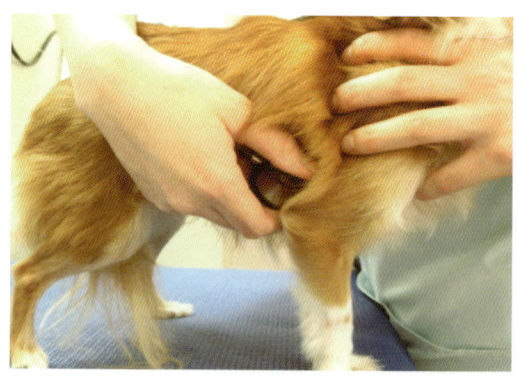

図10 右側胸壁での実際の聴診部位（三尖弁口部）。

に移動します。このとき，心音（Ⅰ音やⅡ音）の音量の変化や心雑音の有無を確認します。このような方法で聴診を行うことを移行聴診といいます（心音や移行聴診の詳細については後述の「聴診を実施するに当たって知っておくとためになる豆知識」を参照してください）。実際の心基部での聴診部位は図8のようになります。

5．右側胸壁での聴診

次に右側胸壁での聴診を行います。右側胸壁でも同様に，触診で心拍動を感じる部位で聴診を行います（図9）。ここは三尖弁が存在する部位に相当し，三尖弁口部と呼ばれ，実際の聴診部位は図10のようになります。

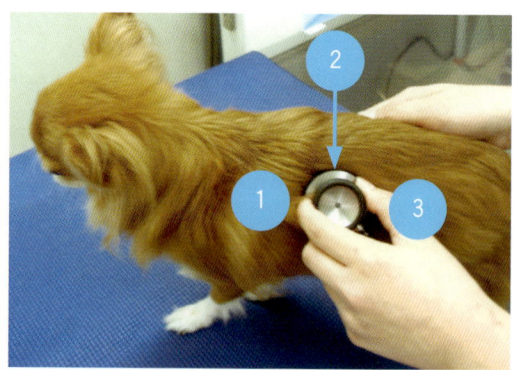

図11 左右の胸壁それぞれ最低3カ所で呼吸音の聴診をします（写真では左側胸壁3カ所での聴診部位のみ表記しています）。

6．呼吸音の聴診

最後に呼吸音を聴診します。呼吸音の聴診では最低でも左右胸壁のそれぞれ3カ所を聴診部位とし，吸気時と呼気時の呼吸音を聞きます（図11）。また頚部での呼吸音も確認します（図

12)。頚部での聴診は，頚部気管の呼吸音やラッセル音といわれる異常呼吸音を聞き取ることができます（ラッセル音に関しては「聴診を実施するに当たって知っておくとためになる豆知識」を参照してください）。

7．カルテ記入と報告

聴診所見をカルテに記入して，獣医師に報告します。

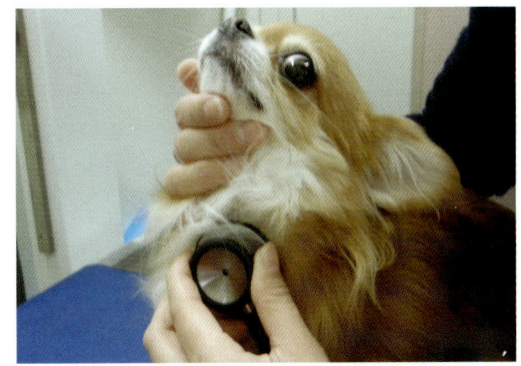

図12　頚部での聴診も忘れずに行ってください。

器具のメンテナンス

- 聴診器はシンプルな検査機器ですが，聴力によるデリケートな機器なので，定期的なメンテナンスは忘れずに行ってください。
- イヤーチップ内やイヤーチューブの先端の埃や汚れは，時々ふき取りましょう。イヤーチップは簡単に外せますのでメンテナンスも簡単です（図13）。
- チェストピースは常に動物に直接触れるので，脂やほこりが付着しやすい部位です。また聴診器が感染源になり得るということも考慮して，常に清潔にしておきましょう。
- ダイヤフラム（チェストピースの膜の部分のこと）の破損は，音の伝達を障害する可能性がありますので，時々チェックするようにします。

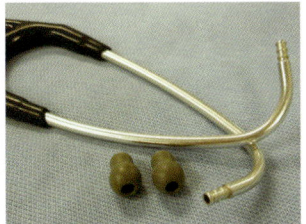

図13　イヤーチップは時々外して清拭します。

獣医師に伝えるポイント

- 動物の呼吸状態が明らかに悪い場合は，看護士が聴診する前に獣医師に状況を報告する必要があります。
- 動物の呼吸状態が安定しているように見えても，以下の聴診所見が得られた場合は，速やかに獣医師に報告してください。

①どの聴診部位においても心音や呼吸音が聞き取りにくい場合
②大きな心雑音が左右の胸壁から聞こえる場合
③心拍数と脈拍数が違う場合
　（脈拍数に関しては「聴診を実施するに当たって知っておくとためになる豆知識」を参照してください）
④「ブツブツ，プチプチ，ゴボゴボ，ヒュー」などの異常呼吸音（ラッセル音）が聞こえる場合

- この様な聴診所見が得られた場合，動物の生命にかかわる病態である可能性があります。聴診によるストレスで動物の状態が急変することもあるので，注意が必要です。

動物の家族に伝えるポイント

- 聴診をより適切に行う上で「静かな環境」は非常に重要なポイントとなります。看護士は普段からそういった環境を作れるように気を配る必要があります。ご家族にはこのことをご理解していただけるよう，普段の会話の中で以下のことをお話しするようにしてください。

- 聴診は問診をしながらではできないため，聴診中は獣医師や看護士に話しかけないようにしていただくこと。

- 周囲の雑音を避けるために，別室での聴診が必要となる場合があること。

- 病院で非常に興奮あるいは緊張してしまうような動物の場合，自宅にて心拍数の測定や心拍リズムの確認などのご協力をしていただく場合があること。

- また看護士は，簡単な聴診の方法をご家族向けに指導することが必要な場合がありますので，聴診器を使ったデモンストレーションも身につけておくことが必要です。

聴診を実施するに当たって知っておくとためになる豆知識
～実践的な聴診のテクニックとコツ～

（1）心拍数の測定

成書には犬および猫の心拍数の参考値範囲が以下のように記載されています（表1）。参考値範囲以下の心拍数を徐脈また，参考値範囲以上の心拍数のことを頻脈といいます。

病気によっては，その動物の様々な状況下での心拍数を把握し評価することも必要な場合があるため，来院時の心拍数や自宅での安静時心拍数などの測定は重要なポイントになります。

（2）実際の聴診では

心音を聴診している際，空いている手で大腿動脈の触診を同時に行います（図14）。聴診器から聞こえてくる音で心拍数を，触診により指に伝わってくる拍動を脈拍数として数えます。

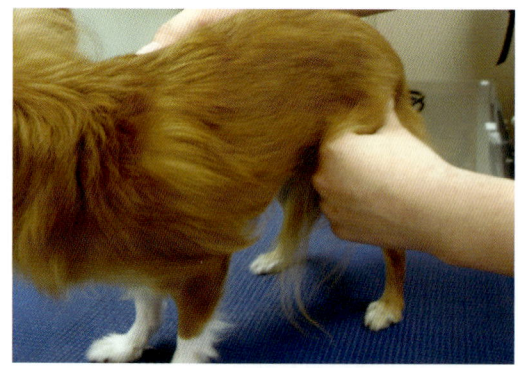

図14 聴診するときには大腿動脈の触診も同時に行います。

このように心音の聴診と同時に心拍と脈拍が同期しているか確認することが重要です。通常，心拍数と脈拍数は一致しますので，ここにズレがあるときは不整脈の存在が疑われます。

表1 犬および猫の心拍数の参考値範囲。

	子犬	成犬	トイ犬種	大型犬	猫
心拍数（回／分）	70〜220	70〜160	70〜180	60〜140	120〜240

（3）呼吸リズムが心拍リズムに及ぼす影響について

犬では吸気時に心拍が速くなり呼気時に心拍が遅くなるという，いわゆる呼吸性不整脈がみられることがあります。これは失神などの症状が伴わない健康な犬では正常な所見であり，特に短頭種ではよく見られます。この呼吸性不整脈は，心臓の聴診と同時に呼吸リズムを観察すれば簡単に分かります。

したがって臨床現場で「聴診をする」という場合は，耳で聞いて，指や掌で感じて，目で見るというように聴覚や触覚および視覚をフルに使った状態で検査が行われなければなりません。

（4）移行聴診

心臓から出ている音をできるだけ正確に聞き取るためには，聴診器を適切な部位に移動させながら聴診を行うことが必要です。

心音は通常Ⅰ音（僧帽弁と三尖弁の閉鎖音）とⅡ音（大動脈弁と肺動脈弁の閉鎖音）で構成されています。実際の聴診では「ドゥッ・タッ」の様に聞こえます。「ドゥッ」がⅠ音で「タッ」がⅡ音になります。僧帽弁口部（心尖部）ではⅠ音がⅡ音よりも大きく聞こえ，心基部ではこの逆になります。したがってこのⅠ音とⅡ音の音量の変化に注目することで，移行聴診時の聴診部位が把握できるようになります（図7）。

（5）心雑音と胸壁からのスリルの触診

心雑音を言葉で表現すると「ザー，ザー」，「ボー，ボー」あるいは「シュッ，シュッ」などと聞こえます。多くの場合，心臓の収縮期（Ⅰ音とⅡ音の間）に雑音が発生しています。聴診により心雑音が聞こえた場合，心臓病が疑われます。

また心雑音が大きくなるにしたがい，その雑音が胸壁を伝わり，触診をしている掌で触知できるようになります。この所見をスリルといいます。スリルの有無は，後述する心雑音の大きさを評価するときに重要な所見となります（Levineの6段階分類）。

（6）心雑音の音量の客観的な評価

心雑音の大きさは，心臓病の病態を把握する重要なポイントです。したがって誰が聴診しても同じ評価になるように，心雑音の大きさの評価方法が決められています。これをLevine（レバイン）の6段階分類といいます。この分類では，胸壁の触診も必要となりますので必ず同時に行ってください。以下の所見を参考にして心雑音大きさの評価を行ってください。

心雑音の大きさ	所見
Ⅰ/Ⅵ	非常に小さな雑音で，静かな環境で集中しないと聞こえない
Ⅱ/Ⅵ	小さな雑音だが，聴診器を当てるとすぐに聞こえる
Ⅲ/Ⅵ	Ⅱ/Ⅵよりも大きな音だが，胸壁でのスリルは感じない
Ⅳ/Ⅵ	耳障りな雑音が聞こえて，胸壁でのスリルも感じられる
Ⅴ/Ⅵ	非常に耳障りな大きな雑音だが，聴診器を胸壁から離すと聞き取れない
Ⅵ/Ⅵ	胸壁から聴診器を離しても，聞こえるほど大きな心雑音

（7）「心音が聞き取りにくい！」

この場合は，胸水や心嚢水の貯留，気胸あるいは胸腔内の大きな腫瘤の存在などが考えられます。生命にかかわる病態を考慮して速やかに獣医師に報告してください。

（8）「呼吸音がなんだかおかしい！〜ラッセル音〜」

普段聞いている正常な呼吸音と比べて「ブツブツ，プチプチ，ゴボゴボ，ヒュー」などの，聞き慣れない異常呼吸音が聞き取れた場合，肺水腫や気管支炎，気管支拡張症などが疑われます。これらの異常呼吸音は総称してラッセル音と呼ばれ，ラッセル音が聞こえた場合は，速や

かに獣医師に報告してください。

（9）パンティングしている動物での注意点

パンティング（あえぎ呼吸）している動物がチアノーゼを伴っている場合は，重度の呼吸困難である可能性が高いので注意が必要です。またパンティングのような激しい呼吸音は心雑音によく似ており，呼吸音があたかも心雑音の様に聞こえる場合があるので，慎重に聞き分ける必要があります。

（10）猫の喉鳴らし，「グルグル」音はどうする？

この音は適切な聴診の妨げになりますので，著者は以下の2つの方法を試して「グルグル」音の回避を試みています。
①喉を軽く圧迫する
②鼻孔を指でふさぐ

佐藤　浩（獣医総合診療サポート）

Reichert TECHNOLOGIES

TONO-PEN AVIA
Applanation Tonometer

犬・猫の眼圧を手軽に測定

特　長
- 日常的なキャリブレーションが不要です。
- 高感度、高精度センサー搭載により、従来のトノペンよりも非常に測定がしやすくなりました。

米国 ライカート社
電子眼圧計 トノペンAVIA
承認番号:20動薬第1694号

日本代理店
アールイーメディカル株式会社
R E MEDICAL, INC.

本　　　社:〒540-0011 大阪市中央区農人橋2-1-29　　　　　　　　　　　　TEL.(06)4794-8220(代)　FAX.(06)4794-8222
東京営業所:〒113-0034 東京都文京区湯島3-19-11 湯島ファーストビル　　　TEL.(03)5816-1480(代)　FAX.(03)5816-1483
名古屋営業所:〒465-0092 愛知県名古屋市名東区社台2-128 パティーナ社台　TEL.(052)760-3955(代)　FAX.(052)760-3956
福岡営業所:〒812-0014 福岡市博多区比恵町11-7 ニューいわきビル　　　　TEL.(092)437-5180(代)　FAX.(092)437-5181

www.re-medical.co.jp

chapter 03 眼科検査

> **アドバイス**
>
> 日常診療の中で行われている眼科検査には，検眼鏡検査，シルマー涙液検査，フルオレセイン検査，眼圧検査などがあります（表1）。これらの検査法について説明します。

手技の手順

1．身体検査

初めに身体検査を実施します。その際，頭部および眼球の位置関係（突出，拡大），顔面表情筋の対称性，眼瞼の皮膚の状態，眼球と眼瞼との位置関係，眼球表面の光沢具合，眼分泌物の有無，鼻の分泌物および鼻端の湿り具合などをよく観察します（図1）。

2．問診（表2）

眼科問診票を用いて診察前に問診を行います。

準備するもの
- 検眼鏡
  - 細隙灯顕微鏡（さいげきとうけんびきょう）
  - 直像検眼鏡
  - 倒像検眼鏡
  - パンオプティック検眼鏡
- 集光レンズ
- 眼圧計
- フルオレセイン染色試験紙
- シルマー涙液試験紙

3．拡大鏡を用いる

眼球を肉眼的にみても詳細な情報は得られないので，通常は拡大鏡を用いて検査を行います。細隙灯顕微鏡は角膜から水晶体・硝子体の前方までを検査する器具です。眼底を検査する器具には直像検眼鏡，倒像検眼鏡，パンオプティック検眼鏡があります。細隙灯顕微鏡でも特殊なレンズを用いれば眼底も観察可能です。

図1　頭部および眼球の観察。

表1　眼科検査の意味するもの。

検眼鏡検査	前眼部の検査	細隙灯顕微鏡検査
	後眼部の検査	直像鏡検査，倒像鏡検査，パンプティック検査
フルオレセイン染色	角膜表面の傷の有無	角膜びらん，角膜潰瘍の有無
シルマー涙液検査	涙液量の検査	ドライアイの有無
眼圧検査	眼圧検査	高い：緑内障
		低い：ぶどう膜炎，網膜剥離

表2 眼科問診票。

No.	問診内容	記入欄
1	眼の変化にどうして気がつきましたか？	
2	それはいつからですか？	
3	どちらの眼ですか？	
4	最初に気がつかれてから眼の状態は変わりましたか？	
5	現在治療はおこなっていますか？	
6	治療をおこなってからよくなりましたか？	
7	視覚についてどう思われますか？	
8	他に動物を飼っていますか？	
9	あなたの動物の父親または母親も同様な眼の病気をもっていますか？	
10	過去6カ月以内に病気になったことがありますか？	
	※その他：	

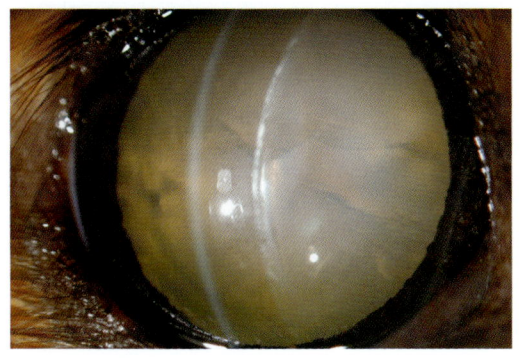

図2 白内障スリット画像。

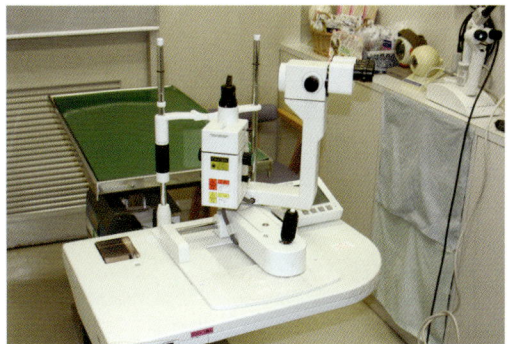

図3 据え置き型細隙灯顕微鏡（レーザーフレアーメーター）。

4．細隙灯検眼鏡を用いる

細隙灯検眼鏡検査は観察したい部分を光の狭い光束（スリットビーム）（図2）で切り，この光切片を双眼顕微鏡で観察する検査法です。

顕微鏡の倍率は10〜40倍の間で可変可能で，通常は10〜20倍の倍率を使用して観察します。細隙灯顕微鏡を用いることにより眼瞼から前部硝子体まで観察可能です。また，特殊なレンズ（-90Dレンズ，ゴールドマン氏三面鏡）を用いれば眼底検査も可能です。

細隙灯顕微鏡には，据え置きタイプ（図3）とポータブルタイプ（図4）がありますが，装置の大きさや動物の保定の問題等により獣医眼科ではポータブルタイプが多く用いられています。ポータブルタイプは据え置きタイプに比べ拡張性が低く，装備の簡略化（メーカーによって異なりますが，倍率が可変式では無く固定式，スリット幅も無段階調節では無く4段階など）

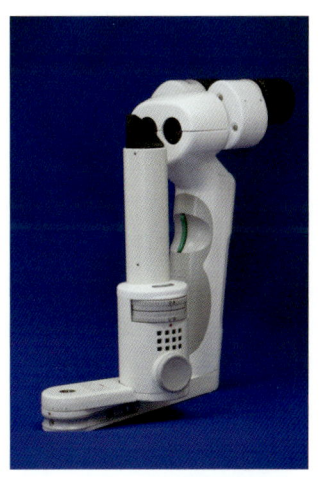

図4 ポータブル細隙灯顕微鏡。

図5 ポータブル細隙灯顕微鏡。上部はスリット円盤，下部はフィルター円盤。

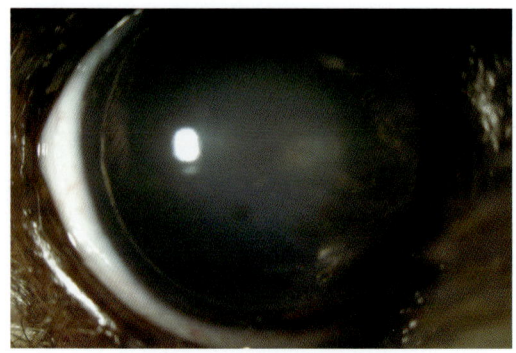

図6 スリット円盤：スポットでの観察例。

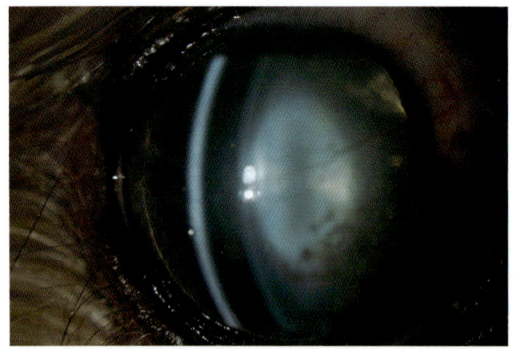

図7 スリット円盤：0.8mmでの観察例。

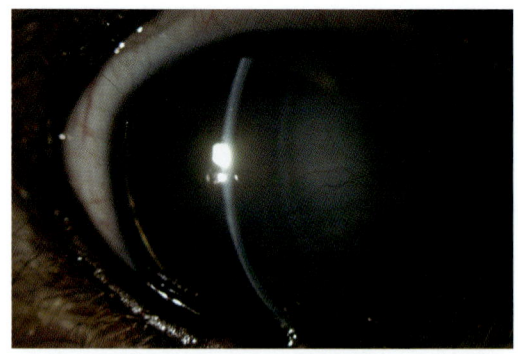

図8 スリット円盤：0.2mmでの観察例。

がされていますが日常診療では十分使用できるものです。

ここではわれわれが使用しているポータブルタイプのSL-15について説明します。

SL-15のランプハウス上部には2つの円盤（図5）がありますが，上部はスリット円盤，下部はフィルター円盤です。スリット円盤はスポット（図6），0.8mm（図7），0.2mm（図8），0.1mmの4段階が選択可能です。下部のフィルター円盤で光量の調節とコバルトブルーフィルターの切り替えを行います。光量は3段階（全開，1/4，1/16）に切り替えることができます。接眼レンズ下部に変倍レバー（図9）があり，時計方向に回すと16xに，反時計方向に回すと10xに切り替え可能です。

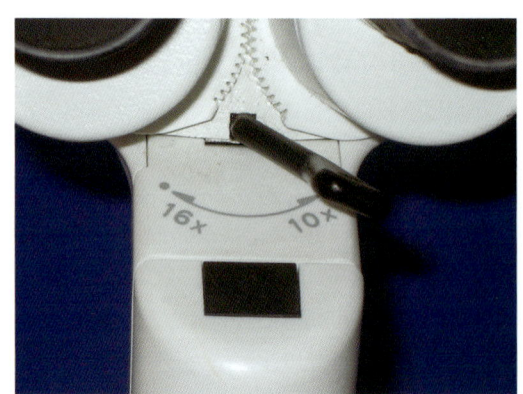

図9 接眼レンズ下部の変倍レバー。

（1）細隙灯顕微鏡の構え方・見方

きき手でグリップを握って細隙顕微鏡本体をしっかり保持します。他方の手は親指を細隙顕微鏡本体頭部の側面の適当な場所に置き，人差し指または中指は動物の額にあてます。動物の

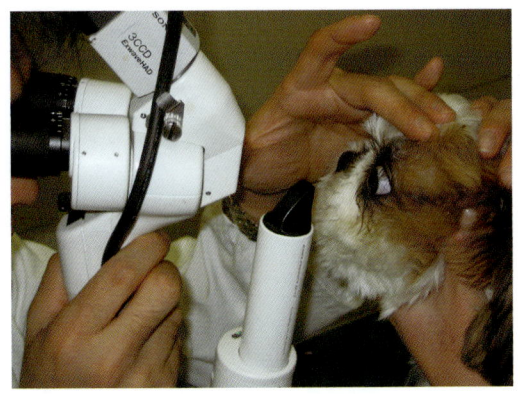

図10 細隙灯顕微鏡の構え方・1。

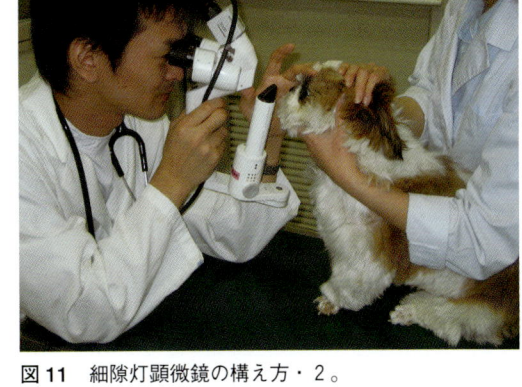

図11 細隙灯顕微鏡の構え方・2。

額にあてた指と親指との間の開き具合で被検眼（動物の眼）と対物レンズとの間の距離を調節して角膜スリット像に焦点が合う位置を探します（図10）。

　角膜に焦点を合わせたらスリットビームを左右に動かし，角膜全体を観察します。次にスリットビームを前方に進め，前房，虹彩，水晶体および硝子体の順で同様に観察します。その際，機器を持っている自分の手がぶれないように脇をしめ，場合によっては肘を診察台について検査をおこなうのがよいでしょう（図11）。

（2）動物の保定

　眼科検査では動物の保定が重要です。助手は片手で下顎を，もう片方の手を後頭部に置いて頭部が動かないようにします（図12）。

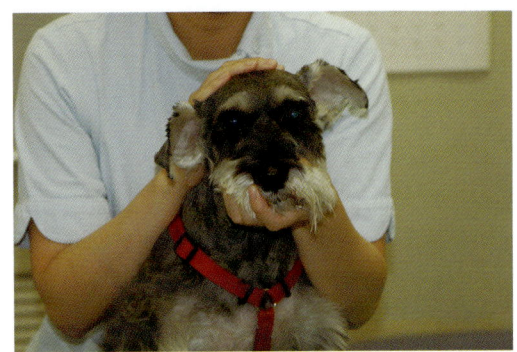

図12 動物の保定。

　犬および猫の眼は真正面を向いていないので，右眼を検査するときは助手から見て左に，左眼を検査するときは右に頭部を向けると視軸が一直線になり検査しやすくなります。

（3）眼球各部の観察時の設定

結膜：スリット円盤はスポットまたは0.8mmを使用し，光量は1/4または1/16，倍率は10xで観察します。

角膜：スリット円盤は0.8mmを使用し，光量は全開で，倍率は10xで全体を観察します。個々の病変部位はスリット円盤を0.2mmまたは0.1mmを使用し，倍率は16xで観察します。

前房・虹彩：スリット円盤は0.8mmを使用し，光量は全開で，倍率は10xおよび16xで観察します。

水晶体：スリット円盤は0.8mmまたは0.2mmを使用し，光量は全開で，倍率は10xおよび16xで観察します。

前部硝子体：スリット円盤は0.2mmまたは0.1mmを使用し，光量は全開で，倍率は10xおよび16xで顕微鏡とスリットの角度も狭くして観察する。水晶体後嚢の3mm後方位まで観察可能です。

5．直像検眼鏡の活用

　直像検眼鏡（図13）は観察可能な範囲（視野）は狭いが拡大率が大きく，角膜，虹彩，水晶体，硝子体，網膜を直立像で検眼できます。検眼

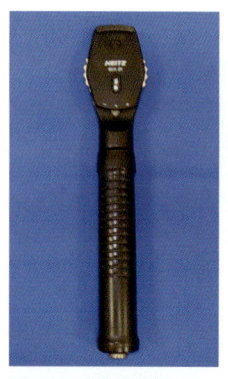
図13 直像検眼鏡。

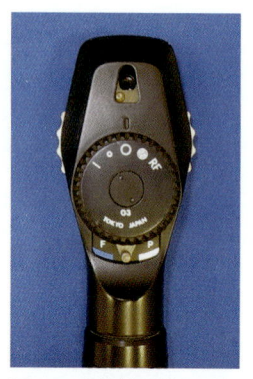
図14 直像検眼鏡の回転ノブ部分。

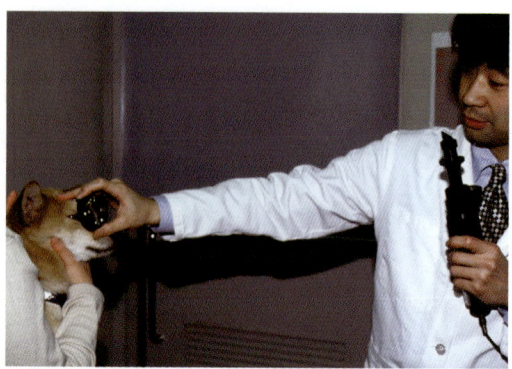
図15 単眼倒像鏡検査。

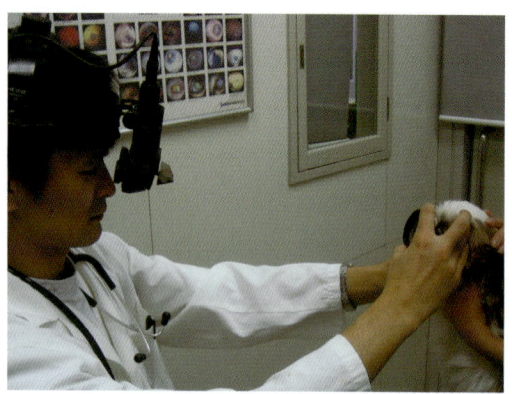
図16 双眼倒像鏡検査。

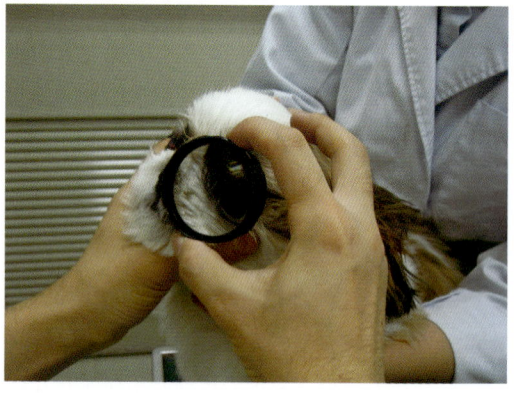
図17 集光レンズ。

鏡のレンズ回転板を回転させることで+40D～-25Dの範囲で検眼が可能です。

他の回転ノブにはスリット，小口径，大口径，格子，赤およびコバルトフィルター等が付属しています（図14）。

初めに検眼鏡のレンズ回転板を0にセットしておき，動物の眼から50～60cmの位置に立ち瞳孔の中央部に光が入るように検眼します。そのとき動物の右眼を検眼するときは検者の右眼で，同様に動物の左眼を検眼するときは検者の左眼で検眼します。

瞳孔からの反射を捕らえながら動物の眼に徐々に近付くと通常2.5cm位の位置で眼底がみえます。眼底が見えてきたらレンズ回転板を回転させ，眼底がはっきりみえるように調節します。通常は-2D～+2Dの範囲にあるはずです。

次にレンズ回転板を0にセットし，視神経乳頭を観察します。正常では眼底のレンズ回転板の位置と乳頭の中心部の血管がはっきりみられる位置は1Dの範囲内にあります。直像検眼鏡検査の欠点は角膜，房水，水晶体，硝子体等の混濁により眼底がぼやけてしまうこと，動物に接近しなければ検査できないことです。

6．倒像検眼鏡の活用

倒像検眼鏡は光源から出た光を，集光レンズを通して眼底に当て，同レンズに眼底像を結像させて観察する検査方法です。像検眼鏡には単眼（図15）と双眼倒像検眼鏡（図16）があり，双眼は立体視が可能で，明るい像が得られます。

検者は動物から50～60cm離れた位置に立ち，検眼鏡を検者の目の近くに保持し，集光レンズ（図17）を患眼の手前4～5cmの位置に保持します。集光レンズを前後に動かしながら眼底像

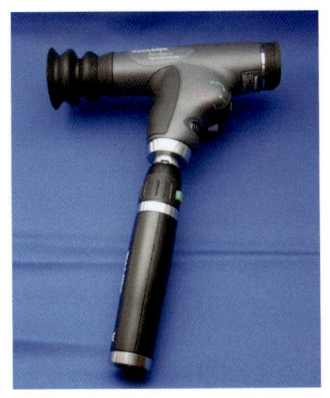

眼科検査 chapter 03

図18 パンオプティック検眼鏡。

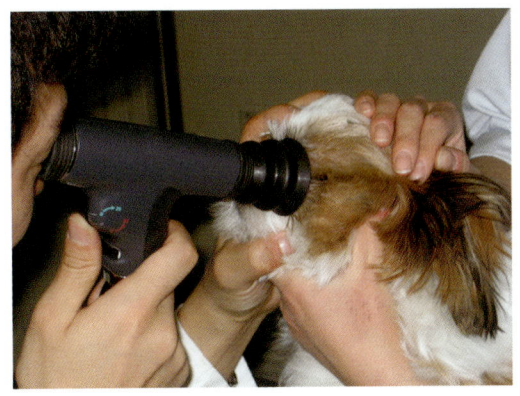

図19 アイパッチを使用したパンオプティック検眼鏡。

図20 シルマー涙液試験紙(カラーバータイプ)。

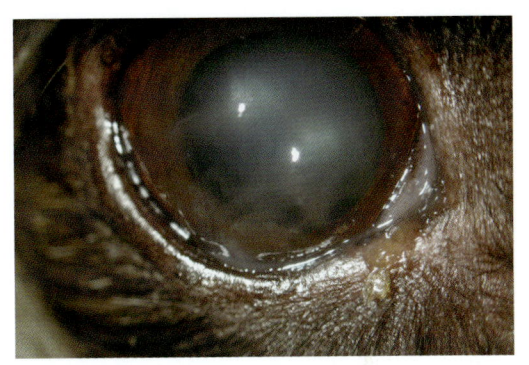

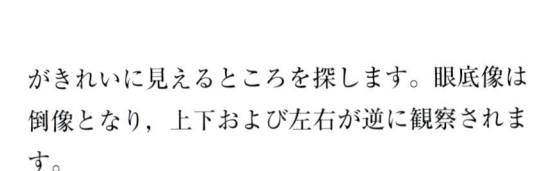

図21 軽度なドライアイ：粘液性分泌物。

がきれいに見えるところを探します。眼底像は倒像となり，上下および左右が逆に観察されます。

集光レンズは14D〜28Dの凸レンズを使用しますが，レンズ度数が大きくなるほど視野は広く，拡大率は低くなります。眼底をスクリーニングする場合には20Dのレンズを使用し，詳細な観察が必要な場合は14Dのレンズを使用するとよいでしょう。

倒像検眼鏡検査の欠点は手技の修得に時間がかかること，拡大率が低く，像が逆であることなどがあげられます。

7．パンオプティック検眼鏡の活用

パンオプティック検眼鏡（図18）は眼底を検査する機器です。この機器の特徴は直像鏡に比べて視野が5倍ほど広く，また拡大率も26％

もアップされているので，無散瞳でも眼底が観察可能です。拡大された直立画像は眼底表面積の10〜15％をカバーしており，倒像検眼鏡ほど視野は広くはありませんが，簡単に眼底を検査することができます。

パンオプティック検眼鏡の先端にはアイパッチ（蛇腹管状のフード）が装着されており，これを装着した状態で，眼瞼に当て検眼を行えば明るい部屋の中でも暗室と同様な状態で検眼可能です（図19）。

8．シルマー涙液試験のポイント

シルマー涙液試験（図20）は涙液の量的検査法であり，ドライアイ（図21，22）のスクリーニング検査のひとつです。

通常この検査結果は，涙液の基礎分泌と反射性分泌を反映していると考えられています。臨

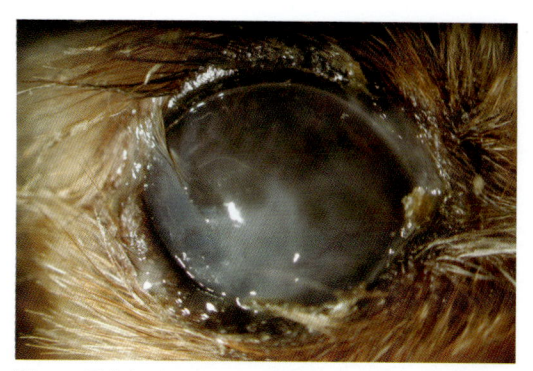

図22 重度なドライアイ：角膜色素沈着，粘液膿性分泌物，血管侵入。

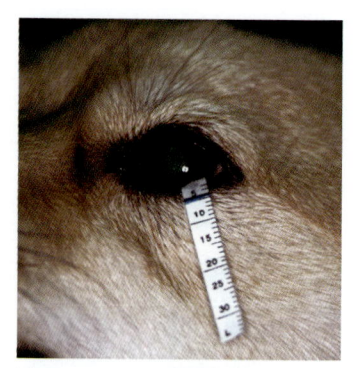

図23 シルマー涙液検査。

床的には粘液性や粘液膿性の眼脂，結膜充血，再発性角膜上皮疾患，眼表面の不整などが見られる場合には必ず検査をおこなうべきです。

また重要なポイントはこの試験を実施する前に洗眼や薬物点眼をおこなってはいけないことです。例え眼球表面に眼分泌物が付着していても洗顔や薬剤点眼は絶対してはいけません。乾いたコットンを用いて余分な眼分泌物を結膜嚢内から取り除いておくことはかまいせん。

使用法は，試験紙の先端より5mmの所(ノッチの入っているところ)を折り曲げ，下眼瞼と角膜の間に挿入し1分間計測します(図23)。

試験紙を折り曲げる際には指に付いている油脂で試験紙が汚染されないようにするために，袋に入った状態で折り曲げます。

1分間たったら試験紙を外し，涙液で濡れた部分を測定します。判定は≦5mm/minは重度涙液減少，6〜10mm/minは軽度涙液減少，11〜14mm/minは涙液の疑い，≧15mm/minは正常となります。猫では16.92±5.73mm/minが正常となります。

上記の数値は，眼の状態が正常時での評価となりますので，角膜潰瘍時などに涙液量が軽度減少しているようであれば異常と評価します。数値がグレーゾーンにあるときには繰り返し検査をおこなうことが大切です。

図24 フルオレセイン試験紙。

9．フルオレセイン検査のポイント

フルオレセイン染色は角膜上皮細胞の状態を検査する方法です。角膜上皮細胞は無傷であるならばフルオレセイン染色で染色されません。フルオレセイン検査は通常市販されている試験紙を使用します(図24)。

使用方法は——試験紙の色素のついていない部分を把持し，色素部分に生理食塩水を1滴垂らします。その後，試験紙を振り余分な水分を振り払い，静かにメニスカス(下眼瞼と角膜の交差部位に涙液が貯留している部位)に当てます(図25)。

色素が角膜全体にゆきわたるように数回瞬目させた後，角膜表面を検眼鏡で検査します。

通常コバルトブルーフィルターを用いて徹照下で観察すると角膜上皮の損傷部分が黄緑色に

眼科検査

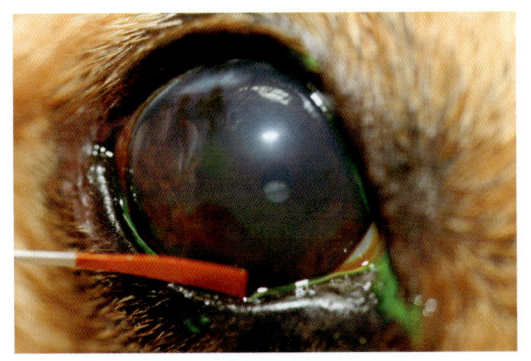

図25 フルオレセイン染色試験紙をメニスカスにあてている。

図26 フルオレセイン染色陽性の角膜。

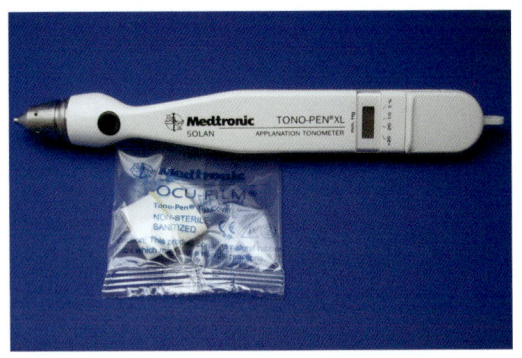

図27 トノペンとオキュフィルム(先端カバー)。

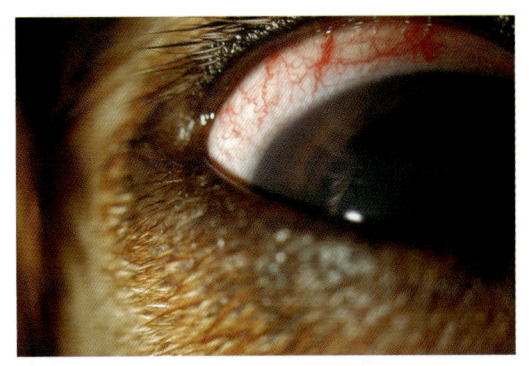

図28 充血。

光ってみえます(図26)。角膜上皮に損傷がなければ、色素が角膜実質に侵入することはありません。

次に余分な色素を洗い流した後、再度角膜表面を検査します。余分な色素を洗い流すことにより、微細な傷が発見しやすくなります。

注意点ですが、試験紙の色素部分を直接角膜に当てると、その部分の角膜上皮が一時的に色素を取込み、あたかも傷があるかのように見えてしまうので、行ってはいけません。

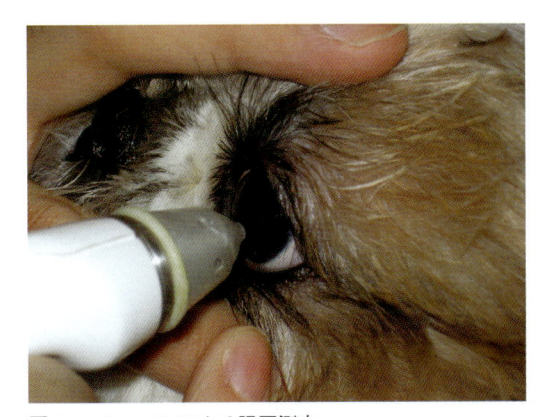

図29 トノペンによる眼圧測定。

10. トノペンの活用

トノペン(図27)はポータブルな電気式圧平式眼圧計で、眼圧はmmHgでデジタル表示され、換算表を必要としません。

眼圧測定は緑内障の診断に重要な検査です。結膜充血、上強膜充血、流涙症、疼痛または羞明等など他の疾患にみられる症状でも眼圧は必ず測定しましょう(図28)。

眼圧測定は点眼麻酔処置後、トノペンの先端を角膜中央部に数回軽く接触させます(図29)。接触させるたびにピッ、ピッ、ピッ音がして、最後にピーと長めの音と共にLCD画面に数値が表示されます。表示された数値の下にアン

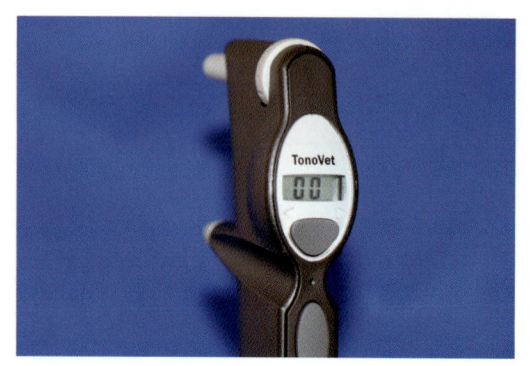

図30　トノベット。

図31　トノベット（プローブ先端）。

ダーバーがありますがこのアンダーバーが5%のところにあるのが信頼性の高い数値です。

このアンダーバーは測定した数値の信頼性を示すものであり，数値が大きくなるほど信頼性が低くなります。従ってアンダバーの数値が高い場合には再測定します。

測定に際しての注意点ですが，トノペンの先端を強く角膜に押し付けないように行います。角膜周辺部でも測定可能ですが，できる限り角膜中央部で測定するのが望ましいでしょう。

正常眼圧は，犬は14〜25mmHg　猫は14〜26mmHgと報告されています。また，眼圧測定は角膜深層潰瘍のような重度の角膜疾患においては禁忌です。

11．トノベットの活用

トノベットはトノペンと同様に手持ち式眼圧計です（図30）。

トノベット本体に測定用プローブを挿入し電源を入れると，自動的に測定モードになります。トノペンと違い面倒なキャリブレーションは不要です。プローブと角膜との距離を数mm離した位置でトノベットを保持，測定ボタンを押すとプローブは前方に移動し角膜に接触して眼圧測定を行います（図31）。この操作を数回行うことで正確な数値が表示されます。

トノペンと比べると，点眼麻酔の必要性もなく，検者の違いによる測定誤差および角膜損傷の危険性も少ないと思います。

器具のメンテナンス

- 検眼鏡および眼圧計は精密機械ですので，その取り扱いには細心の注意が必要で，特に高温多湿で保管しないようにします。また，落下にも十分に注意しましょう。
- 検眼鏡のレンズ部分が汚れてしまった場合にはレンズクリーナー用ペーパーを割り箸等の先に巻き付け，無水アルコールをつけて円を描くように清掃します。
- レンズクリーナー用ペーパーを新しいものに交換しながら数回繰り返します。
- また使用頻度にもよりますが，2〜3年に1度はメーカーにオーバーホールに出すことをお薦めします。

獣医師に伝えるポイント

・身体検査や問診で得た情報を正確に報告しましょう。
・眼圧・シルマー涙液試験など気になる数値あるいはその検査結果に自信が無い場合には，正直に報告しましょう。
・「これは報告する必要はないかな？」と思うことでも気になったことは全て伝えて下さい。
・ご家族からの要望などを，きちんと報告して下さい。

眼科検査 chapter 03

> **to family 動物の家族に伝えるポイント**
>
> ・検査のために，試験紙を眼瞼と角膜の間に挿入することや，検査薬を点眼することを伝えます。
> ・検査薬のために，瞳孔が数時間開き続け，眼の色が違ってみえることがあることを伝えます。
> ・自宅に戻られて何か気になることがあれば，病院へ連絡してもらうように伝えます。
> ・病気の診断や予後（治療後の経過）に関して聞かれた場合には，獣医師に必ず確認を取ってから答えるようにしてください。

安部勝裕（アニマルアイケア東京・安部動物病院）

chapter 04 耳の検査

> **アドバイス**
>
> 耳の検査を行うには，耳の解剖学，各種耳の疾患，その原因，悪化要因などを理解する必要があります。今回は，動物看護士の仕事に関係の深い耳介および外耳道の検査を中心に述べることにします。

手技の手順

1．耳の病気

（1）解剖学の理解（図5）

耳の解剖学を理解し，発生部位から病気を整理します。

1）外耳

耳介，外耳道（垂直耳道，水平耳道）

2）中耳

鼓膜，耳小骨，耳管，鼓室，鼓室胞

3）内耳

蝸牛，前庭，半規管

＊今回は，外耳（耳介と耳道）について主に述べます。

（2）疾患の理解

疾患の種類を理解し，原因から耳の疾患を分類することができます。

1）炎症

①直接的な原因

a. 寄生虫：ミミヒゼンダニ（外耳炎），犬穿孔疥癬虫／猫穿孔疥癬虫（耳介の皮膚炎）。

b. 微生物：正常な外耳道にも存在するため，直接的な原因ではなく外耳炎を悪化させる要因とも言われています。細菌（*Staphylococcus* spp.，*Streptococcus* spp. など），酵母菌（*Malassezia* 属など）。

c. 異物。

d. 腫瘍：腫瘍が存在することにより炎症が起こりやすくなります。

e. 基礎疾患：アレルギー疾患（アトピー性皮膚炎など），角化異常，内分泌疾患（副腎皮質機能亢進症，甲状腺機能低下症など），自己免疫性疾患（天疱瘡，全身性エリスマトーデスなど），血管炎など。

準備するもの

- 耳鏡（図1，2）
- カルチャースワブ（図3）
- 綿棒
- 鉗子（図4）
- メス
- スライドグラス
- ミネラルオイル
- カバーグラス
- 染色液
- 顕微鏡
- X線などの画像検査撮影装置

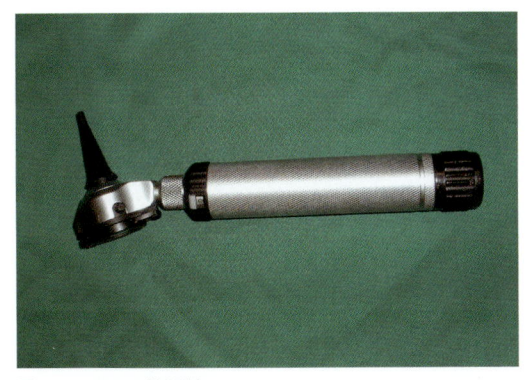

耳の検査 chapter 04

図1　HEINE 検耳鏡。

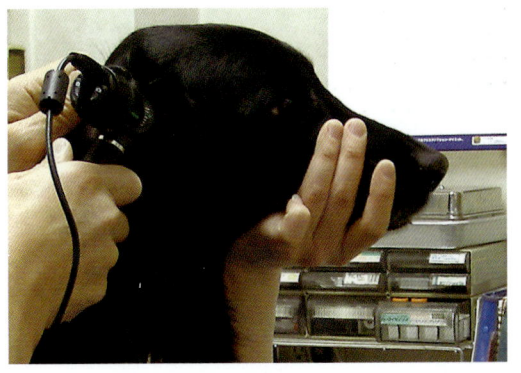

図2　ウェルチ・アレン耳鏡デジタルマクロビュー。

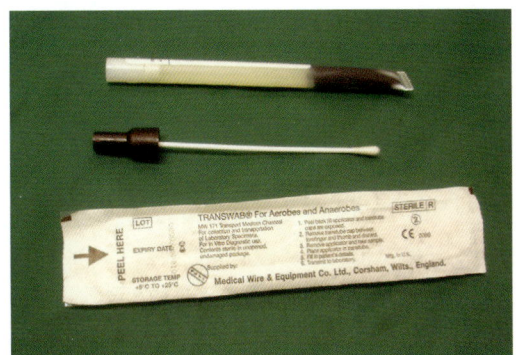

図3　カルチャースワブ。

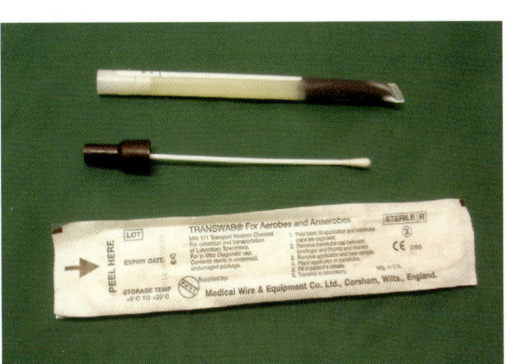

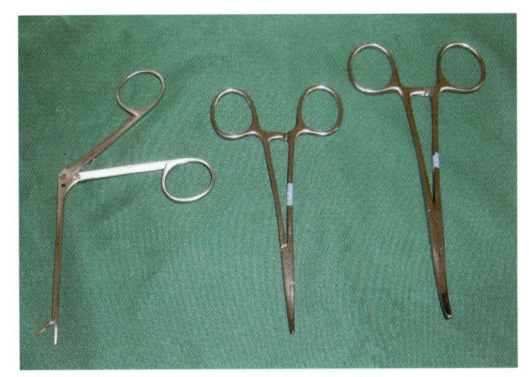

図4　左から耳鼻科鉗子, モスキート鉗子, ペアン鉗子。

②病気をおこしやすくする要因
　　a. 先天的なもの
　　　外耳道内の毛, たれた耳, 耳道の狭窄, 耳垢の過形成, 過剰分泌
　　b. 後天的なもの
　　　外耳道内に水や汚れが入りやすい生活, 環境や気候(高温多湿), 不適切なケアーなど

2）腫瘍
　腫瘍は, 耳道構造を変化させ外耳炎の原因になることがあります。そのため, 外耳炎の診断を進めていく過程で, 滲出物や耳垢に隠れた腫瘍が見つかることもあります。

　a. 良性腫瘍
　　炎症性ポリープ(犬, 猫), 乳頭腫(犬, 猫), 基底細胞腫(犬, 猫), 耳垢腺腫(犬, 猫), 耳垢腺嚢胞(猫)。

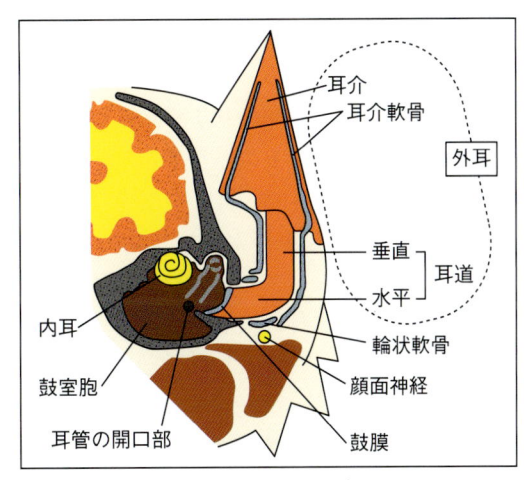

図5　外耳・中耳・内耳の解剖学的位置。

　b. 悪性腫瘍
　　耳垢腺癌(犬, 猫), 扁平上皮癌(犬, 猫)。

2. 問診
　問診は耳の疾患を診断するための大切な情報

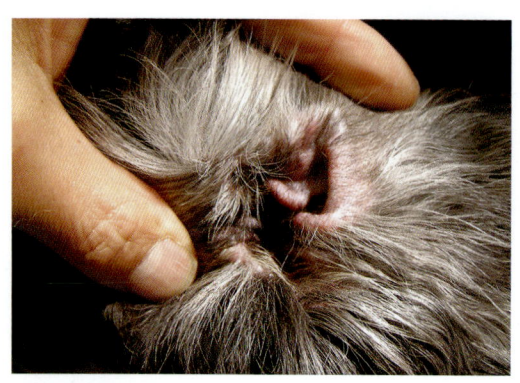

図6　正常なイングリッシュ・コッカー・スパニエルの耳：軽度の耳垢があり，軽度の脂漏が見られます。

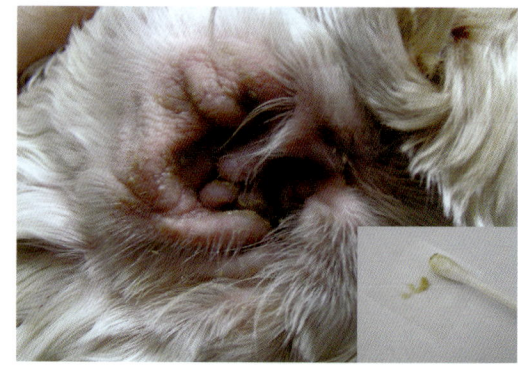

図7　アメリカン・コッカー・スパニエルの脂漏性皮膚炎による外耳炎の耳：耳介および耳道には発赤と腫脹があり，黄色の脂っぽい耳垢が観察されます。

源です。問診で聞き取った内容を正確に記録することは診断の大きな助けになります。

（1）プロフィール
1）品種
外耳炎をおこしやすくする先天的な要因として関与している事があります。

  a. 垂れた耳

    通気性の悪さから，外耳炎の原因や悪化要因になることがあります。同じ垂れた耳を持つ犬種でもゴールデン・レトリーバーやビーグルは，耳介の途中で折れているため少し隙間があいているのに対し，コッカー・スパニエルやバセットハウンドでは，付け根から折れて耳の重さで耳道をふさいでいます。

  b. アポクリン汗腺の過形成・耳垢の分泌過剰

    コッカー・スパニエル（図6，7）やジャーマン・シェパードでは，耳垢の分泌が多く，耳垢が貯まりやすいことがあります。

2）年齢
疾患によっては発症する年齢に特徴があります。

  a. 腫瘍

    犬の耳道に生じる腫瘍の発症年齢は良性腫瘍で平均9歳齢，悪性腫瘍では平均10歳齢，猫では良性腫瘍が平均7歳齢，悪性腫瘍は平均11歳齢という報告があります。

  b. 基礎疾患

    一般に，犬アトピー性皮膚炎は6カ月齢から3歳齢までに発症することが多く，内分泌疾患は中〜高齢犬で発症することが多い疾患です。

3）生活環境
外耳炎の悪化要因に関与しています。耳に水などが入りやすい生活をしたり，高温多湿の環境にいたり，ノミやマダニなどの外部寄生虫や蚊に刺されやすい環境にいる。狭いケージ内などの生活のため，耳介が擦れたり，首を振ってぶつけたりする可能性がある場合などです。

（2）現病歴
発症の年齢，季節，また経過が急性か慢性かなどを確認します。

（3）既往歴
外耳炎が発症する前の病歴を確認します。

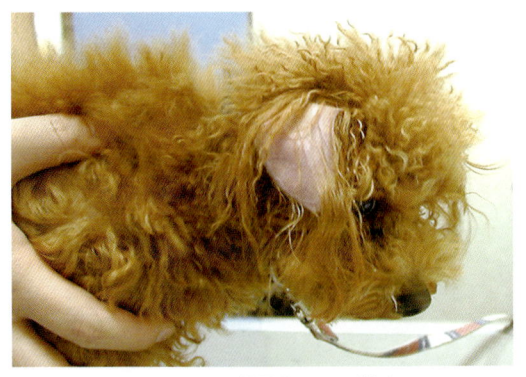

図8 脱毛：ステロイド外用薬による脱毛。

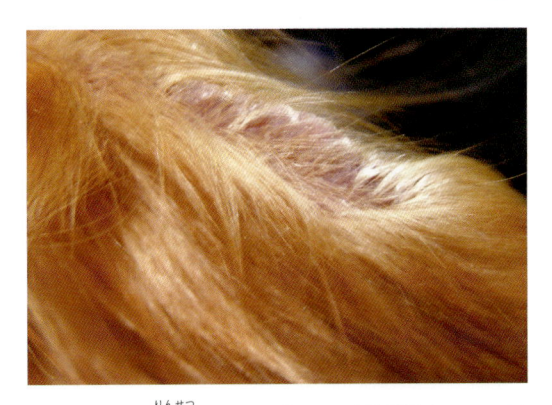

図9 脱毛，鱗屑（りんせつ），色素沈着：局所循環障害による耳介の脱毛。

1）皮膚病
以前に感染症やアレルギー性皮膚炎を発症したことがないかを確認します。

2）皮膚病以外の病気
皮膚病の原因となる内分泌疾患や全身性疾患の病歴を確認します。

3．身体検査
（1）症状の観察
外耳炎の症状には耳を掻く，首を振る，首を傾けるなどがあります。犬が耳を掻いていると耳の下に毛玉ができることがあります。外耳道は皮膚の一部であるため，皮膚を含めた全身の身体検査を行います。

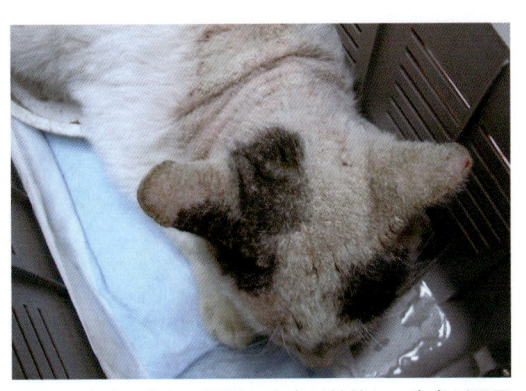

図10 疥癬：著しい鱗屑と痂皮が付着し，皮膚が肥厚しています。

（2）耳道の状態
1）耳介の形
耳道内の通気性を悪くするような耳介の形，向きなどを観察します。長く垂れた耳では食事の時などに汚れ，犬が気にすることがあります。

2）耳道の毛の有無，狭窄の有無，硬さなど
a. 耳道内の毛の多い品種
　ミニチュア・シュナウザー，シー・ズー，プードル，ヨークシャー・テリアなどが該当します。

b. 耳道がやや狭い品種
　アメリカン・コッカー・スパニエル，シャー・ペイなどは耳道がやや狭いという見解もあります。

c. 耳道が硬い
　耳道の慢性炎症により軟骨が硬くなり，皮膚から堅くなった垂直耳道を，通常より硬く触ることができるようになります。

（3）耳介の所見
耳介皮表の変化を観察します（図8，9）。皮表の検査には皮膚掻爬検査，毛検査，皮表細胞診などがあります。これらの検査ではヒゼンダニ（図10），皮膚糸状菌（図11）などの検出や，浸潤細胞を調べることができます。また，腫瘤

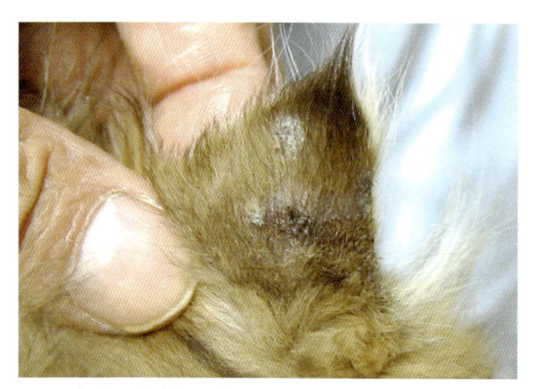

図11-(1) 皮膚糸状菌症：耳介の落屑および脱毛。

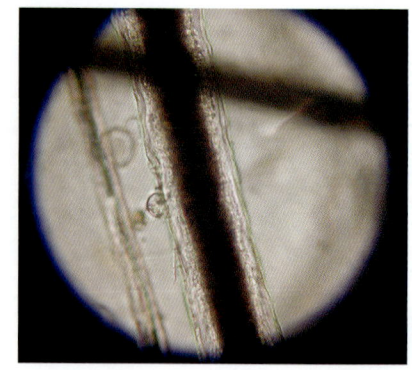

図11-(2) 皮膚糸状菌症の検査：毛幹に菌糸が観察されます。

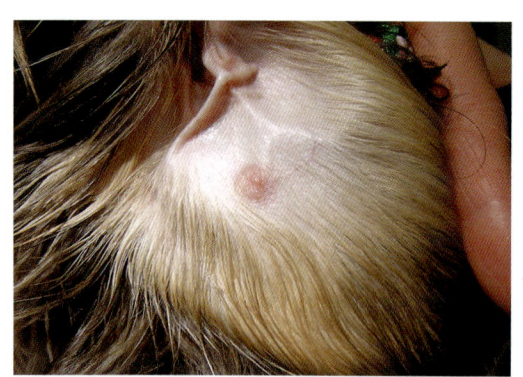

図12 耳介の結節：耳介の結節は針吸引生検で、皮膚組織球腫と診断されました。

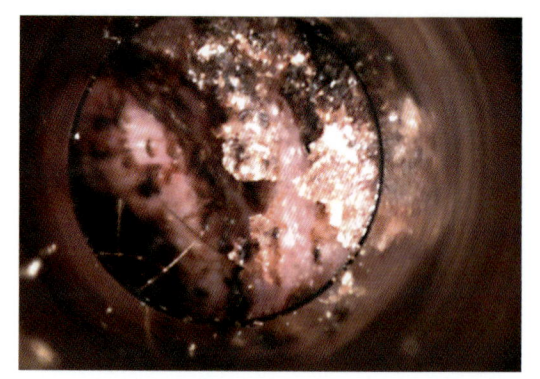

図13 白い点状に観察されるものはミミヒゼンダニで、動いている様子が観察できます。

の評価には，針生検が有用です(図12)。

（4）分泌物

分泌物の色調，性状，臭いなどの観察を行います。マラセチアが増殖している時には茶褐色の耳垢のことが多く，ミミヒゼンダニの感染では黒色耳垢がよくみられます。感染症では膿状の強い臭いを伴う分泌物，脂漏性皮膚炎では独特な脂のにおいがします。

4．耳道内観察

耳鏡で耳道内を観察します。この検査では以下の項目を観察できます。

（1）耳道内の異物

（2）耳道内寄生虫

ミミヒゼンダニは黒い耳垢中に，小さな白く動くものとして観察できる事があります(図13，14)。

（3）炎症所見

耳道内に炎症が起こると発赤，腫脹，鱗屑，びらんなどが認められ(図15)ます。また，耳垢の量や性状も変化します。病変が垂直耳道，水平耳道のどの部位にあるかも大切です。病変の耳道内の位置も確認します。また，著しい肥厚により，耳道が狭窄すると耳道および鼓膜が観察できないこともあります(図16)。

（4）耳道内隆起

炎症や腫瘍により耳道内に隆起が認められることがあります。腫瘍には，乳頭腫，基底細胞

耳の検査

図14 耳垢中のミミヒゼンダニ。

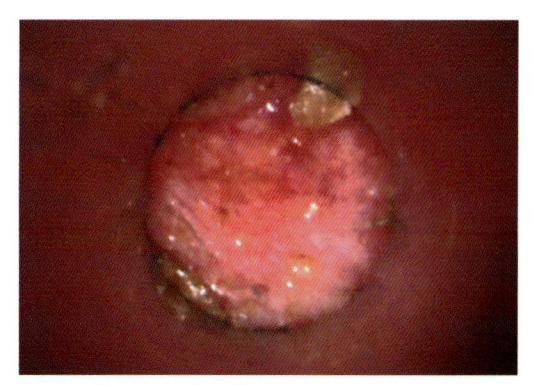

図15 外耳炎による耳道の発赤。

腫，アポクリン腺腫，肥満細胞腫，アポクリン腺癌などがあります。腫瘍により外耳炎が起こることもあります。

（5）鼓膜の状態
健常動物では，耳鏡を用いることによって鼓膜を観察することができます。健常な鼓膜は，平坦な白色の膜構造ですが，炎症が生じると色や形が変化し，破れてしまうこともあります。

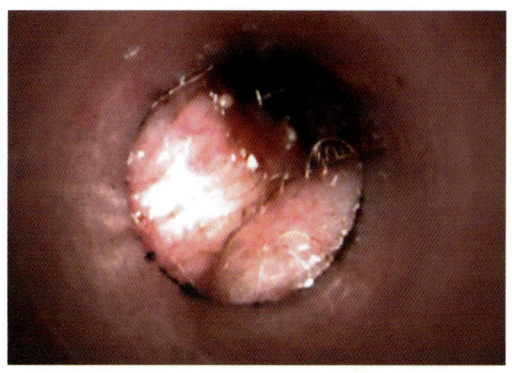

図16 外耳炎によって耳道が肥厚，狭窄し水平耳道が観察できません。

5．耳垢検査
（1）直接鏡検
耳垢をスライドグラスの上にとり，ミネラルオイルまたは10％KOHを垂らし，カバーグラスをかけ顕微鏡で観察します。この検査ではミミヒゼンダニを検出できます（図14）。生きて動いているダニだけでなく，死んだダニの一部や卵が観察できることもあります。

（2）細胞診
耳垢をカバーグラスに塗抹し，ライト・ギムザ染色などで染色し，顕微鏡で観察します。脂っぽい耳垢の場合は，アルコール固定の前に火炎固定を行います。火炎固定をアルコールランプで行うと，マッチやライターを使用すると付く煤が付かず，きれいな標本をつくれます。

1）健常動物の耳垢細胞診
正常な耳道にもごく少量の淡黄〜褐色の耳垢が存在しています。脂質成分が多く，細胞成分はわずかで，水分をはじくため染色されない部分もあります。塗抹上には少数の角化した上皮細胞がみられ，白血球など炎症細胞は認められません。少数（＜5個/hpf）の球菌（*Staphylococcus* spp. および *Streptococcus* spp.）や酵母（*Malassezia* spp.）が認められることがあります。

2）外耳炎の耳垢細胞診
外耳炎では耳垢の水分と細胞成分が多くなります。急性炎症の外耳炎では，好中球が多くみられ，さらに，慢性化した外耳炎では，角化が亢進し，角化したあるいは有核の上皮細胞が多数見られることもあります。感染症がある外耳炎の耳垢細胞診では，多数の球菌，桿菌，酵母菌などが観察されます。

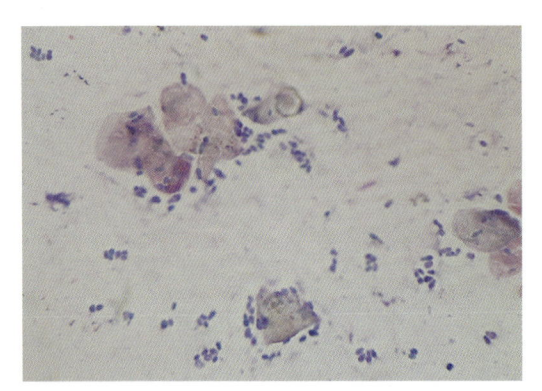

図17　耳垢細胞診でみられたマラセチア。

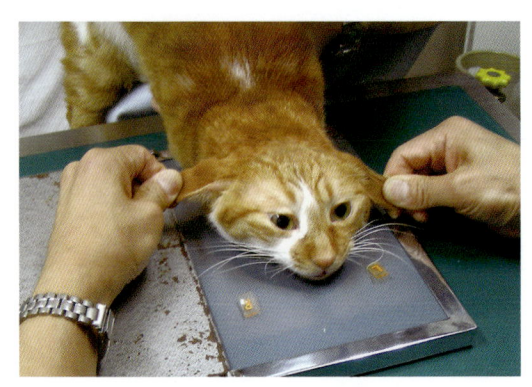

図18　X線検査の背腹像撮影時の保定。

（3）微生物学的検査

細胞診で桿菌が認められる時は，グラム染色により細菌の種類を確認するべきでしょう。また，慢性症例（治療に反応しない症例）では，細菌培養検査および薬剤感受性試験を行う必要があります。

1）細菌

外耳炎では，健常動物と同じ様に *Staphylococcus* spp. および *Streptococcus* spp. などの球菌が検出されますが，慢性の外耳炎の場合には，健常動物ではあまり検出されない *Pseudomonas* spp. や *Proteus* spp. などの桿菌が検出されることもます。これらは日和見菌ですが，薬剤耐性により治療が困難になることがあります。

2）真菌

犬の外耳炎から検出される酵母菌としては *Malassezia* spp.（図17）が重要です。*Malassezia* spp. は様々な原因で増殖するため，その背景疾患を検討する必要があります。

6．画像診断

外耳道や鼓室の評価に，単純X線検査およびX線CT検査（以下CT検査），MRI検査が行われます。画像診断は初期の外耳炎で得られる情報は少ないですが，進行した外耳炎や腫瘍

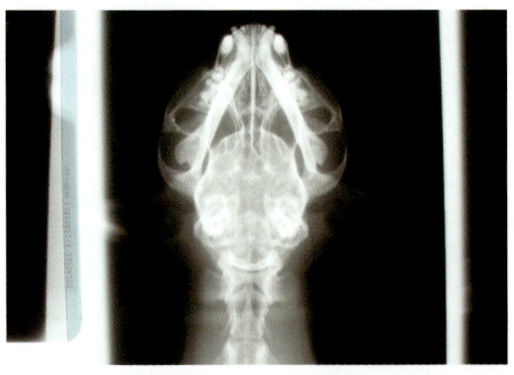

図19　X線検査背腹像：外耳道が観察できるが，鼓室胞は頭蓋骨と重なり十分な評価ができない。

などでは有用です。その目的は以下の通りです。

①耳道狭窄のため鼓膜までのすべての耳道が耳鏡で観察できない場合の耳道の評価，②耳道内の腫瘍などの評価（位置，浸潤など），③耳道の軟骨の石灰化の評価，④中耳の評価，などです。

難治性の外耳炎では，中耳に炎症が波及したり，腫瘍などがあることも多いため，画像診断が重要です。

（1）X線検査
1）背腹像
a．保定

動物をうつ伏せに保定し，左右の下顎骨をカセッテにしっかり着け，左右対称に保定します（図18）。

図20 X線検査側面像の保定-1：左下横臥で保定している場合，右の鼓室胞を観察するためには，正中断面をカセットに対し水平よりほんの少しうつ伏せ方向に回転させて撮影します（撮影したX線写真は図22）。

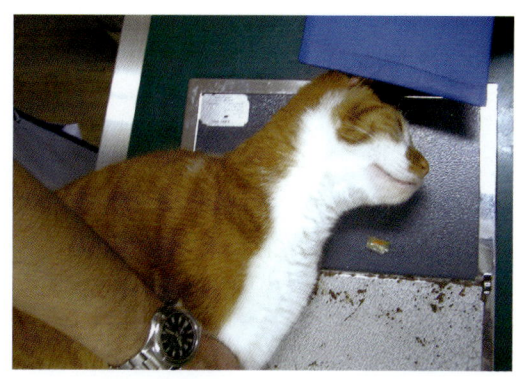

図21 X線検査側面像の保定-2：左下横臥で保定している場合，左の鼓室胞を観察するためには，正中断面をカセットに対し水平よりほんの少し仰向け方向に回転させて撮影します（撮影したX線写真は図23）。

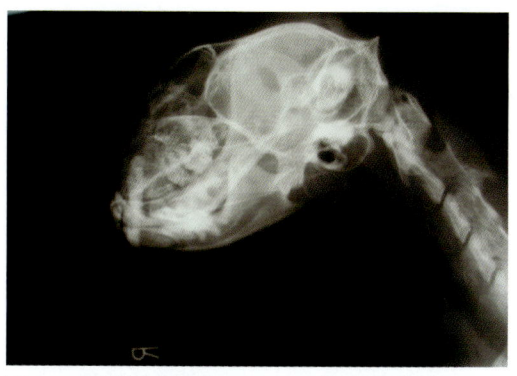

図22 X線検査側面像-1：右の鼓室胞を観察するために，右鼓室胞がやや外側に来るように保定し撮影します（図20）。

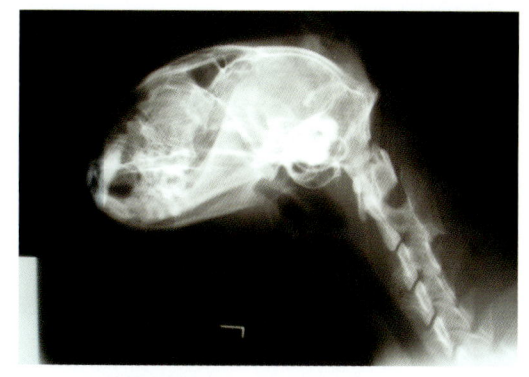

図23 X線検査側面像-2：左の鼓室胞を観察するため，左の鼓室胞がやや外側に来るように保定し撮影します（図21）。

b. 評価

外耳道の構造が観察でき，外耳道の軟骨の石灰化も評価できます。鼓室胞は頭蓋骨と重なってみえるため，十分に評価できません（図19）。

2）側面像

a. 保定

動物を横臥位に保定します。撮影時に，左右の鼓室胞がほんの少しずれるように回転させ，左右が解るようにマークを入れて撮影します（図20，21）。

b. 評価

側面像では鼓室胞を評価します。炎症があると鼓室胞の骨のラインがやや太く観察されます（図22，23）。

3）開口正面像

a. 撮影前に

この撮影法は，頭部や頸椎の疾患がある動物，下顎や顎関節に問題のある動物では，禁忌です。全身麻酔下では容易に撮影できますが，大人しく協力的な動物では無麻酔や鎮静下で撮影を行う事ができます。

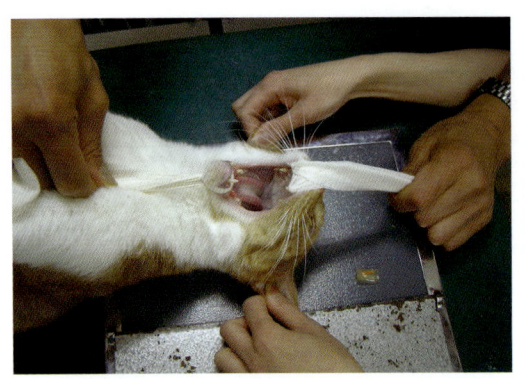

図24 X線検査開口正面像の保定：3人で保定する必要があります。保定者①左右の前肢を持ち仰向けに保定します。保定者②左右の耳介を持ちます。保定者③下顎と上顎に包帯などをかけ、開口させ、X線投射ラインが硬口蓋と下顎の中央1/2の角度になる様に保定し、速やかに撮影します。

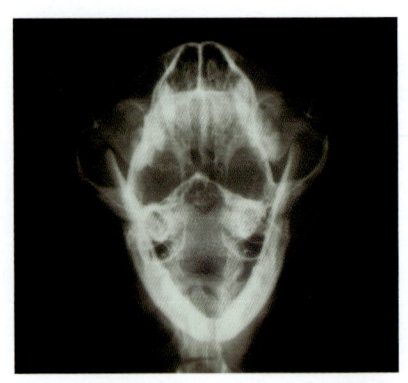

図25 X線検査開口正面像：この撮影方法を行うことにより、左右の鼓室胞が頭蓋骨に重ならずに同時に観察でき、左右を比較できます。

b. 保定

犬を仰臥位に保定し，肩の位置を左右対称にします。ひもを犬歯鼻方にかけ開口させ，X線投射ラインが，硬口蓋と下顎の中央1/2の角度になる様に保定し，撮影します（図24）。

c. 評価

この撮影法では左右の鼓室胞が他の骨組織と重ならず観察できるので，単純X線検査では最も鼓室胞を良く評価ができる検査です（図25）。鼓室胞に炎症があると骨のラインが太く観察されたり，透過性が低下します。

（2）CT検査およびMRI検査

CT検査やMRI検査では特殊な保定は必要なく，外耳道，鼓室胞などの評価が容易に可能です。外耳道では，耳道の狭窄，軟骨の石灰化，腫瘤病変の場所や浸潤，膿瘍の場所や浸潤などが評価できます。中耳では，鼓室胞内の液体貯留，腫瘤（軟組織の増殖）の有無とその浸潤，鼓室胞壁の肥厚，増殖，溶解などが評価できます。

器具のメンテナンス

- 検査で使用した鉗子，耳鏡のスペキュラ，皮膚検査で使用したメスなど，直接耳介や耳道や耳垢に触れたものは，良く洗浄し，消毒または滅菌してください。
- ミミヒゼンダニ，皮膚糸状菌症は伝染します。これらを検出した器具は，院内感染を起こす危険性がありますので，注意して処分してください。

獣医師に伝えるポイント

・耳の異常の発見
お預かり中に耳に伴う異常に気付いた時には，「目」「手」「耳」「鼻」を使い良く観察してください。かゆみの行動，斜頚，耳介，耳道入口の発赤，腫脹，汚れ，痛み，硬さ，耳垢，外耳道の異常な臭いなど所見を記録し，獣医師に伝えてください。

・動物の家族と獣医師の懸け橋に
自宅での生活や耳のケアに，耳の病気に飼主が気づいているかどうかなどを獣医師に伝えてください。また，次の項目にある様にご家族に十分ご理解いただけるような説明をしてください。

動物の家族に伝えるポイント

- 耳の病気に気づいていないご家族に病気のことを伝えます。
- ペットホテルやトリミングでお預かり中に，耳の異常に気がつくことがあります。まず獣医師に症状を伝え，獣医師と相談の上，ご家族に問題点を伝え，診察が必要であることを伝えます。
- 日ごろの生活，耳のケアーについて家族から聞き，家での観察，ケアーについて伝えます。外耳炎がある場合には，獣医師にケアー方法を確認しましょう。
- 家庭での水遊びやシャンプーによって，外耳道に水や汚れが残ったり，ご家族による刺激を与えるような耳のケアーが，外耳炎の原因になることもあります。現状を良く聞き取り，その内容を獣医師に伝え，獣医師の診断のもと適切なケアーを指導しましょう。

大村知之（おおむら動物病院）

chapter 05 心電図検査と波形のみかた

> **アドバイス**
>
> 「心電図検査の目的」と心電図検査から「分かること」と「分からないこと」，心電図検査が適応となる動物，心電計の種類，心電図検査の実施について述べ，さらに動物看護士が知っておくべき心電図波形と不整脈について解説します。

心電図検査の目的と概要

1）「心電図検査の目的」と心電図検査から「分かること」と「分からないこと」

心電図検査の目的は①不整脈の診断，②心臓の形態学的異常の検出，③心拍数の測定の3項目になります。この検査は不整脈の診断や心拍数の測定に対して優れていますが，心臓の形態学的異常の検出はあまり適してはいません。したがって心臓の形態学的異常を把握するためには，X線検査やエコー検査などを同時に行う必要があります。

検査技術が進歩した今日でも，心電図検査以外では不整脈を診断することは不可能であり，欠かせない検査の1つとなっています。ただし心電図検査で異常が検出された場合でも，不整脈の原因や心臓の機能，心臓病の種類は分からないということは覚えておく必要があります。

2）心電図検査が適応となる動物

聴診で不整脈が確認された動物，心雑音がでている動物，そして失神や発作を主訴として来院した動物に心電図検査が行われます。また薬物中毒や電解質異常，さらに交通事故など，救急で運ばれた動物や，意識レベルの低い動物などでは，動物の状態を把握するために持続的に心電図モニターをする場合があります。現在，麻酔中の動物では心電図モニターは必須の項目となっています。

3）心電計の種類

心電計には様々なタイプがあります（図1，2，3）。各病院に装備されている心電計の操作を熟知しておかなければなりません。

4）心電図検査の実施

実際に心電図検査を行うかどうかの判断は，獣医師が行います。また，動物の扱いや検査の順序などは獣医師の指示に従ってください。

心電図検査時の看護士の重要な役割は──，
①正しい方法で検査を実施すること
②心電図波形観察時（記録用紙に波形が記録されないとき）にも，異常波形の有無を確認すること
③記録された心電図が，評価に値するものかどうかを判断すること
の3項目になります。これらは看護士が主導で心電図検査を行った場合，検査の質そのものが看護士に依存することになるので，非常に重要な要素になります。

5）看護士が知っておくべき心電図波形と不整脈

心電図を記録することは，心電計の操作を知っていれば誰でもできる簡単な作業です。しかし，臨床現場で働く看護士ならば，単に心電図を記録するだけでなく，後述する一般的な異常波形と，生命にかかわる可能性のある不整脈は知っておくべきです。麻酔モニター中も含め

心電図検査と波形のみかた

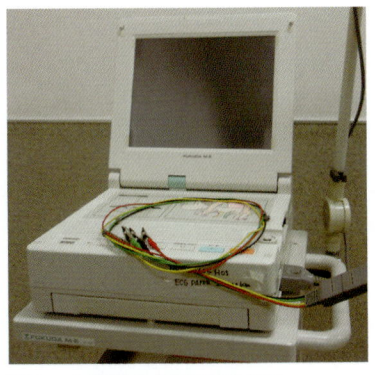

図1 心電計1（FUKUDA ME CARDISUNY D700）。

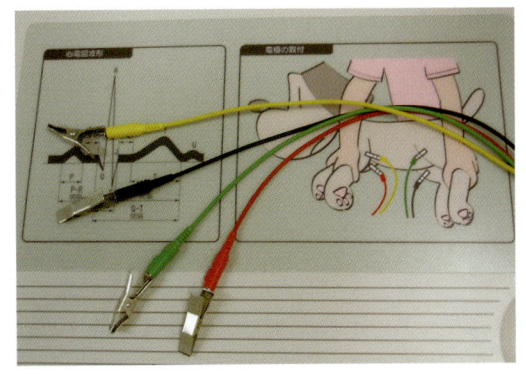

図2 図1の心電計のパネル部分の拡大および4本(色)のクリアリードと電極クリップ。

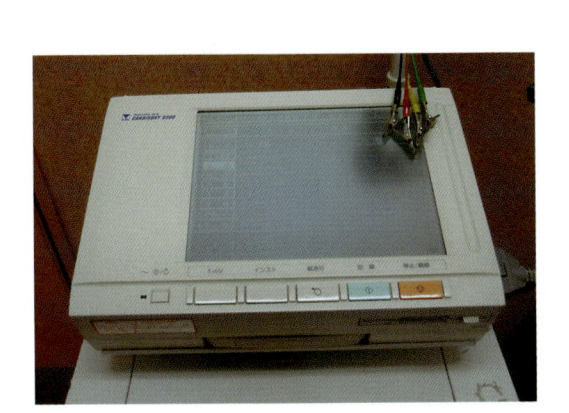

図3 心電計2（FUKUDA ME CARDISUNY D300）。

図4 電極クリームと消毒用アルコール―心電計の傍らに常備しておいてください。

て，これらの異常波形や不整脈が出現した場合は，速やかに獣医師に報告しなければなりません。

準備するもの

- 犬，猫用の心電計（図1，3）
- クリアリードと電極クリップ（図2）
- 電極クリームと消毒用アルコール（図4）

手技の手順

1．心電計の準備

　最初に心電計のコンセントを差し込み，電源をオンにします。一般的に心電図記録時のペーパースピードは50mm／秒，感度は1mV＝10mmに設定します。動物のプロフィールを入力し準備完了です。

2．動物の保定

　心電図検査時の基本的な動物の保定は，動物の右側を下にした状態で，頭部は保定者の右側に来るようにします。このとき四肢が体幹に対してできるだけ直角になるように伸展します。頚部は保定者の右腕で軽く保定するようにすると，動物も安心して落ち着いた状態で検査ができます（図5）。マットやタオルの敷いてある診察台で行うこと，また動物が興奮しないよう静かな環境で検査することは，適切な心電図を記録するために必要な条件です。

3．電極クリップの装着

クリアリードは4本あり，それぞれ赤，黄，緑，黒の色が付いています。またその尖端は電極クリップになっています(図2)。電極クリップの装着部位は前肢では肘の部分の皮膚，後肢は膝の部分の皮膚になります。それぞれの部位に電極クリームや消毒用アルコールを塗布し，左右のクリップ同士が触れないように以下のように装着します。

　赤→右前肢，黄→左前肢，緑→左後肢，黒→右後肢(図5)

　この装着方法で得られる心電図の誘導法は，標準肢誘導(6軸誘導)といいます。6種類の波形(Ⅰ，Ⅱ，Ⅲ，aVR，aVL，aVF)が同時に得られる方法で，犬や猫の心電図検査では最も一般的な誘導方法です。

4．心電図波形の記録

　心電計の「観察ボタン」を押して，画面内の波形をしばらく観察します。このときに，波形全体の上下の揺れや動物の動きによって生じたアーティファクト(データーのエラー)がないことを確認します。異常波形や不整脈の有無を確認しながら「記録開始ボタン」を押して波形の記録を行います。

5．獣医師への報告

　心電図波形の記録が終了したら，異常波形や不整脈の有無を確認して，獣医師に報告します。

心電図の読み方の基本

　記録された心電図波形の評価と不整脈の診断は獣医師が行いますが，心電図検査中や麻酔モニター中の異常波形や不整脈の出現は，看護士の判断が必要となる場合もあります。「異常波形」や「不整脈」を判断するためには，正常な

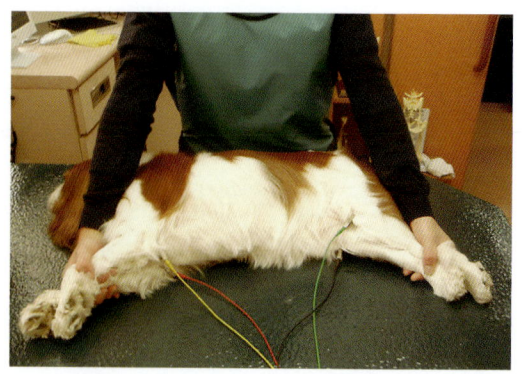

図5　看護士による動物の保定と各電極クリップの装着部位。

心電図波形を知っておかなければなりません。そこで，実際に記録された心電図にどんな情報が含まれているのか確かめてみましょう。

1．記録された心電図の基本情報

　図6，7の心電図を見てください。心電計によって多少の相違はあるものの，記録用紙の左上に記載されている情報は一般的に①検査日時，②ID番号，③ペーパースピード，⑤感度，⑥心拍数などとなっています。

　図6の心電図では6軸誘導の波形が同時に記録されていて，各波形の振幅，持続時間および間隔の評価に用いられます。図7の心電図はⅡ誘導で30秒間記録されたもので，不整脈の診断に用いられます。

　心電図記録用紙には1mm四方の目盛が付いています。心電図記録時のペーパースピードが50mm／秒であれば，記録用紙の一番小さな横の1マスは0.02秒に相当します。また感度が1mV=10mmであれば一番小さな縦の1マスは0.1mVに相当します。

2．心電図の読み方マニュアル

①心拍数の確認　→　基本情報からすぐに分かります(図6，7)

②各波形の計測(振幅，持続時間および間隔)→これらを計測して参考値と比較します

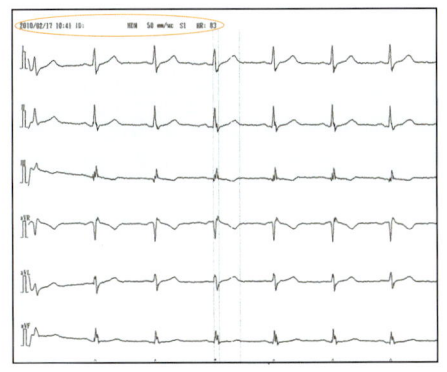

心電図検査と波形のみかた chapter 05

図6　各誘導の心電図波形と基本情報。

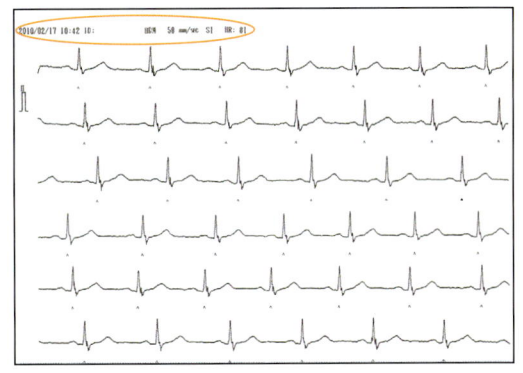

図7　Ⅱ誘導で30秒間記録された心電図波形と基本情報。
　　　⭕：この部分には検査日時，ID番号，ペーパースピード，感度および心拍数などの情報が記載されています（図6，7）。

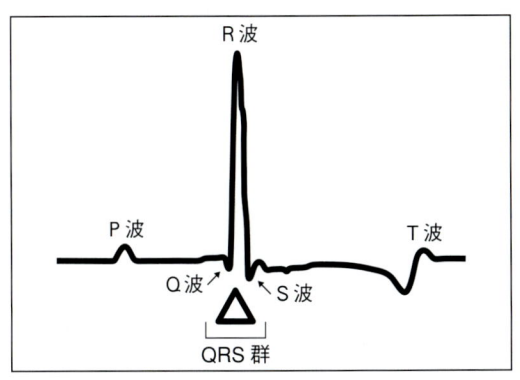

図8　心電図の各波形の名称。

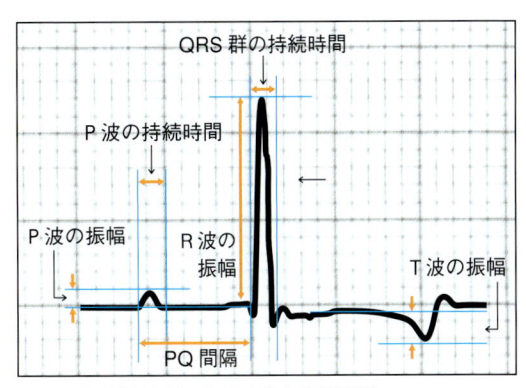

図9　心電図波形の各種名称と計測部位。

（測定部位は図9，参考値は表1，2を参照して下さい）

③不整脈の検出 → 後述する「不整脈の所見」を参照してください

　各波形の振幅や持続時間の計測，また不整脈の検出は基本的にⅡ誘導の波形を用います。
　ここで正常な心電図における各波形の特徴（定義）を確認しておきます。図8に基本的な心電図波形を示しました。
　心電図波形は記録用紙の左側から右側に記録されていきます。最初に出現する小さな上向きの波形（陽性波といいます）がP波になります（Ⅱ誘導ではP波は必ず陽性波になります）。

　また，P波に続く最初の陽性波がR波であり，そのR波の直前にみられる下向きの波形（陰性波といいます）がQ波になります。
　さらにR波に続く陰性波がS波となります。
　Q波，R波およびS波が作るひとつの連続した波形はQRS群と呼ばれ，その後に出現する陽性波あるいは陰性波がT波になります。
　したがって，P波－QRS群－T波という連動した波形が得られることが，正常な心電図波形の条件となります。
　図9には各種波形の振幅，持続時間および間隔の計測部位を示しました。また，犬と猫における波形の振幅，持続時間および間隔の参考値範囲を表1および2に示したので，実際の計測のときに参考にしてください（表1，2）。

53

表1 犬の心電図波形の参考値範囲(カッコ内は大型犬の参考値範囲)。
　　ペーパースピードは50mm／秒，感度は1mV＝10mmとする。

	P波		P−R間隔(秒)	QRS群		T波の振幅(mV)
	持続時間(秒)	振幅(mV)		持続時間(秒)	R波振幅(mV)	
参考値範囲	≦0.04 (≦0.05)	≦0.4	0.06～0.13	≦0.05 (≦0.06)	≦2.5 (≦3.0)	R波の振幅の1／4まで
心電図のマス数では	2(2.5)マスまで	4マスまで	3～6.5マスまで	2.5(3)マスまで	25(30)マスまで	

表2 猫の心電図波形の参考値範囲。ペーパースピードは50mm／秒，感度は1mV＝10mmとする。

	P波		P−R間隔(秒)	QRS群		T波の振幅(mV)
	持続時間(秒)	振幅(mV)		持続時間(秒)	R波振幅(mV)	
参考値範囲	≦0.04	≦0.2	0.05～0.09	≦0.04	≦0.9	<0.3
心電図のマス数では	2マスまで	2マスまで	2.5～4.5マスまで	2マスまで	9マスまで	3マス未満

　心電図波形の計測をより正確に行うためには，ディバイダーの使用をお勧めします(図10)。

これだけは覚えておきたい心電図波形と不整脈

　以下に心臓の形態学的異常が疑われる心電図所見と不整脈の解説をします。

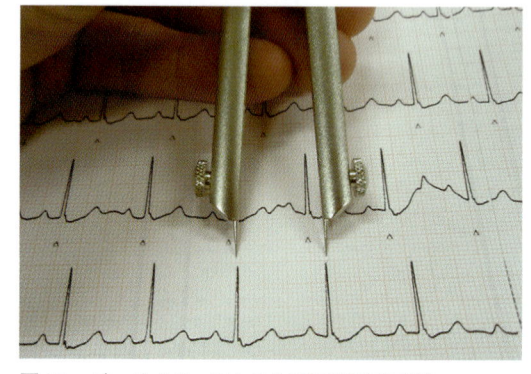

図10　ディバイダーによる心電図波形の計測。

1．心臓の形態学的異常が疑われる心電図所見

①左心房拡大所見
　P波の持続時間の延長
②左心室拡大所見
　R波の増高，QRS群の持続時間の延長
③右心房拡大所見
　P波の増高
④右心室拡大所見
　Ⅰ，Ⅱ，Ⅲ，aVF誘導でS波が存在
　Ⅰ誘導のS波が0.05mVを超える(犬)
　Ⅱ誘導のS波が0.35mVを超える(犬)

2．不整脈の所見

　不整脈の診断の基本は①心拍数，②心拍リズム，③P波とQRS群の関係などを評価することにより行われます。
　以下に重要な不整脈を示しますので，特徴的所見を覚えてください。なお，心電図上ではP波は青矢印，QRS群は黄矢印を使って示します。

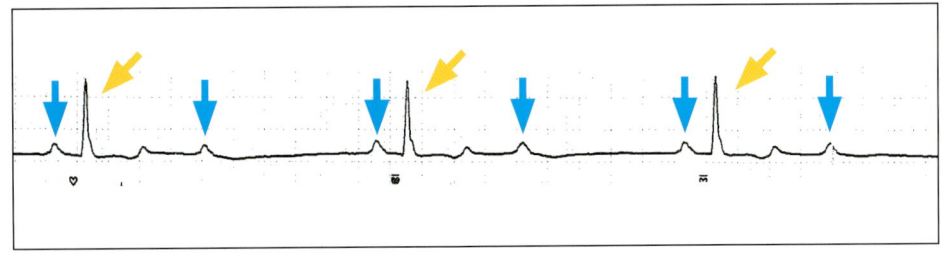

図11　第2度房室ブロックの心電図波形（青矢印＝P波，黄矢印＝QRS群）。

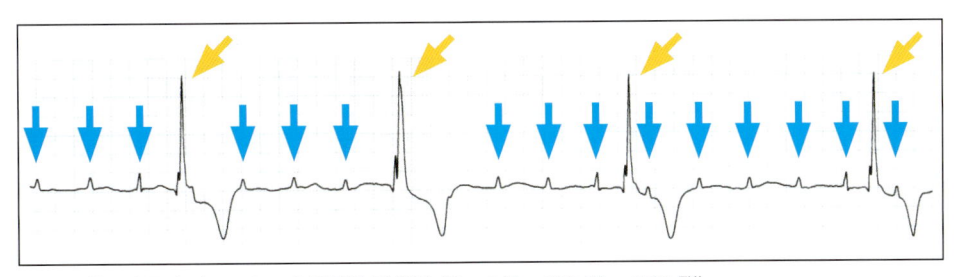

図12　第3度房室ブロックの心電図波形（青矢印＝P波，黄矢印＝QRS群）。
（この心電図は日本獣医生命科学大学　竹村直行先生のご厚意による）

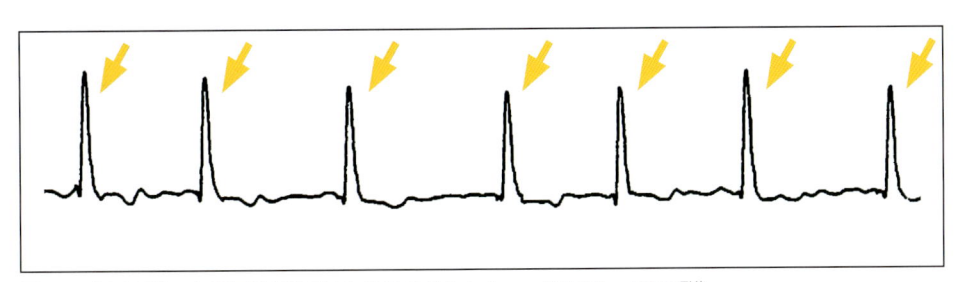

図13　心房細動の心電図波形（正常なP波は見られない，黄矢印＝QRS群）。

（1）第2度房室ブロック（図11）

最初の波形はP波，QRS群およびT波が正しく出現していますが，次の波形ではP波はみられるものの，その後に続くべきQRS群が見当たりません。そしてこのような1拍毎のQRS群の脱落が繰り返されています。

心拍数はQRS群に依存するため，徐脈（心拍数が参考値範囲より低いこと）になることが多いです。

（2）第3度房室ブロック（図12）

P波とQRS群が連動せず，お互いそれぞれ一定の周期で心電図波形を描いています。P波同士の間隔よりR波同士の間隔が長くなるので結果として徐脈になります。この心電図が記録された場合は，生命にかかわる可能性が高く，獣医師への速やかな報告が欠かせません。

（3）心房細動（図13）

適切な環境で心電図検査が行われたにもかかわらず，基線が細かく上下に揺れています。そのためP波ははっきり確認できません。またR波同士の間隔は不規則で一定ではありません。特にこの不整脈が頻脈を伴っている場合は危険信号です。

（4）心室期外収縮（図14）

正常な波形の中に形状が著しく異なったQRS群（赤矢印）が，予測されるタイミングより少し早く出現しています（心室早期拍動とい

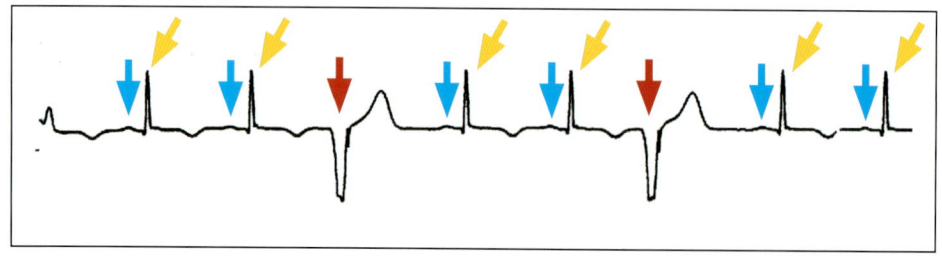

図14 心室期外収縮の心電図波形（青矢印＝P波，黄矢印＝QRS群，赤矢印＝形状が著しく異なったQRS群）。

います）。この形状の異なったQRS群の直前にP波は見当たりません。この不整脈が連続して見られ，頻脈になっている場合は危険信号です（心室頻拍）。

心電図検査を実施するに当たって知っておくとためになる豆知識
～実践的な心電図検査のテクニックとコツ～

心電図検査で重要なことは，診断に値する適切な心電図波形を記録することです。ここは看護士の腕の見せ所です。通常の方法で適切な心電図波形が記録できない場合は，以下の方法を試してみてください。

問題点1
基線が細かく揺れてしまう（図16）。
原因
交流障害が出ている可能性があります。
対処方法
心電図のコンセントを抜き，内臓のバッテリー起動にて再検査をします。また，保定者や検査をする部屋を変更してみます。電極クリップの装着部位に，もう一度クリームとアルコールをつけることも重要です。また，動物の震えや電極クリップに保定者が触れることでも同様のアーティファクトが生じますので，保定にも注意してください。
問題点2
心電図波形が上下に大きく移動してしまう（図17）。

図15 電極クリップの歯ブラシによる清拭。

> **心電計のメンテナンス**
>
> ■検査終了後に以下のメンテナンスを行います。
> - 錆防止のための電極クリップの清拭（図15）。
> - 断線防止のためのクリアリードの収納。
> - 記録用紙の残量確認。

原因
多くの場合，動物の体が動いています。
対処方法
改めて保定をやり直します。パンティングで胸壁が激しく上下に動いている場合は，クリアリードが一緒に上下しないよう，電極クリップの装着部位を足先へ少し移動します。
問題点3
動物が保定を嫌がる。

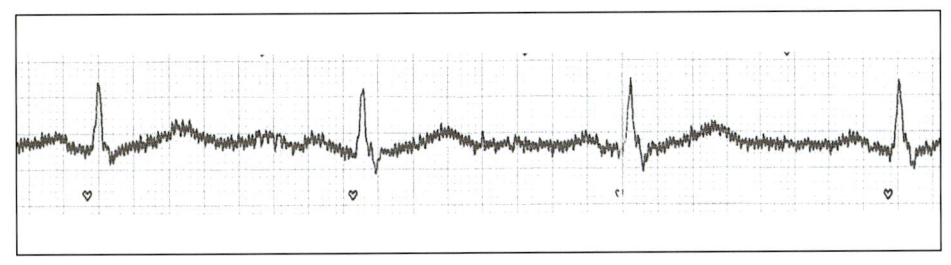

図16 基線が細かく揺れた心電図波形。

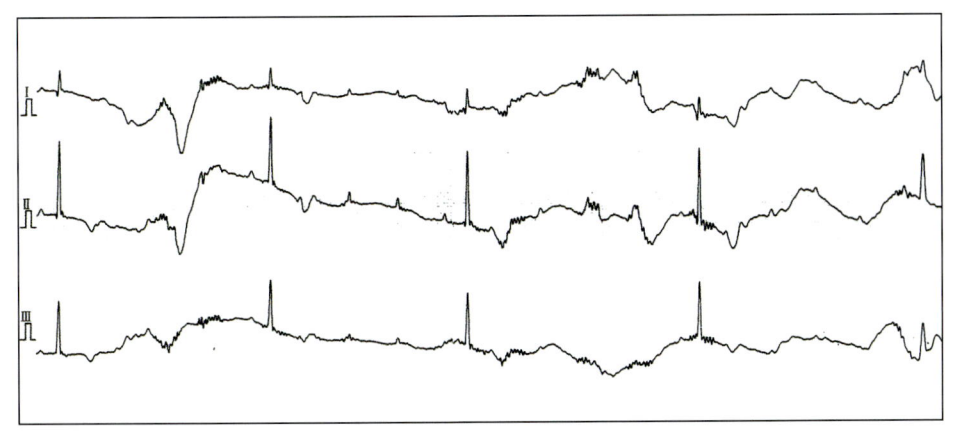

図17 上下に大きく移動した心電図波形。

原因
- 硬くて冷たいマットの影響
- 動物と看護士との相性
- 動物の性格

対処方法
　暖かく柔らかいマットの上で保定してみます。また保定者を変更してみたり，もう1人の看護士に手伝ってもらい，頭をなでたり声をかけたりするのもよいかもしれません。動物がどうしても嫌がる場合には，立ったままの状態（立位）での検査も可能ですが，不整脈の所見や波形の振幅に影響することがあるので注意が必要です。

> **to family　動物の家族に伝えるポイント**
>
> ・前述した「心電図検査の目的」と心電図検査から「分かること」と「分からないこと」はご家族にも説明し，理解していただく必要があります。

> **to doctor　獣医師に伝えるポイント**
>
> 　心電図検査は看護士が行うことのできる検査の1つですが，心電計任せで記録するだけでなく，検査中の動物の様子や画面に描出される心電図波形を観察することが重要です。以下のポイントを獣医師に報告できるように，動物の様子や心電図波形を慎重に観察し，検査を行ってください。
>
> ・保定中の動物の様子（パンティング＜あえぎ呼吸＞や震えなど）
> ・異常波形と動物の動きとの関係
> ・記録用紙に残らなかった異常波形に関する情報
> ・呼吸リズムと心拍リズムの関係（呼吸性不整脈の確認）
>
> 　もし看護士では判断が難しい異常な所見がみられた場合は，獣医師に確認してもらう必要があります。

佐藤　浩（獣医総合診療サポート）

chapter 06 単純X線検査の補助

> **アドバイス**
>
> 　X線検査は，画像診断検査の中で一般的に行われている検査であり，有用な検査であることは言うまでもありません。しかしながらX線画像から診断を導き出すには"良質な画像"が必要不可欠であり，それを得るためには動物看護士の補助が重要となります。
> 　X線検査の補助は，撮影準備・保定・現像・画質の評価・機材のメンテナンスなど多種多様であるために，それらを十分に理解し習得する必要があります。

準備するもの

- フィルム（図1）
  様々な種類があり，可視光線によっても感光してしまい使用不可能になるので，現像していないフィルムは暗室で操作する必要があります。
- カセッテ（図2）
- フィルムを入れる容器
- 増感紙（図3）
  カセッテの内側に貼り付けられた白い紙であり，X線による発光でフィルムを感光させます。
- グリッド（図4）
  散乱線を抑えます。
- 防護服（エプロン），防護手袋，ネックガード（図5）
  散乱線を防御するための道具です。
- X線装置（図6）
  X線を発生させる機械です。
- その他
  現像液・定着液，自動現像機（ＣＲ＜フィルムレス＞）（図7）。

図1　フィルム。

図2　カセッテ。

単純X線検査の補助 chapter 06

図3 増感紙。

図4 グリッド。

図5 防護服，防護手袋，ネックガード。

図6 X線装置。

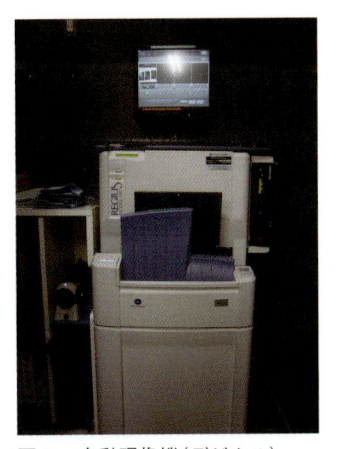

図7 自動現像機（デジタル）。

用語の確認

- X線管球(図8-1)
  X線の発生源。

- 一次X線(図8-1)
  X線管球から発生するX線。

- 散乱線(図8)
  一次X線が物体を通過する際に方向が変化したX線。画像コントラストの低下や撮影者の被爆源になりうる。
  散乱線の増加要因として①電圧(kV)②撮影部位の厚さ③照射野の広さ、があげられる。

- キロボルト(kV)(図9)
  電子の加速度を調節し、発生するX線束のエネルギーレベルすなわち透過度の調節単位。
  高い→コントラスト低い、低い→コントラスト高い。

- ミリアンペア(mA)(図9)
  電子の量を調節し、発生するX線の数すなわち線量の調節単位。
  高い→黒化度増加(画像が黒くなる)、低い→黒化度低下(画像が白くなる)。

- 照射時間(図9)
  時間により、フィルム上に到達するX線の量を調節し、画像の濃度を変える。

- 絞り装置(図10-1)
  撮影部位へのX線束の範囲を調節することで、散乱線の量を減らすことができる。

- 暗室(図11)
  完全に遮光されている空間であり、フィルムをカセッテに充填したりフィルムを現像器に移す場所。
  デジタルタイプの現像機であれば暗室は必要なし。

- 鮮鋭度(シャープネス)
  臓器の輪郭を明瞭にする鮮明さの度合い。

  [影響する要因]
  焦点-フィルム距離:通常は100cm前後(近すぎると低下する)。
  焦点の大きさ、動物の動き、増感紙とフィルムの接触不足、不適切な条件(kV、mA、sec)、不適切な現像、弱齢、疾患(胸膜炎や腹水など)などで低下。

- 濃度差(コントラスト)
  高いコントラストの画像=灰色の陰影が少ない画像(白黒明瞭)。
  重なった臓器でも明確に見分けることができる(高コントラスト)。
  影響する要因:低kV、散乱線、暗室での光の漏れ、などで低下。

- 黒化度(デンシティー)(図12)

- フィルム濃度(黒さ)
  X線画像から読み取れる黒化度は、空気、脂肪、水(液体、実質臓器)、骨(および石灰化)、金属の5種類しかない。

- 不透過性(オパシティー)
  不透過性が高い=黒化度が低い=X線画像上白くみえる。

- X線防護
  [3原則]
  時間:撮影回数を減らす(撮り直しのないように、1回の撮影できれいな画像を撮る)。
  距離:一次X線には体のいかなる部位も入れず、被写体からはできる限り体を遠ざける(距離を2倍遠ざければ被爆量は1/4になる)。
  遮蔽:防護服(エプロン)や防護手袋などを着用(散乱線を遮蔽:一次X線には効果がないために、手袋をしていても決して一次X線照射内には入れない(図8, 13)。

単純X線検査の補助 chapter 06

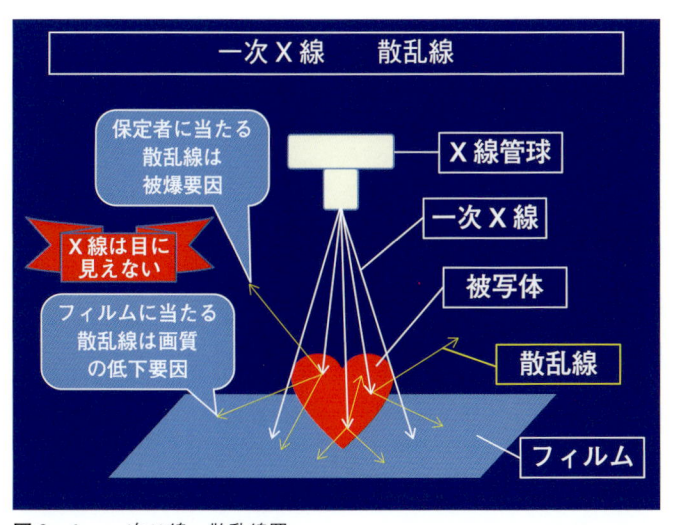

図8-1 一次X線,散乱線置。

図10-1 絞り装置。

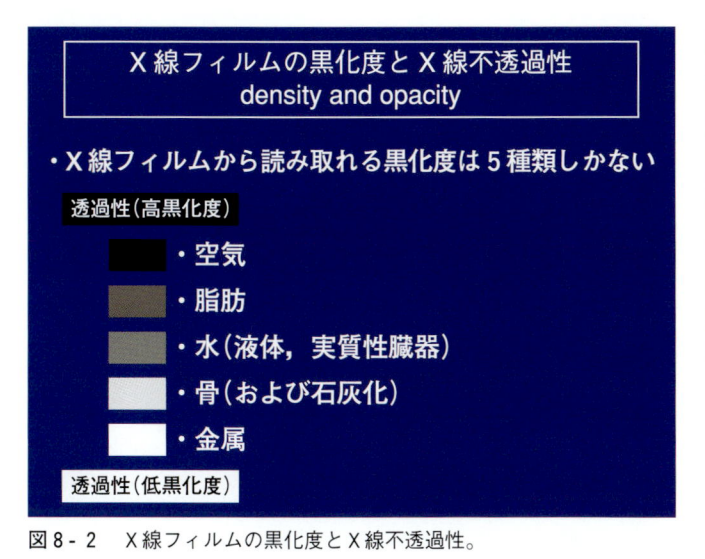

図8-2 X線フィルムの黒化度とX線不透過性。

図10-2 照射野。

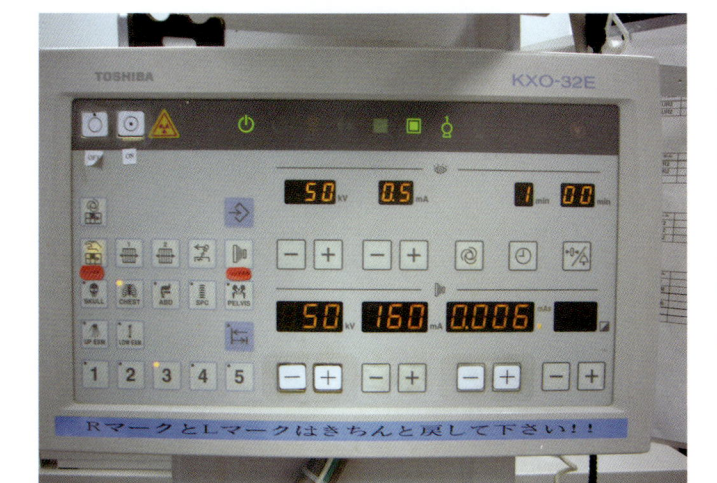

図9 操作盤。

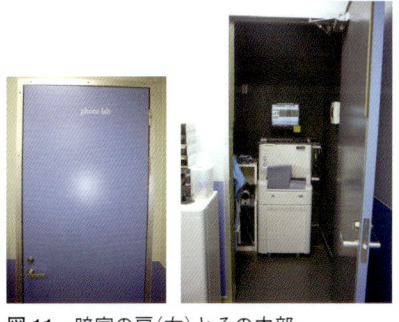

図11 暗室の扉(左)とその内部。

61

手技の手順

1．撮影準備

- X線装置や自動現像器の電源を入れ，撮影準備をします。
- 自動現像機は事前にウォームアップしておきます。
- カセッテを台に置き，照射野を合わせます（図14）。
- 動物の厚さが測れるようにノギスも準備（撮影部の厚さが10cmを越えるようであればグリッドも準備）します。
- LRマークなどを必要であれば準備します（図14）。
- 撮影条件を部位にあわせて設定します。

2．保定と撮影

- 保定時に暴れる，または凶暴な動物のX線検査を行う際は，エリザベスカラーもしくは口輪を装着，もしくは化学的保定（鎮静麻酔）を行います。

　①撮影直前までやさしく声をかける，もしくは体をさすってあげると落ち着くことが多いです（撮影中に体をさすると像がぶれます）。

　②撮影直前に動物の口元に息を吹きかけると，呼吸による体動が減少します。

- 目的とする部位が照射野の中心になるよう心がけます（センタリング）（図15）。
- 2人以上で保定する場合は，息を合わせて動物を動かします。

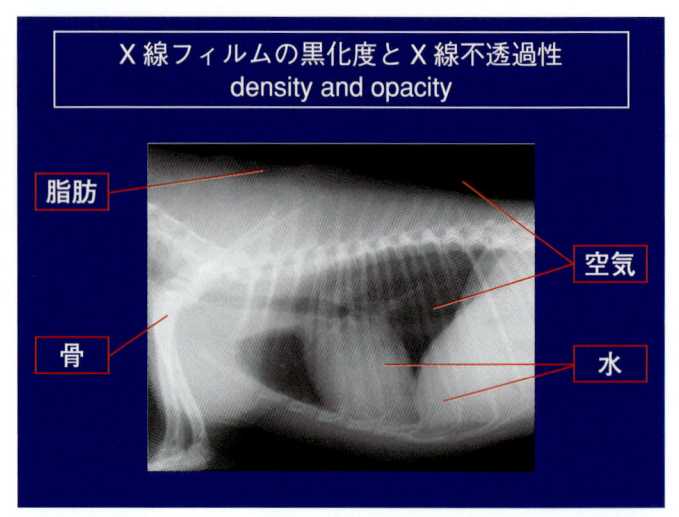

図12　黒化度。

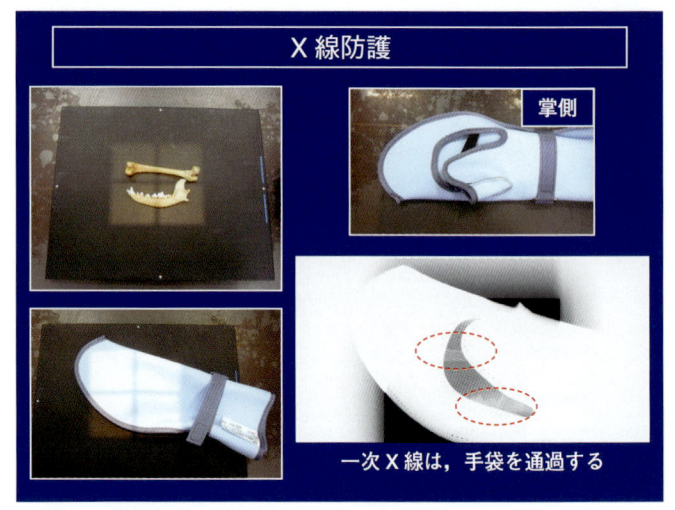

図13　X線防護。

図14　X線照射野の設定。

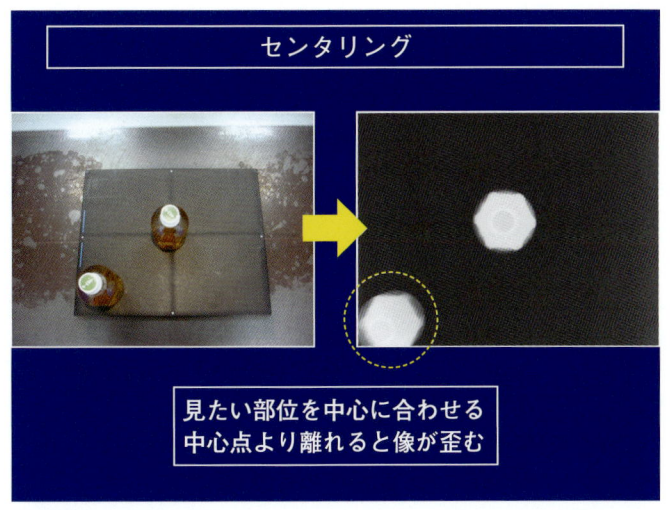

図15　センタリング。

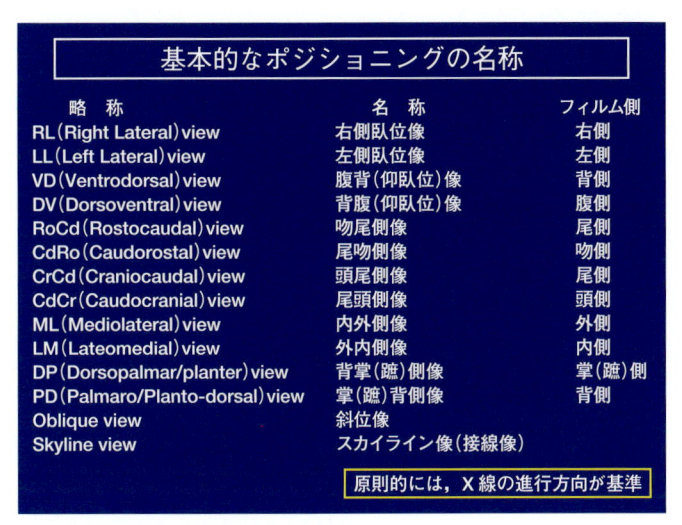

図16　基本的なポジショニングの名称。

- ★ポジショニングの名称は覚えておくようにします（図16）。
- いかなる部位でも基本的に2方向からの撮影を行います。
- 撮影条件
  ① グリッドの使用は，10cmの厚さを超える被写体を撮影する際に使用します（図4）。
  ② グリッドを使用しない際の大まかな目安は10～15kV減少または，mAsを50～75%減少とします。
- 骨に注目したい時：kVのみ10～15kV減少とします。
- 肺に注目したい時：mAsのみ50～75%減少とします。
- その他部位：3～5kV減少かつmAsを50%減少とします。

撮影条件は，記録用紙もしくはカルテに書き込み，保管する必要があります。

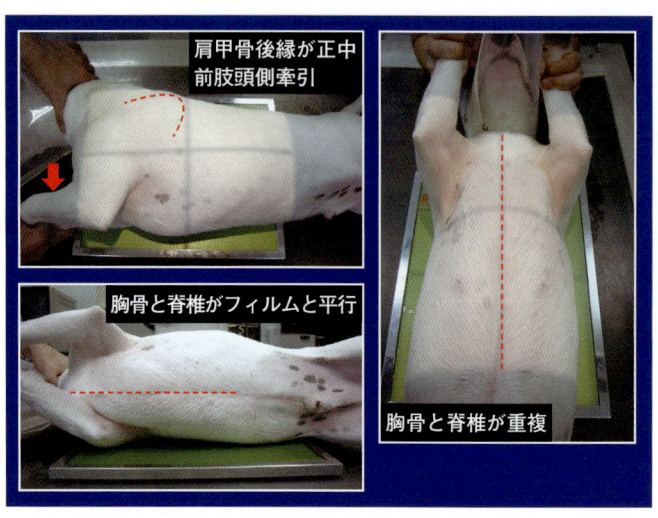

図17 胸部ポジショニング時の注意点。

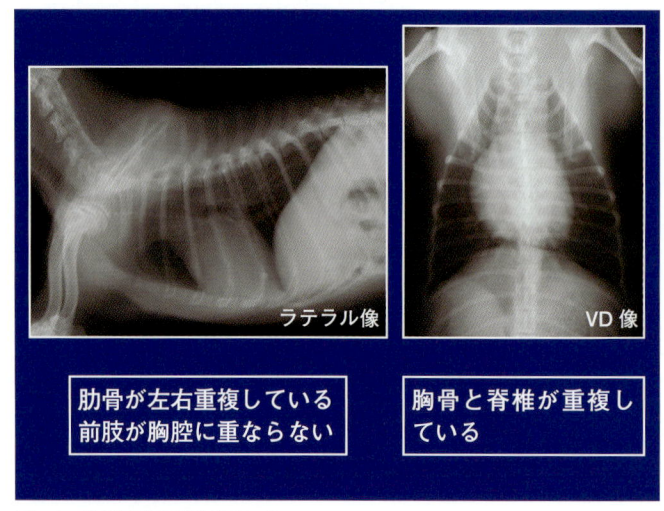

図18 胸部画像評価ポイント。

（1）胸部

ポジショニング時の注意点（図17）
- 胸郭入り口から肺後方全域まで照射野に入るようにします。
- 基本的には，吸気時撮影（胸が最大に膨らんだとき）を行います。
- 撮影方向は，RL像とVDもしくはDV像の2方向ですが，LL像を加えるとより詳細な評価が可能となります。
- VD/DV像を撮影するときは，頭部を脊椎に沿ってまっすぐに保定することでローテーションを防ぐことができます。
- 前肢頭側牽引
- 画像評価（図18）
  ラテラル像：肋骨が左右重複
  VD/DV像：胸骨と脊椎が重複
- 撮影条件：肺と心臓を撮影する際→高kV 低mAs
  骨を撮影する際→低kV 高mAs

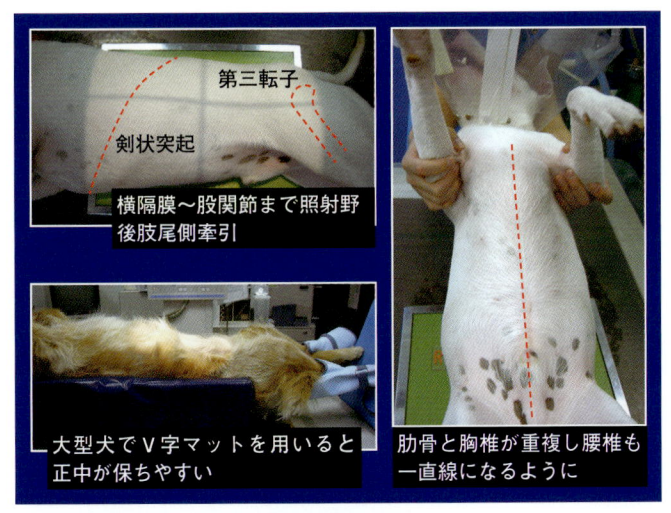

単純X線検査の補助 chapter 06

図19 腹部ポジショニング時の注意点。

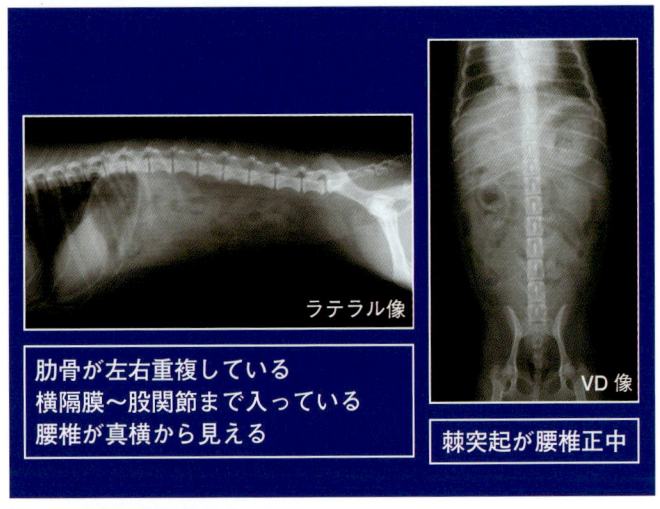

図20 腹部画像評価ポイント。

（2）腹部

ポジショニング時の注意点（図19）
- 横隔膜から股関節まで照射野に入るようにします
- 最大呼気時に撮影
- 横隔膜の位置確認には，剣状突起（けんじょう突起）を触知し，股関節の位置確認では，第三転子を触知し照射野を設定します。
- 後肢尾側牽引
- 画像評価（図20）
    ラテラル像：肋骨が左右重複
    VD像：棘突起が脊椎の中心

65

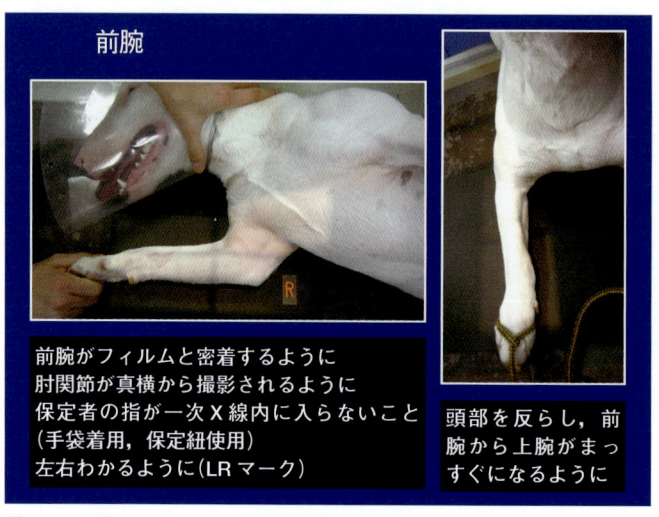

図21 四肢ポジショニング時の注意点—①。

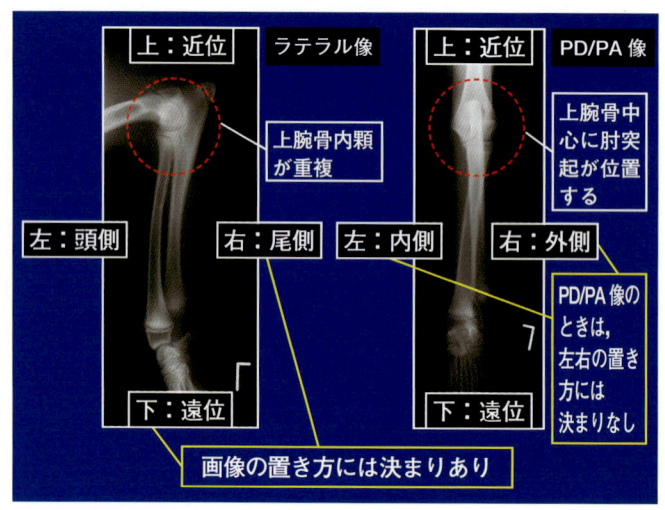

図22 四肢画像評価—①。

(3) 四肢

ポジショニング時の注意点（図21）
- 患肢を可能な限りカセットに密着させます。
- 1肢ずつ撮影します。
- 左右を比較するときは，同じポジショニングになるようにします。
- 足先を撮影するときは保定紐で牽引します。
- LRマークを必ず入れます。
- 可能な限り照射野を絞ります。

画像評価（図22）
- 肘関節撮影（ラテラル像）のときは，伸展位と屈曲位とその中間のポジショニングで撮影します。
- PD/DA像撮影のときは，可能な限り肢端を牽引し，頭部を尾側へ反らします。

単純X線検査の補助 chapter 06

肩関節

前肢を頭側に牽引し，肩関節が胸骨に重複しないように反対側は尾側に牽引

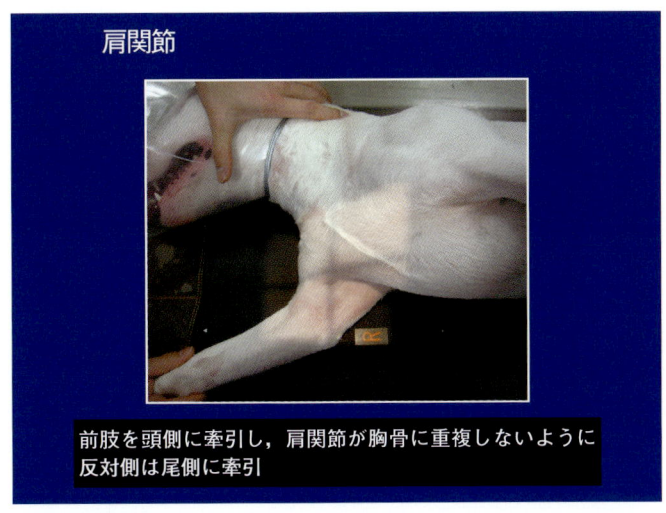

図23　四肢ポジショニング時の注意点—②。

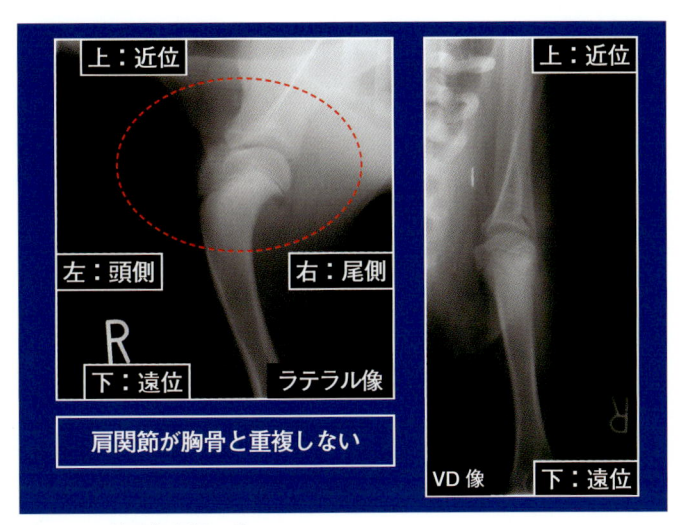

上：近位
左：頭側　　右：尾側
R
下：遠位　　ラテラル像
肩関節が胸骨と重複しない

上：近位
VD像　　下：遠位

図24　四肢画像評価—②。

・肩関節撮影時（ラテラル像）は前肢を頭側に牽引し，肩関節が重複しないように注意します。反対側の前肢を尾側やや背側方向へ牽引すると，重複することがなくなります（図23）。
・VD像では可能な限り前肢を頭側へ牽引すると，良好な像が得られます（図24）。

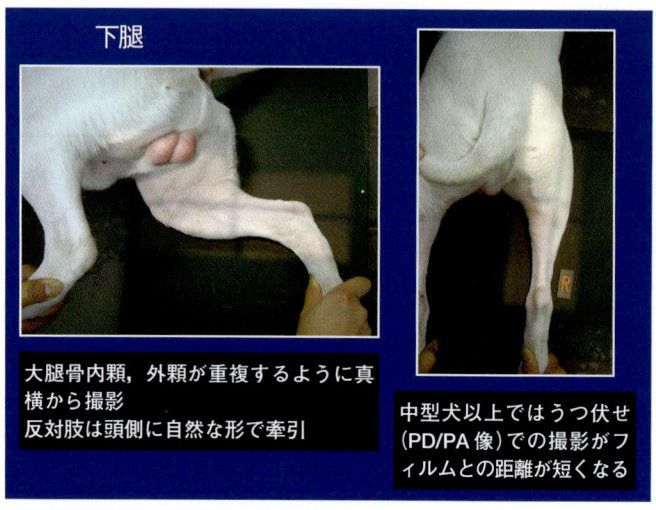

図25 四肢ポジショニング時の注意点―③。

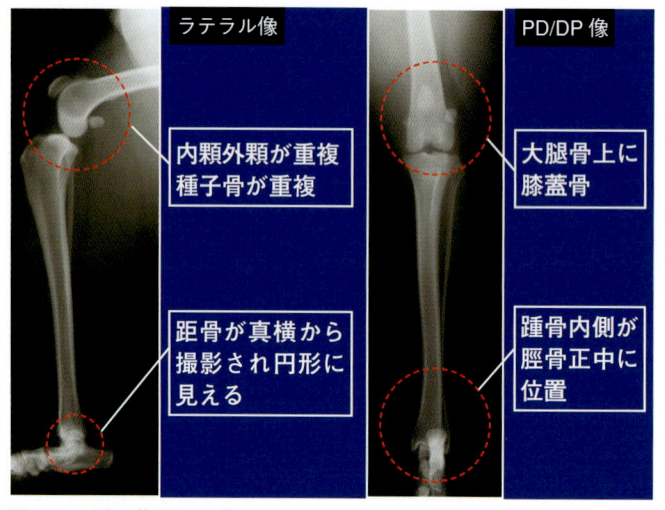

図26 四肢画像評価―③。

- 下腿部撮影(ラテラル像)，特に膝関節を撮影するときは，雄犬であれば精巣や陰茎骨が重複しないように注意します。
- ラテラル像撮影後に，大腿骨内顆と外顆が重複していなければ，膝関節もしくは股関節とカセッテの間にX線透過性のパッドをはさみ，微妙なポジショニングを修正します。
- PD/DP像撮影を行うときは大腿骨内顆と外顆を触知し，ローテーションがないかどうかを確認します(図25)。
- PD/DP像では尾が重複しないように反対側に牽引します(図26)。

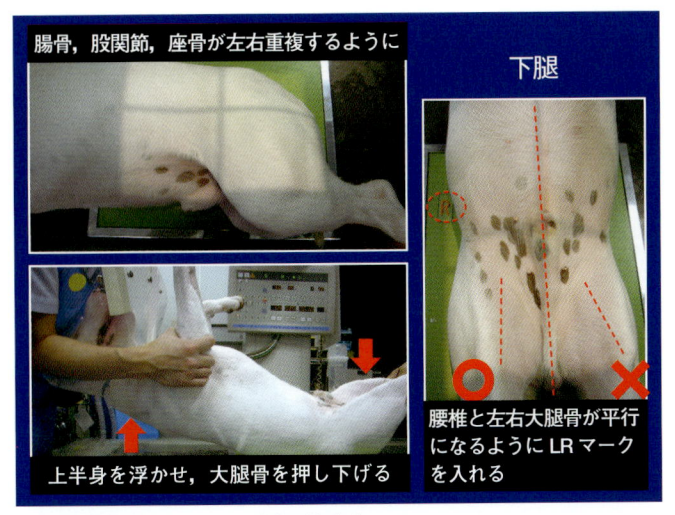

図 27　骨盤ポジショニング時の注意点。

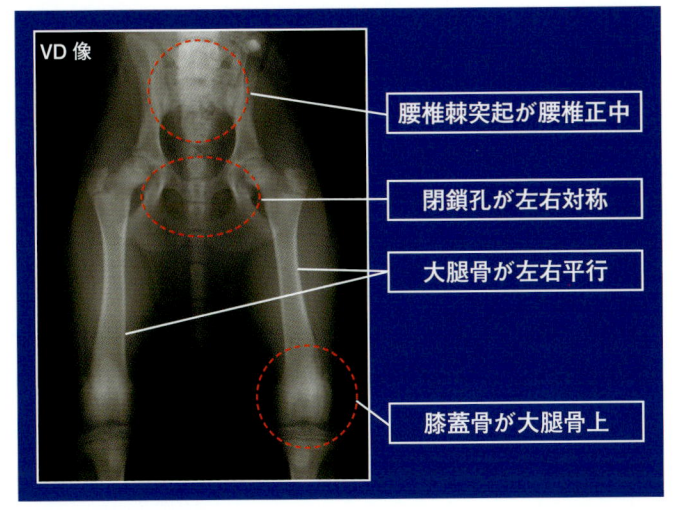

図 28　骨盤画像評価。

（4）骨盤

ポジショニング時の注意点（図27）
- ラテラル撮影で，腸骨・股関節・坐骨・恥骨が左右重複するように保定します。
- ＶＤ撮影で，股関節の伸展性がない動物では上半身を若干浮かせ保定します。
- 上半身がローテーションなく保定できればゆっくりと後肢を尾側へ平行に牽引します。
- 尾が骨盤や大腿骨に重複しないようにします。
- ＬＲマークを必ず入れます。
- 画像評価（図28）

　　ＶＤ像：腰椎にローテーションがないこと
　　　　　　閉鎖孔が左右対称
　　　　　　大腿骨が平行
　　　　　　膝蓋骨が大腿骨滑車上に存在
　　ラテラル像：腸骨翼が重複
　　　　　　　　腰椎が真横から撮影されている

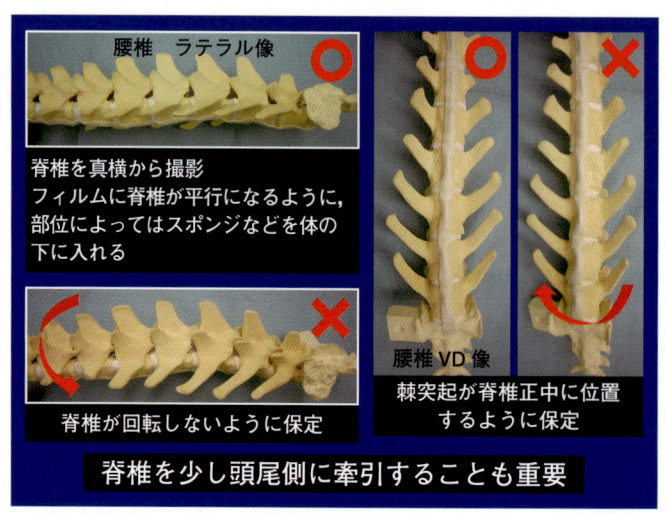

図29　脊椎ポジショニング時の注意点。

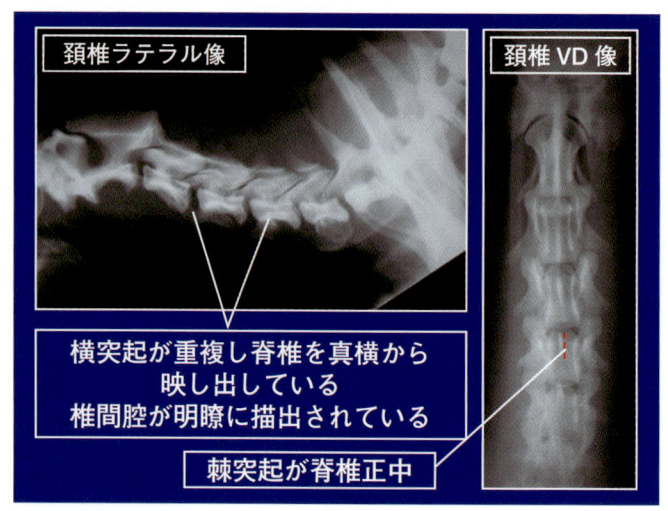

図30　脊椎画像評価。

（5）脊椎

ポジショニング時の注意点（図29）
・ラテラル像では脊椎がフィルムと平行になるように脊椎を牽引し，脊椎を真横から撮影します。
・X線検査の性質上，中心点から遠ざかると像が歪むために，見たい部位を中心に合わせます（図15）。
・VD像では脊椎の構造が左右対称になるようにします。ローテーションがないようにします（胸骨と胸椎が重複するように）。
・画像評価（図30）
・いずれの部位の撮影時にも，用手保定を行う場合は，被写体から撮影者自身の体を遠ざけることで，散乱線による被爆量を低減することができます。

3．現像

現像液や定着液が消耗してないかを事前に確認します。自動現像機であれば，通常ウォームアップが必要です。

自動現像機使用時は，暗室（図11）でフィルムが感光しないようにカセッテから取り出し，乾燥した指でフィルムの端を持ち自動現像機に挿入します。

4．画質の評価

（1）フィルムの黒化度。
（2）露出条件（X線照射量）。
（3）現像条件。
（4）ポジショニング。
（5）センタリング。

獣医師に伝えるポイント

・用手での保定時に凶暴であったり，暴れることでポジショニングがうまくとれない動物に対しては，薬物の使用の必要性を伝えます。
・現像後の画質評価を行い，前掲「4．画質の評価」（1）～（5）の中で異常点があれば伝えます。

器具のメンテナンス

- カセッテ
  カセッテ上の汚れは拭き取り，落とさないように保管します。

- 増感紙
  傷がつくと画像に影響が出るため丁寧に扱い，汚れた指で触らないようにします。専用クリーナーで軟らかい布を用いて，円を描くように表面の汚れやゴミを拭き取り，埃のない場所で増感紙の乾燥を待ちます。

- グリッド
  内部は薄く細長い鉛とストリップが入っている構造をしており，落としたり，折り曲げるような使用は絶対に避けます。

- 自動現像機
  現像液・定着液は必ず消耗するため，画像に現像異常が疑われれば交換（もしくはその前に交換）します。

- 毎日の使用前にはウオームアップを行い，使用済みフィルムを流し機能が正常であるか確かめると共に，硬化していない乳剤に付着させることによって，ローラーから干からびた薬品を除去します。

- 1日使用後は電源を切ります。

- 取扱説明書により記載された定期的なクリーニングも実施します。

- 自動現像機内のローラーに磨耗がないかどうかチェックします。

- デジタルX線自動現像機は，暗室の必要はなく廃液もなくメンテナンスは容易です。

- 防護服・手袋・ネックガード：それぞれは内部に鉛が入っているために折り曲げることは厳禁（鉛が破れて散乱線を除去できなくなる）で，特に防護服はハンガーに吊るして保管します（図5）。

川田　睦，戸次辰郎（ネオベッツＶＲセンター）

小動物の酸素吸入を徹底追求。
大流量型酸素濃縮器が臨床現場を強力サポート。

特許取得

- 湿度ゼロの無菌エア
- 毎分8L〜10Lの大流量
- 45％〜
- 最適酸素濃度で安定供給

小動物専用酸素濃縮器 テルコムMAI-8型
- 最大酸素生成能力 10L/min（45％）、3L/min（90％）
- 幅28×高さ85×奥行38(cm)
- 30kg（本体重量）
- 価格：400,000円・納入後3年無償保証

小動物専用。だから、効果の高い酸素投与を実現。

酸素吸入に何よりも求められるのは、最初から最適濃度の酸素をケージに安定供給すること。そのために開発された「大流量型」酸素濃縮器です。低流量型のヒト用酸素濃縮器とは、全く違います。小動物には小動物のための酸素吸入を。

- **大流量で、呼気のCO_2を除去。CO_2が蓄積しません。**
- **高い除湿力。湿度ゼロの乾燥エアで、ケージが曇りません。**
- **スイッチONの簡単操作。短時間で最適濃度へ上昇。**
- **最適濃度で安定供給。高濃度の危険を防ぐ安全設計。**

- スリムタイプで省スペース。しかも、静音設計。
- 酸素吸入法に対応するフロート式流量計。
- 長期間、メンテナンス不要のエアフィルター内蔵。

従来方式 VS テルコム方式

	従来方式		テルコム方式
ケージに流す酸素流量	0.5〜2L/min		8〜10L/min
ケージに流す酸素濃度	90〜100% ICU装置 設定値に自動調整 ネブライザー扉方式 目分量	吸入気酸素濃度 （ケージ内の酸素濃度）	45%〜 （必要に応じ、90%） ケージによって変動します。

在宅用「酸素ハウス」で、6年のレンタル実績。
製品内部を一新。新品同様でのご提供です。

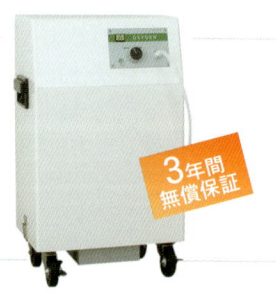

- コンプレッサーを新品に交換。
- 酸素精製のゼオライトを交換。
- IC回路など主要電子回路を交換。

3年間無償保証

納入価格 17万円
酸素濃度計付きセット 20万円

小動物専用酸素濃縮器 テルコムH-10型
- 幅40×高さ65×奥行32(cm)
- 38kg（本体重量）

国産技術の誇り。酸素濃縮器専門メーカー テルコム株式会社

神奈川県横浜市港北区高田西2-14-13
E-MAIL info@terucom.co.jp

オンリー1★酸素ハウス★ナンバー1
[酸素ハウス 検索] www.terucom.co.jp

☎ 0120-326-002
TEL 045-592-9202
FAX 045-592-5694

安全な麻酔を行うために必要なモニタリングの基本から応用までを網羅

犬と猫の麻酔モニタリング

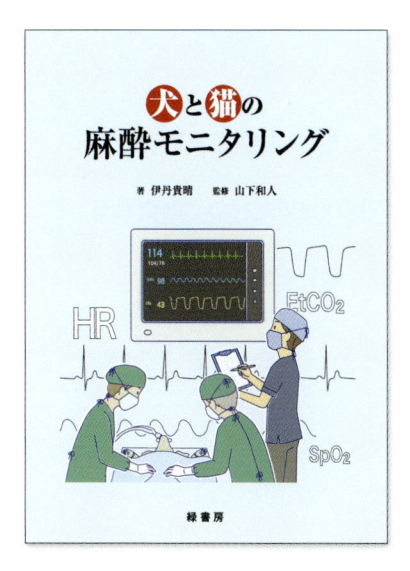

著　：伊丹 貴晴
監修：山下 和人

B5判　312頁
定価 10,450 円（本体 9,500 円＋税）　ISBN978-4-89531-328-5

好評発売中

麻酔管理を行う獣医師・動物看護師必携の国内の臨床現場に即した解説書

安全に麻酔管理を行うためには、何よりモニタリングを完璧にできることが大切である。本書では、麻酔モニタリングをマスターするために知っておきたい基本から波形や数値の異常とその原因・対応までを網羅。現場で麻酔管理を行う獣医師・動物看護師や、麻酔に興味をもっている獣医学生に最適な新しい麻酔管理の指南書。

現場で対応しやすい！
重要なモニタの異常とその原因をフローチャートで説明

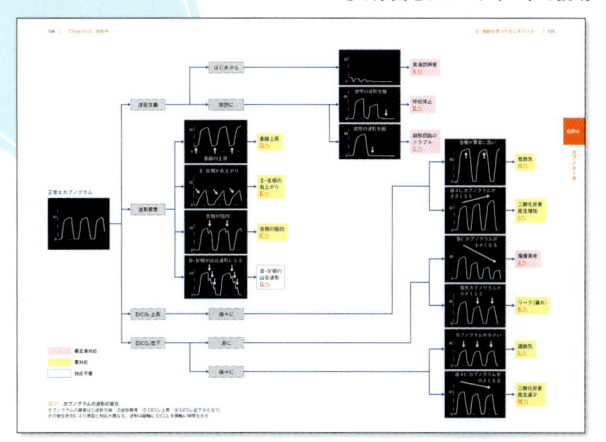

POINT

- **麻酔前～麻酔導入** ⇒ **麻酔中** ⇒ **麻酔後**
  一連の流れに沿った解説でわかりやすい
- 生体情報モニタの測定原理や装着法から実際の臨床現場での活用までを一挙紹介
- 麻酔管理でよく遭遇する異常と対応法を紹介
- それぞれのモニタリングの意義の丁寧な解説と「押さえるポイント」を理解することで対応能力が身につく

CONTENTS

Introduction　麻酔のキホン

Chapter 1　麻酔前～麻酔導入
1. 麻酔前評価と準備
2. 動物の麻酔前準備
3. 麻酔導入
   手術室にはこんなモニタがある！

Chapter 2　麻酔中
1. モニタリングとは
2. 五感を用いたモニタリング
3. 機器を使ったモニタリング
   心電図／非観血的動脈血圧（NIBP）／観血的動脈血圧（IABP）／尿量／パルスオキシメータ／カプノメータ／気道内圧と換気量／体温／筋弛緩／血液ガス分析／中心静脈圧／脳波

Chapter 3　麻酔後
1. 麻酔薬投与終了後のモニタリング
2. 抜管と注意点
3. 抜管後の管理

Appendices
用語解説／投薬一覧／緊急時の対応法

▼付録「麻酔記録用紙」（B4判）

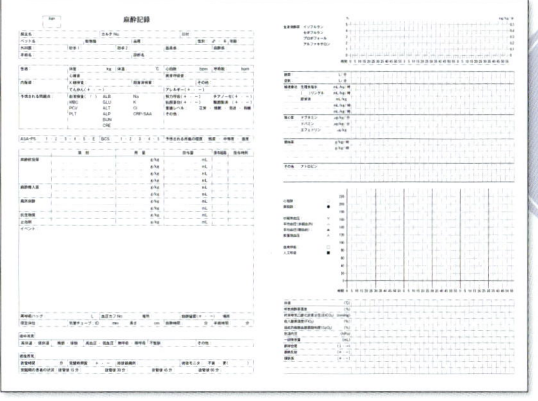

付録は国内の臨床現場に即したオリジナル麻酔記録用紙

書き込みやすい大きなサイズ（A3判）の記録用紙もWebからダウンロードできる。

株式会社 緑書房　Midori Shobo Co.,Ltd

〒103-0004　東京都中央区東日本橋3-4-14　OZAWAビル
販売部　TEL.03-6833-0560　FAX.03-6833-0566
webショップ　https://www.midorishobo.co.jp

chapter 07 スクリーニングエコー検査

> **アドバイス**
>
> 　スクリーニングエコー(超音波)検査は麻酔を必要とせず，リアルタイムに，X線検査とは別の情報が得られる画像診断です。
> 　医学領域では臨床検査技師が検査を行いますが，獣医学領域では獣医師が検査を行い，動物看護士が保定を行います。
> 　準備から日頃のメンテナンス，そして保定をしながら画像を見て学び，超音波検査に携わっていくことは大切な業務となっています。

手技の手順

1．検査までの準備

- エコー台を用意します(図2)。
- エコー機の電源を入れます。
- 必要に応じてクライアント情報を入力します。
- 柴犬など，被毛が密で濃い動物は予め毛刈りをしております。
- 動物を背中側が下の仰向け，もしくは右下に保定します(図5)。
- 皮膚と被毛を，十分湿るまでアルコールでスプレーします(図6)。

> **準備するもの**
>
> - 超音波検査機器(図1)
> - 検査用のエコー台(図2)→心臓の位置がくり抜かれている台
> - アルコールスプレー
> - 超音波用ゼリー(図3)
> - 画像印刷用紙(図4)
> - 毛刈り用バリカン(必要に応じて)

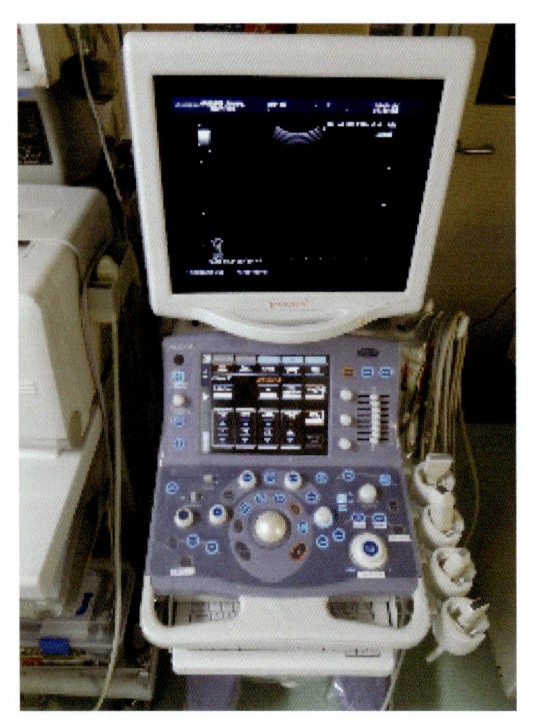

図1　カラードプラ内蔵のエコー機。

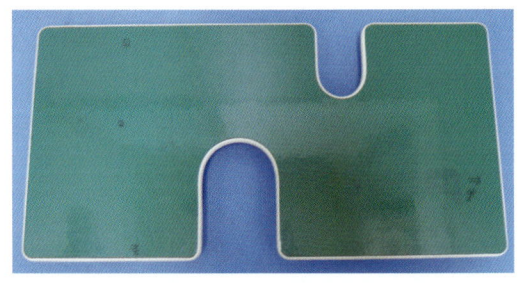

図2　超音波検査を行なう時に使用する台で，エコー台と呼びます。

スクリーニングエコー検査 chapter 07

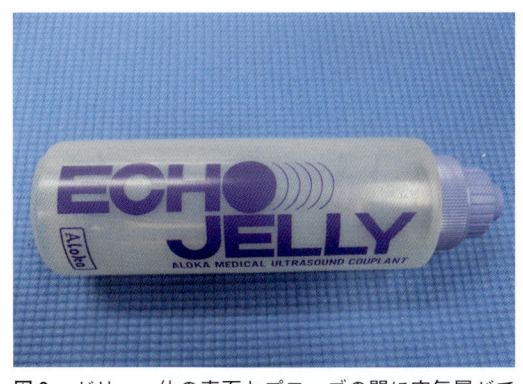

図3 ゼリー。体の表面とプローブの間に空気層ができ，画像が見えにくくなることを防ぐために使用します。

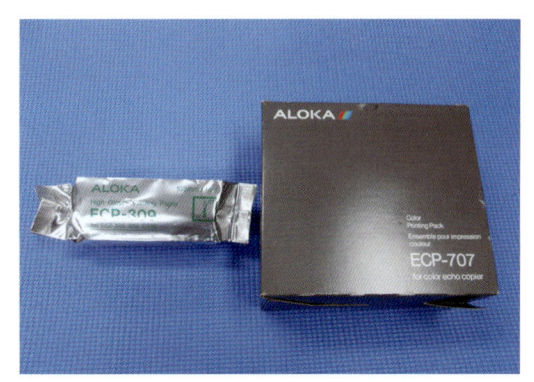

図4 画像をプリントするプリンタ専用ペーパー。

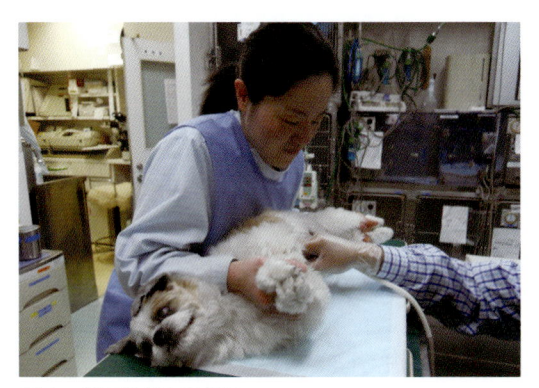

図5 超音波検査の様子。

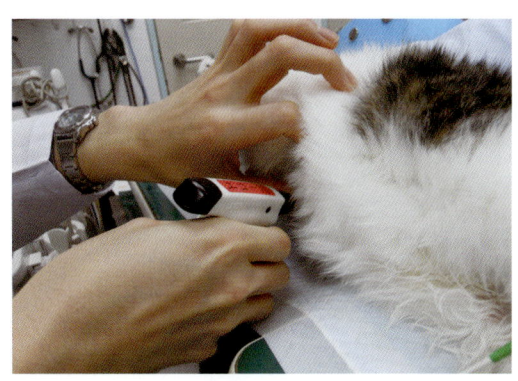

図6 スプレー。超音波がしっかり通り，鮮明な画像を見るために，アルコールをたっぷり動物の被毛にスプレーします。

2．検査の順番

・エコー検査をする人が動物の左側に座り，左手はエコーのパネル操作，右手はプローブ操作を行います(図7)。
・保定する人は，動物の右側に立ちます。
・エコー検査を行う前に検査する動物の情報を伝達します。
・スクリーニング検査では腹部→心臓を見ていきます。

・腹部検査
スクリーニング用のプローブ(コンベックス型)を使用します。
肝臓・胆嚢→胃→脾臓→左腎臓→左副腎→膀胱→前立腺/子宮卵巣→右腎臓→膵臓→右副腎→腸間膜リンパ節の順で検査していきます。

図7 検査時の立ち位置。動物を右下に，腹部を検査する人の方に向け，保定者は動物の背側から保定します。

(肋骨縁に沿って時計回りで移動して，各臓器を見ていきます(図8))

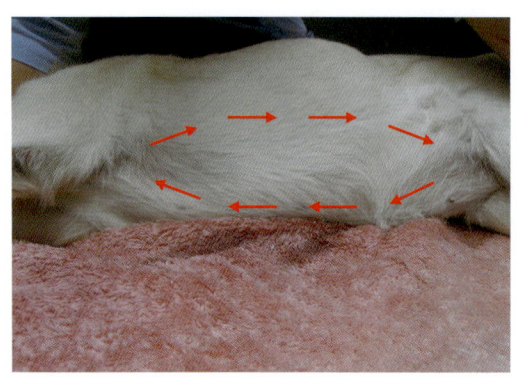

図8　一定の順番で腹部検査を行います。

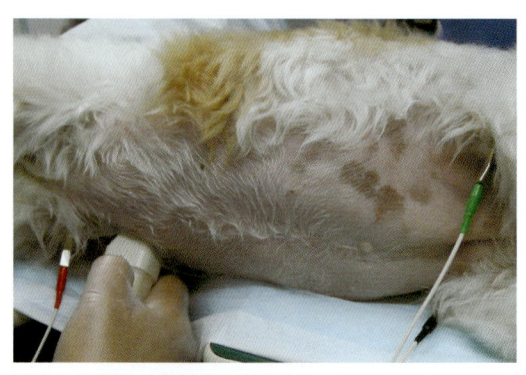

図9　心電計の電極をつけます。

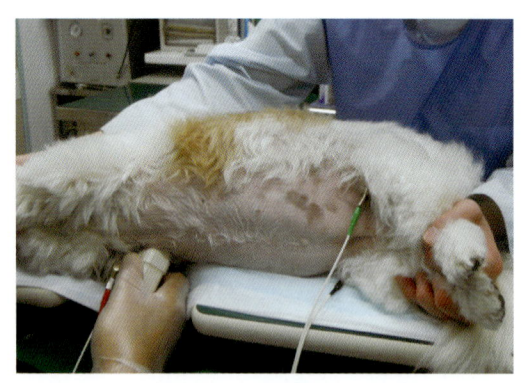

図10　セクタ型プローブに変更し，台の切れ込みからプローブを当てて行います。

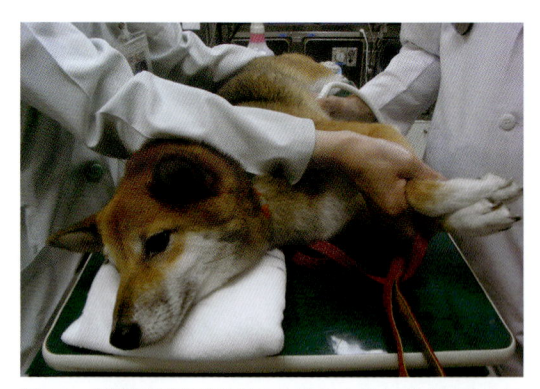

図11　（前肢保定）保定者の右手の人指し指を動物の足の間に入れ，両足をしっかりにぎり，右手全体で動物の肩を軽く押さえるように保定する。

・心臓検査

　心臓用のプローブ（セクタ型）を使用します。心電図の電極を付けます（図9）。

　通常は電極が3本

　右脇→赤色

　右鼠径→黒色

　左鼠径→緑色で

　心臓の検査はエコー台の切れ込みからプローブを当てます（図10）。

　プローブを移動させないで，その位置で回転させるだけで検査できます。

☞ **保定のポイント**

・保定者の右前腕を動物の前肢から肩にかけるように保定します（図11）。

・前肢・後肢それぞれの足の間に，人指し指を挟みこんで足を保定します（図12）。

・動物の表情を読み取り，動物に負担がかからないような保定をしましょう（図13, 14）。

・力づくで，保定しないように心がけます。パンティングが激しいと，画像が揺れ，見えにくくなります。パンティングを抑えて保定することが望ましいです。

☞ 保定中に，臓器の画像や正常像を見ることができますので，覚えましょう。

☞ 次にどこの画像を検査するか予測して，正しい保定をしましょう。

☞ 右腎の画像を出す時は，仰向けに近い位置で保定すると画像がよく出ます（図15）。

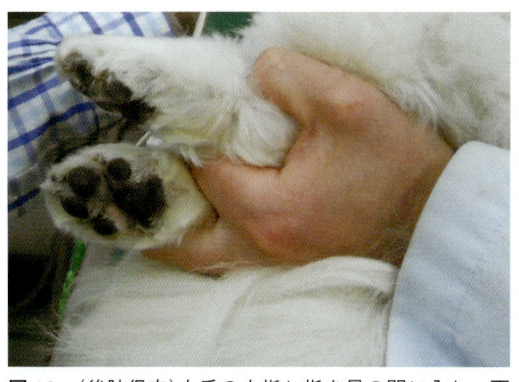

スクリーニングエコー検査 chapter 07

図12 （後肢保定）左手の人指し指を足の間に入れ，両足をしっかりにぎって保定します。

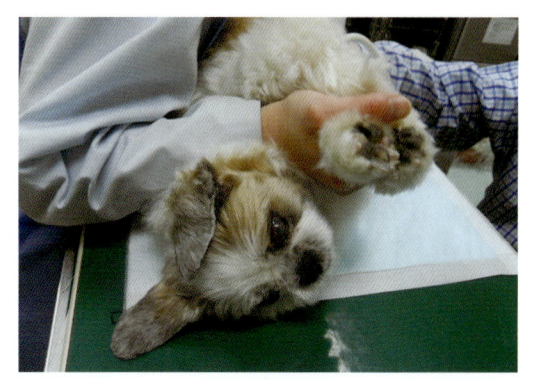

図13 落ち着いた呼吸で検査を受けている犬の表情。

図14 検査時にストレスがかかり，パンティングしています。

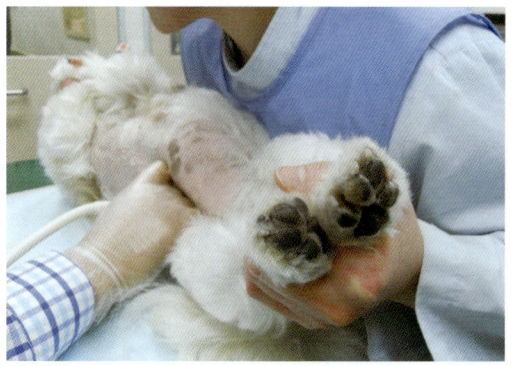

図15 動物を仰向けの位置で保定します。

3．検査終了後

・アルコールで濡れた動物の身体をドライヤーで乾かしたり，エコーゼリーをシャンプーで洗い流したりして，動物の身体をきれいにします（**図16**）。
・プローブの付着物を拭き取ります（**図17**）。
・心電図の電極を（クリップの間も）きれいに拭きます（**図18, 19**）。
☞ クリップを濡れたタオルに挟み，一緒にクリップの外側を拭き取ります。
・画像プリンターにペーパーがあるか確認します（**図20**）。
・続けて検査を行う場合は，次の検査ができるように用意します。

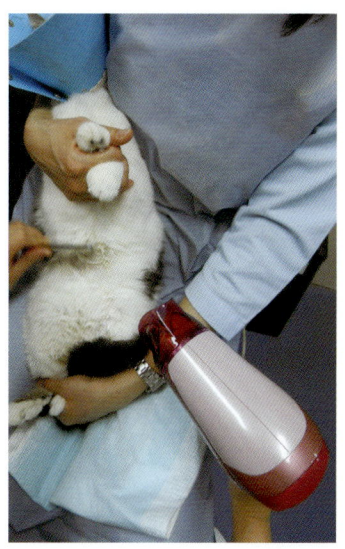

図16 濡れた状態でいると体温も下がり，アルコールでふらふらになることも見られるため，検査終了後，ドライヤーで速やかに濡れた体をしっかり乾かします。

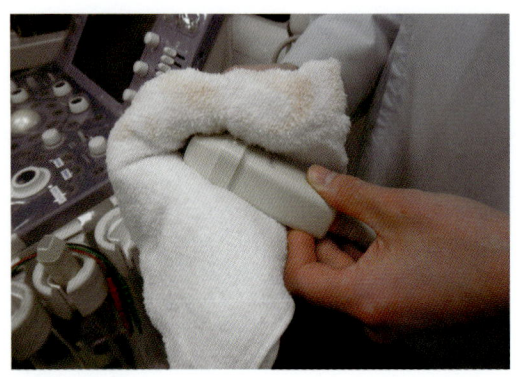

図17　プローブの付着物を優しく，丁寧に拭き取ります。

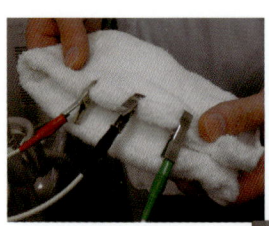

図18　消毒するタオル等に電極を挟みます。

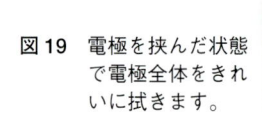

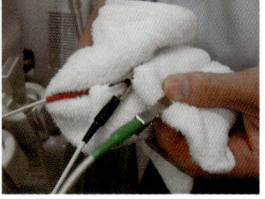

図19　電極を挟んだ状態で電極全体をきれいに拭きます。

図20　超音波検査器内臓プリンター。画像を印刷します。

器具のメンテナンス

- ほこりがかからないようにまめに掃除します。
- プローブを定位置に置きます（断線防止）。
- プローブの付着物を拭き取ります。
- 心電図の電極汚れを拭き取ります。
- 消耗品（画像プリンター用紙，ゼリー等）の在庫をチェックします。

[豆知識]

・超音波検査とは？

　人が聴くことができない領域の音波を超音波と言い，その超音波を利用して生体内を画像化し，疾病を発見したり，臓器の大きさや状態を把握するために用いる検査のことです。

・プローブ（探触子またはトランスデューサー）

　プローブには大まかに，次の3種類があります。

・コンベックス→腹部スクリーニング検査に使用（図21）

・リニア→浅い部分の検査に使用（図22）

・セクタ→心臓の検査に使用（図23）

　プローブは超音波を発生し，超音波を送受信するという非常に繊細で大切な部分であり，エコー機の主要構成部品と言えます。

　プローブの性能が，装置全体の性能や画質に大きく影響しますので大切に扱って下さい。決してゼリーを付着したまま放置をしたり，ラインを踏んで断線しないようにしましょう。

・カラードプラ法とは？

　非侵襲的に血行動態や血流速度を検査することができる機能のことをドプラ法といい，カラードプラ法は生体内血行動態（血流情報）に色を付け，画像上に重ね合わせ，リアルタイムでカラー表示することで行う検査方法をいいます。

　超音波機器でカラードプラ法が検査できるエコー機（図1）と検査できないエコー機があります。

・リファレンスマーク（図24）

　プローブの側面に突起があり，プローブから

スクリーニングエコー検査 chapter 07

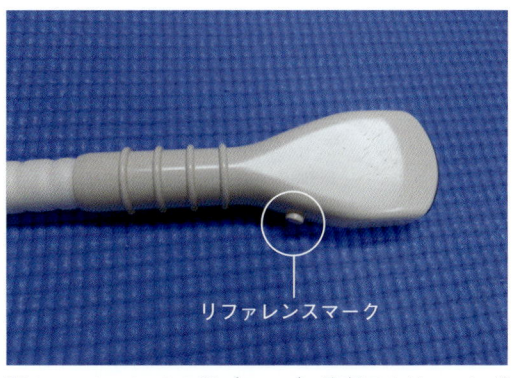

図21 コンベックス型プローブ。腹部スクリーニング用画像を出す時に使用します。

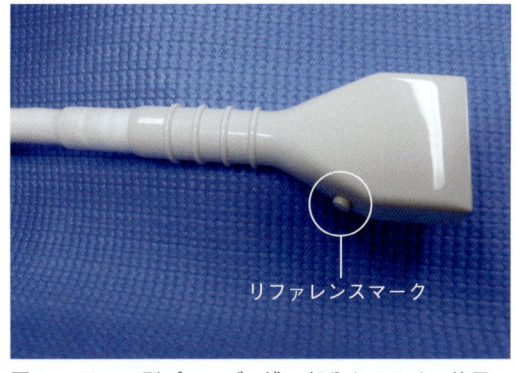

図22 リニア型プローブ。浅い部分をみる時に使用します。

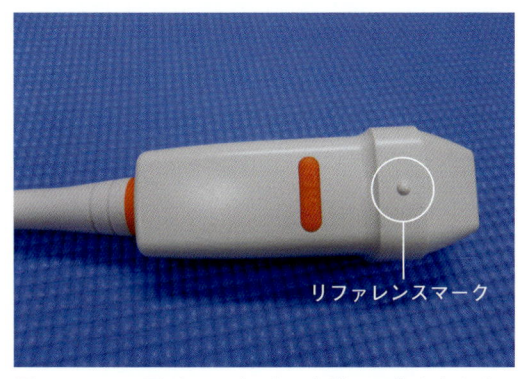

図23 セクタ型プローブ。主に心臓の画像を出す時に使用します。

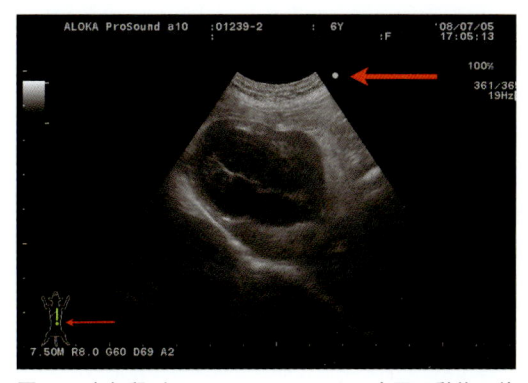

図24 赤矢印がリファレンスマーク，左下の動物の絵の赤矢印がリファレンスマークの位置です。

の画像と動物に当てている位置が分かる目印があります。その目印のことをリファレンスマークと呼びます。画面上ではリファレンスマークは右側に出るので，これでプローブの向きがわかります。

獣医師に伝えるポイント

・検査する動物のデータ
・年齢，性別，去勢・不妊手術済みの有無，既往歴，現病歴
・前回の検査データ
・検査中の動物の変化

動物の家族に伝えるポイント

・麻酔をかけないで全身にわたる検査ができることを伝えます。
・X線の被爆を受けないで検査ができることを伝えます。
・短時間検査のため，動物への負担が少ないことを伝えます。
・心臓の弁の動きなど，リアルタイムに診断することができることを伝えます。
・肺や脳の中，骨に関する検査は通常できないことを伝えます。
・腹部の超音波検査は，食止めでの検査であることを伝えます。

竹中晶子
（赤坂動物病院，JAHA認定1級動物看護士）

chapter 08 内視鏡検査の補助

アドバイス

　消化管内視鏡検査を実施する目的は，大きく3つあります。
　1つは，内視鏡を胃や腸に挿入して内側から観察することです。これは，胃や腸の粘膜の色や爛れ(ただれ)を確認することや，ポリープや腫瘍を発見することが可能です。
　2つ目は，観察しているところから一部の組織を検査目的で採取したり(生検)，異物やポリープなどを摘出することです。
　3つ目は，内視鏡を用いて胃チューブを設置することです。
　これら目的によって準備は少し変わりますが，基本的に全身麻酔が必要な検査です。そこで，全身麻酔の準備も必要となりますし，麻酔時における動物看護士の心得も修得しておかなければなりません。
　また，内視鏡検査後の内視鏡洗浄は大切です。内視鏡検査の機器は高価なものであり，検査後の洗浄・消毒を怠ったり，誤った取り扱いによって破損した場合，修理費用は高額になります。
　今回，内視鏡検査をする際の準備するもの，内視鏡検査中の看護士の役割，そして内視鏡洗浄消毒法について解説します。

準備するもの

- 全身麻酔可能な準備
    - 気管チューブ
    - リドカインスプレー
    - 喉頭鏡
    - 麻酔機
    - 各種モニター
    - 各種薬剤
- 内視鏡検査機器
    - 内視鏡と光源など内視鏡の機械
    - 吸引器
    - 開口器
- 各種鉗子類
    - 異物把持鉗子(図1)
    - 生検鉗子(図2)
- 病理組織検査用
    - ホルマリン
    - 生理食塩水
    - ろ紙付き病理組織採材用分割カセッテ
    - 25G注射針
- 術衣関係
    - 術衣や帽子など
    - 手袋
- 内視鏡洗浄の準備
    - 内視鏡洗浄用グッズ
        - ブラシ
        - 洗浄アダプターなど
    - 内視鏡洗浄用洗剤
    - 内視鏡用消毒剤
- 胃チューブ設置
    - 胃チューブセットが市販されている(図3)
- 特殊なもの
    - 浣腸用グッズ
        - 浣腸用カテーテル
        - 温湯
    - ジメチルポリシロキサン(ガスコン®ドロップ)(図4)

内視鏡検査の補助

chapter 08

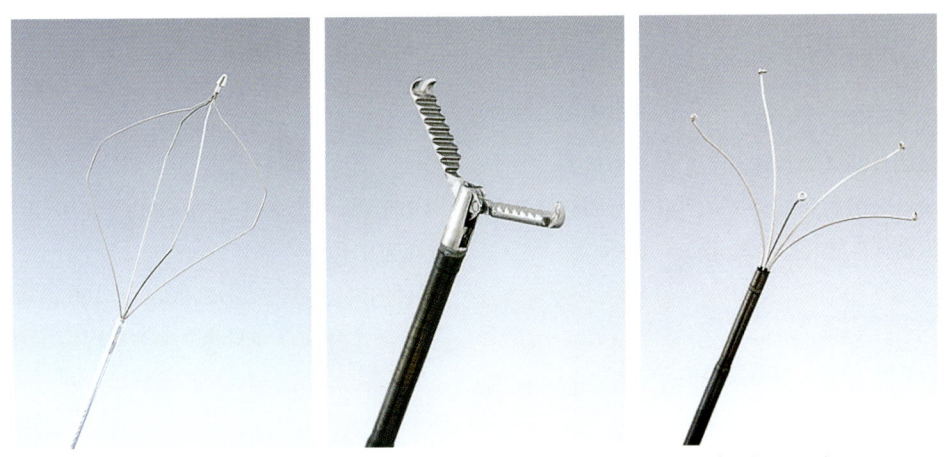

図1 内視鏡把持鉗子の一部。異物摘出時に使用します。（株式会社 AVS のご厚意による）。

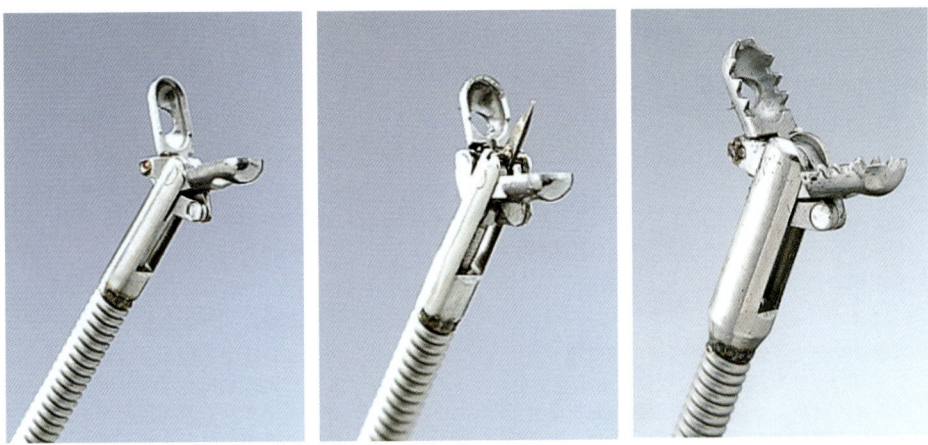

図2 内視鏡生検鉗子の一部。消化管の生検に用いる鉗子。これらの鉗子は，使用後水洗し，可能であれば超音波洗浄装置で洗浄後に消毒または滅菌します。（株式会社 AVS のご厚意による）。

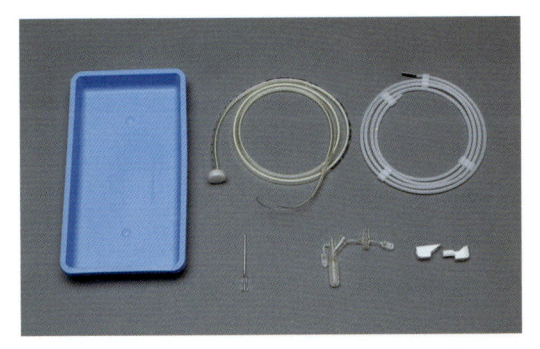

図3 PEG チューブセット。これらは(株)AVS より市販されており(MILA PEG キット)，必要なものがセットになっていて便利です。（株式会社 AVS のご厚意による）。

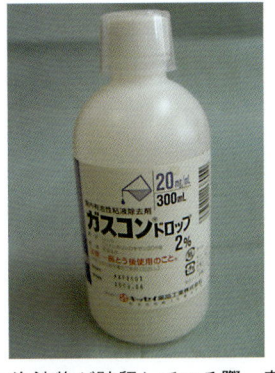

図4 胃内に泡沫物が貯留している際，病変を見逃してしまったり十二指腸への挿入を困難にするなど問題が生じます。ガスコン®シロップを50〜100倍希釈したものを胃内に注入することで泡沫物は消失します。

手技の手順

1．検査前の準備
①内視鏡の目的により使用する鉗子を準備。
②内視鏡，吸引器，モニター，麻酔器の設置と配置，動作確認(図5-1, 2)。

2．内視鏡挿入
①麻酔の準備(留置，麻酔前の検査など)。
②浣腸(多くは麻酔前に可能)(図6)。
③麻酔,気管挿管,麻酔維持,モニター類の設置。

3．内視鏡検査
①開口器を設置し，まず口から内視鏡挿入(図7)。
②胃内が泡沫状であれば50〜100倍希釈したジメチルポリシロキサンを胃内に注入。

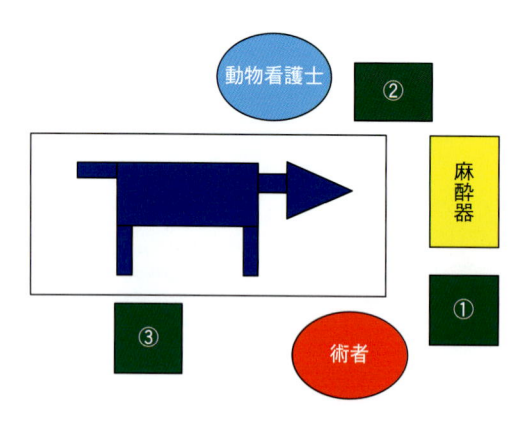

図5-1　内視鏡検査する際の，内視鏡，麻酔機，モニター，術者，助手，動物の位置関係を示します。緑色は内視鏡または，内視鏡画像のモニターの位置を示します。この位置関係は，術者の好みにもよります。動物は，基本的に左横臥位で腹側に術者，背側に助手または看護士が配置します。麻酔機，各種モニターは動物の頭側に配置します。

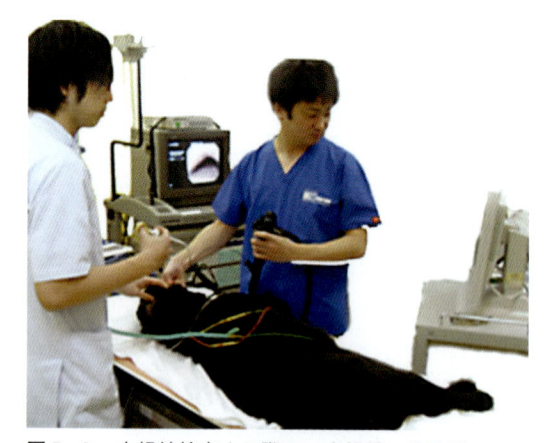

図5-2　内視鏡検査する際の，内視鏡，麻酔機，モニター，内視鏡検査中の配置。内視鏡は術者の背中側ですが，内視鏡画像記録装置が動物の尾側に配置され，それを観察しながら内視鏡操作をしています。手前の看護士は術者の指示に従って，生検用鉗子を操作しながら，動物の状態，麻酔モニターをチェックしています。

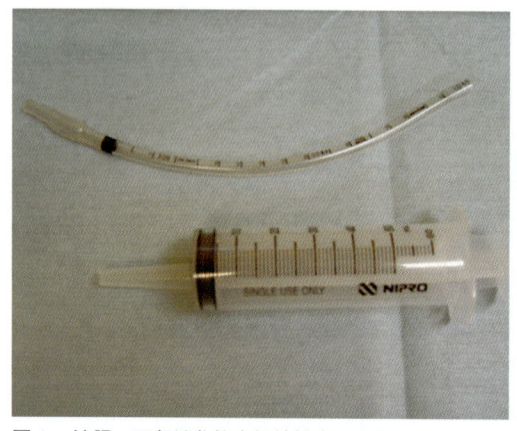

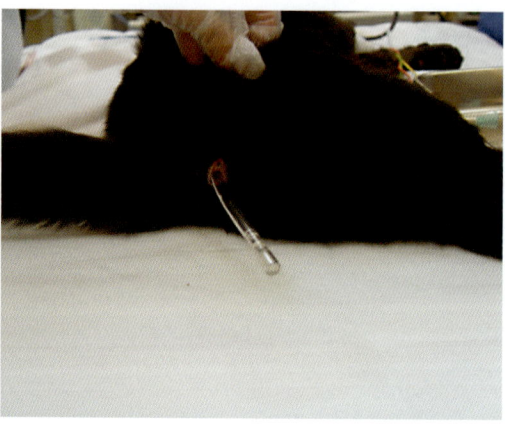

図6　浣腸。下部消化管内視鏡検査を実施する際には，事前に浣腸を実施します。左写真は，浣腸に用いているカテーテルチップのディスポ注射器と，カフを取り除いた気管チューブを示します。右図は，肛門の大きさに合わせて気管チューブの太さを選択し，カテーテルチップディスポ注射器で温湯をゆっくり注入し，自然に肛門から液が排泄する状態で，何度も浣腸し，排泄する液体が透明になるまで実施します。

内視鏡検査の補助 chapter 08

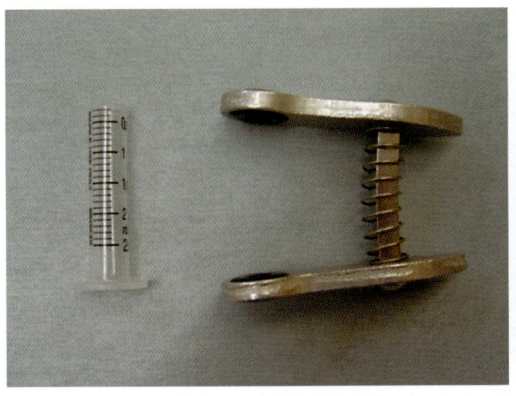

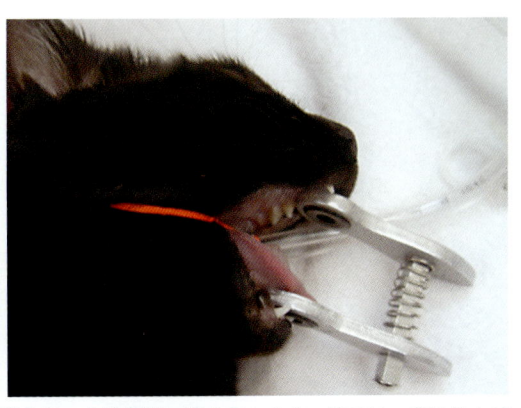

図7 開口器。左写真は，市販の開口器とディスポの先端を切った簡易開口器を示します。猫では，注射針カバーのプラスチックも重宝します。右写真は，実際開口器を設置したところです。内視鏡挿入を容易にするために開口器は下側の犬歯に装着し，気管チューブも開口器で下側へ移動させておきます。

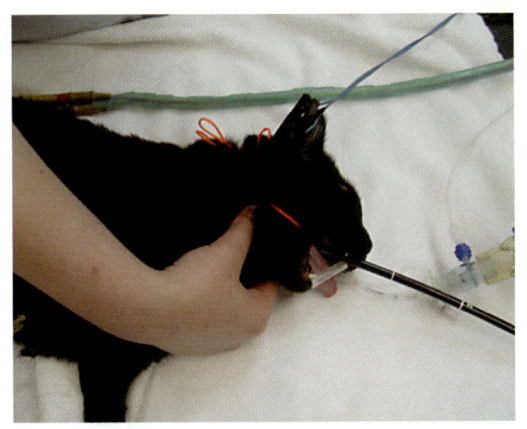

図8 上部消化管内視鏡検査実施中。特に，食道を観察中に内視鏡で送気する際，空気が口から抜漏するのを防ぐため，食道部を軽く圧迫することが助手に要求される場合があります。また，下部消化管内視鏡検査では，同じく空気が肛門から抜漏しないように，肛門部を圧迫しておくことが重要です。

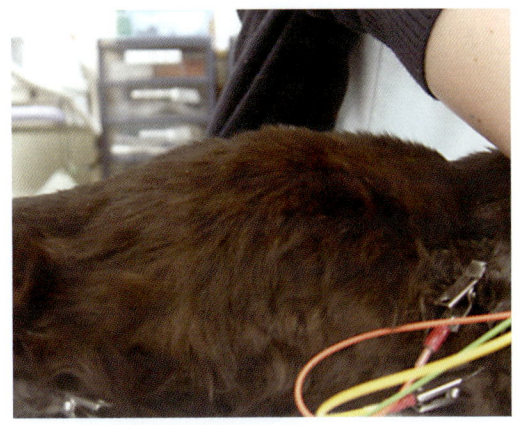

図9 胃への送気が過剰になることは，横隔膜や腹腔内臓器圧迫など動物にとってマイナスになります。術者は，内視鏡画像や操作に集中する傾向があるため，胃の過膨張は看護士がチェックしなければなりません。

③送気(空気で消化管を膨らませながら)口腔内→食道→胃→十二指腸→肛門部→直腸結腸→盲腸→回腸と検査。必要に応じて異物採取または生検。

④ときに，上部消化管内視鏡検査では食道を圧迫，下部消化管内視鏡検査の場合は肛門部を圧迫してガスの抜漏を防ぐことも必要(図6)。

⑤胃の過膨張やバイタルサインの確認(図9)。

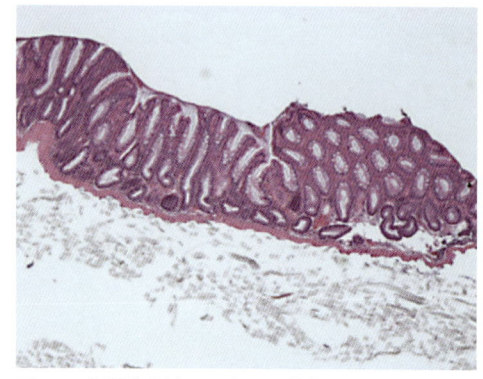

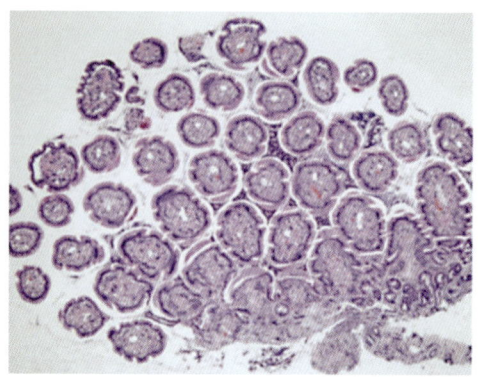

図10 内視鏡生検した病理組織像。左右は，十二指腸を生検した組織像。左に比較し右は，同じ材料ですが，病理診断精度は明らかに低くなります。同じ生検材料でも，組織の取り扱いで左右の差が生じるため，近年ではろ紙を用いて採材組織を貼り付ける方法が推奨されています。

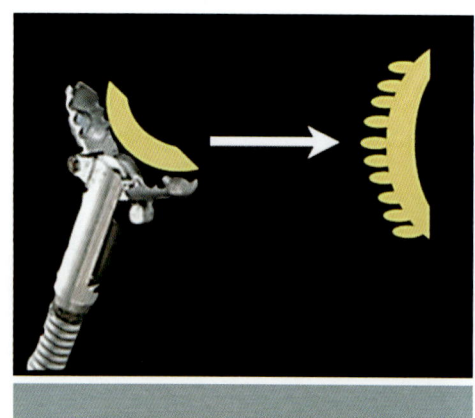

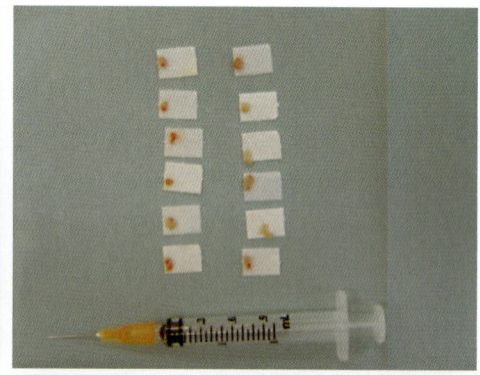

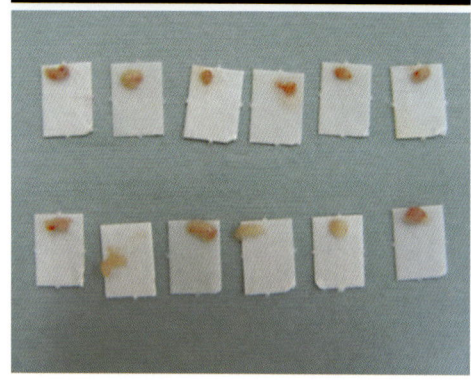

図11 採材組織は，鉗子側が粘膜面です。そこで，ろ紙には粘膜面の反対側を貼り付けます。したがって，粘膜面を上側に貼り付けて病理組織検査用分割用カセットに収納し，ホルマリンに浸漬させます。

⑥生検した小腸は粘膜側を上に，筋層側をろ紙に貼り付けてカセットに収納してホルマリンの中で固定（図10，11）。

⑦ガス吸引し内視鏡検査，終了。

⑧内視鏡の洗浄と消毒（図a～j参照）。

内視鏡検査の補助 chapter 08

器具のメンテナンス

特に，内視鏡の洗浄法を図説します。鉗子類は水洗いし，可能であれば超音波洗浄器にて洗浄後に滅菌しておきます（図 a ～ j）。

内視鏡洗浄法

（株式会社 AVS より許可を得て転載）
（AVS 内視鏡以外の内視鏡を用いている場合は，各会社へ洗浄法をお問い合わせください）

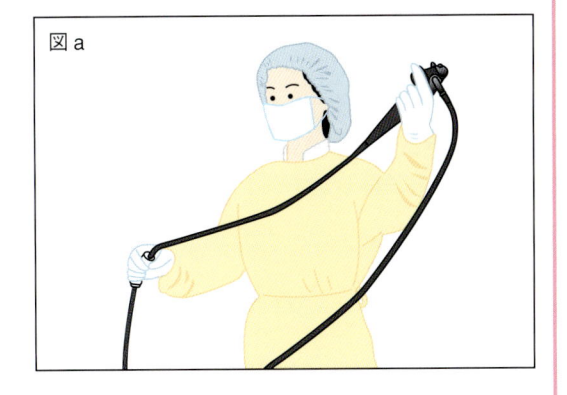

図 a
- 内視鏡検査終了後，直ちに内視鏡洗浄剤を浸したガーゼを用いて内視鏡全体を拭きます。

図 b
- 鉗子チャンネルから洗浄液を 30 秒吸引します。鉗子チャンネルから水を 10 秒間吸引します。空気を 10 秒間吸引します。

図 c
- 送気，送水ボタンを外し，AW チャンネル洗浄アダプターを取り付けます。
- AW チャンネルアダプターボタンを 30 秒間押して送水します。
- ボタンから指を外し，10 秒間スコープ先端から水が出なくなるまで送気します。

図 d
- AW チャンネル洗浄アダプター，吸引ボタン，鉗子栓をスコープから外します。
- 防水キャップを押し込み，時計方向に止まるまで回して取り付けます。

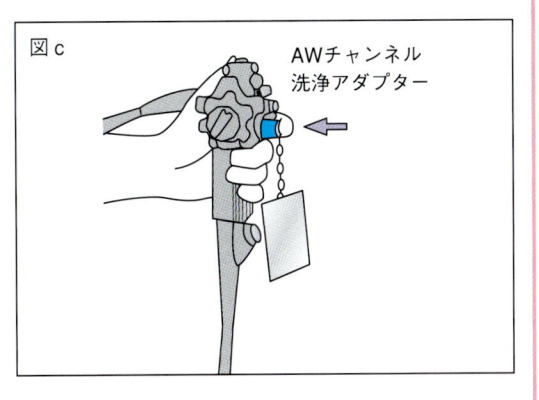

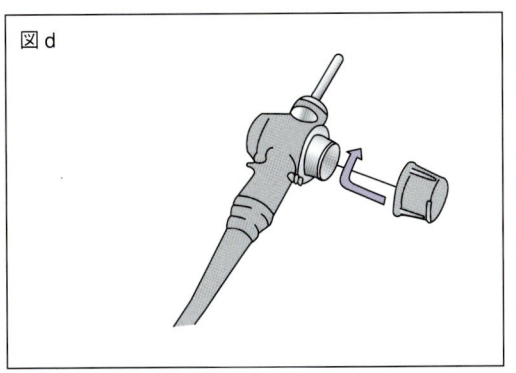

図e

- 防水テストを行います(取り扱い説明書参照)。
- 洗浄剤を浸したスポンジなどを用いてスコープの外表面を洗います。
- 操作部やユニバーサルコード，コネクター部も同様に洗浄します。

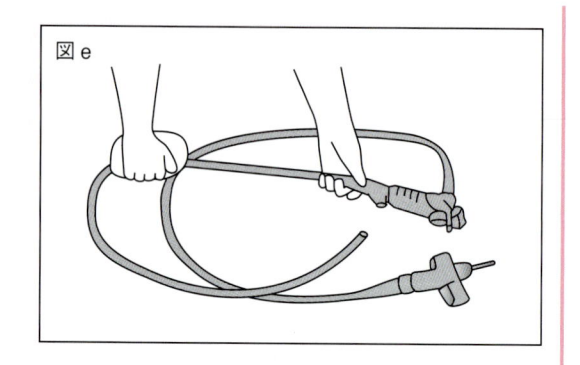

図f

- 吸引ボタン取り付け部から①スコープ先端方向，②コネクター方向の2方向にチャンネル掃除ブラシを挿入してブラッシングします。③の鉗子口内は，チャンネル開口部掃除用ブラシでブラッシングします。
  ①では，スコープの先端から，②ではコネクター部からブラシが出るまで挿入して洗浄します。
- ブラシに汚物が付着しなくなるまで繰り返します。

図g

- 吸引洗浄アダプターを取り付けます。
- 吸引シリンダー部を指でふさぎ，約90秒間吸引します。

図h

- 注入チューブを用いて，送気，送水チャンネルに90mL洗浄液を注入し満たします。

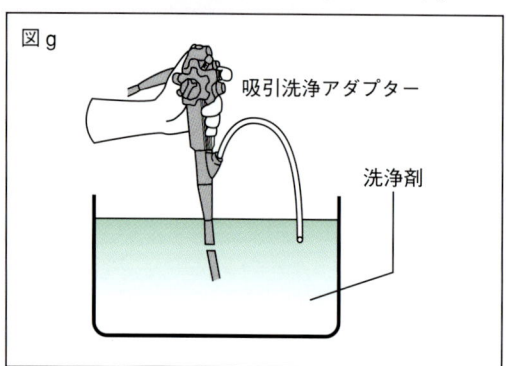

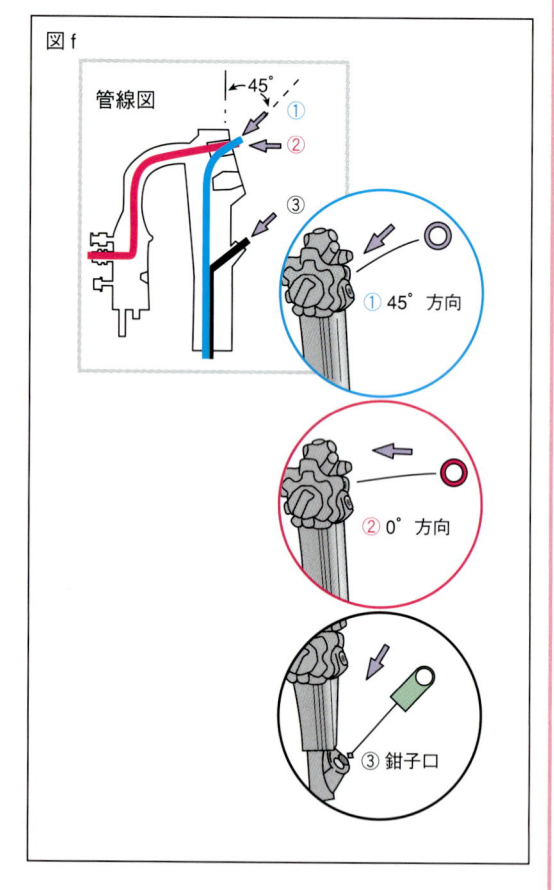

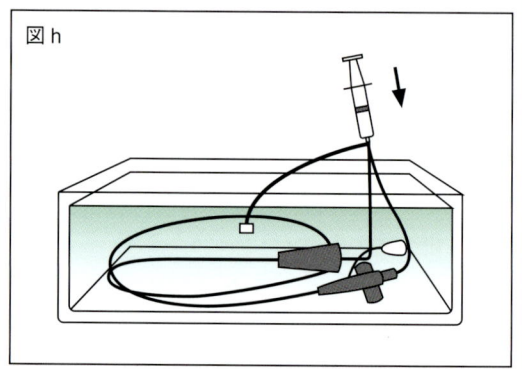

86

図i
- 取り外した各ボタン類は，チャンネル掃除用ブラシで穴の内部まで洗浄します。
- 鉗子栓は，細部に汚れが残りやすいのでブラシやシリンジでの洗浄剤の送液，流水下でのもみ洗いを行います。

図j
- 表面，各ボタン類は流水下で細部まで十分にすすぎ，チャンネル内部は注入チューブを用いて十分にすすぎます。
- その後，消毒薬に浸漬させ，すすぎ後，アルコールフラッシュします。
- 内視鏡の洗浄，消毒法の詳細は，取り扱い説明書を参照し，可能であれば内視鏡の販売会社に依頼し，院内で洗浄法を実習することを推奨いたします。

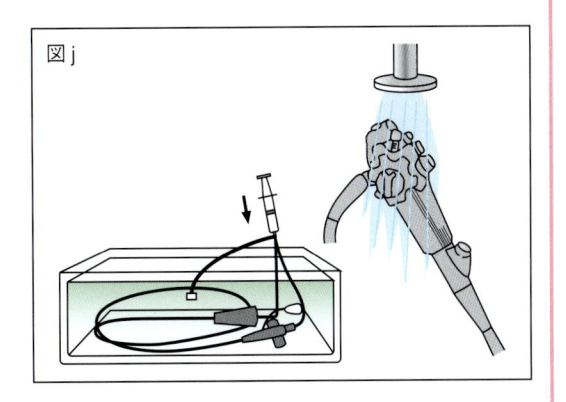

獣医師に伝えるポイント

- 動物のバイタルサイン報告
  心拍数，体温，呼吸数，可視粘膜色調，血圧，心電図やパルスオキシメーターなどのモニタリングの異常を伝えます。
- 胃や腸が過膨張時
- 鉗子の開閉
  異物摘出や生検時の鉗子の誘導は術者（獣医師）が行いますが，鉗子の開閉は看護士が実施することが多く，術者の指示に従って，速やかに鉗子を開閉すると共に，"開いた"，"閉じた"と術者に伝えます。

　獣医師は手術や検査を実施している際に，自分の手元や内視鏡の画像に集中してしまうため，動物のバイタルサインや胃のガスによる拡張程度などは，看護士がチェックする必要があります。胃が過大に拡張した場合や，バイタルサインの変化は即座に獣医師に伝えることが重要です。

動物の家族に伝えるポイント

- 内視鏡の最大のメリットは，開腹手術せず消化管が確認できることです。
- 入院期間が短縮されます。
- 痛みがなく侵襲性も低くなります。
- 内視鏡の届かない場所（空腸）もあります。
- 内視鏡では摘出できない異物も存在します。
- 生検では胃や腸の粘膜を直接観察できる大きなメリットがあります。
- 胃腸の筋層や漿膜側の病変の観察や生検が不可能な場合があります。
- 内視鏡から開腹に移行するケースもあり得ます。

入江充洋（入江動物病院）

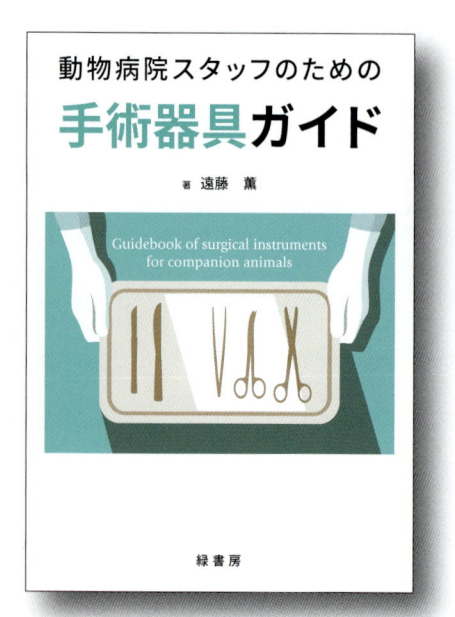

動物病院スタッフのための 手術器具ガイド

著 遠藤 薫
遠藤犬猫病院 院長、
日本小動物外科専門医協会・設立専門医

好評発売中

小動物臨床で用いられる手術器具についてその特徴や使用時のポイント、注意点を豊富な写真とともにわかりやすく解説！

小動物臨床では、症例の体格差が幅広いことから、同じ目的の手術器具であっても、大〜極小サイズまで揃える必要がある。手術器具の種類も動物用・人用など多種多様で、避妊手術1つをとっても使用する手術器具は5種 20 個以上となる。小動物臨床に従事する獣医師や動物看護師には、手術器具に対するより多くの知識が求められるが、誤用、乱用、粗雑な取り扱い、不適切な洗浄や滅菌処置による手術器具の不具合が見受けられることもある。安全な手術のためには、全スタッフが手術器具の取り扱いについての正しい知識を身につけなければならない。本書は、動物病院で使用される手術器具（鋼製器具）の取り扱いについて、購入時から実際に手術に使用するまでの注意点、各種器具の特徴、そして手術後の洗浄や滅菌に至るまでを解説。新人獣医師や動物看護師、獣医学・動物看護学を学ぶ学生にも入門書としてわかりやすくまとめられている。

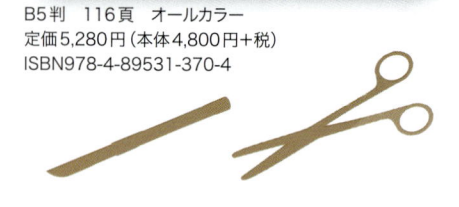

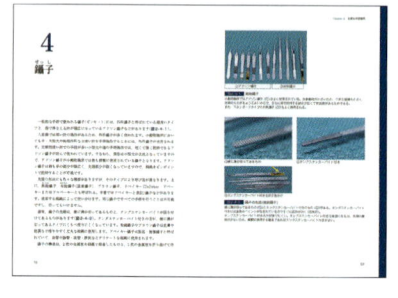

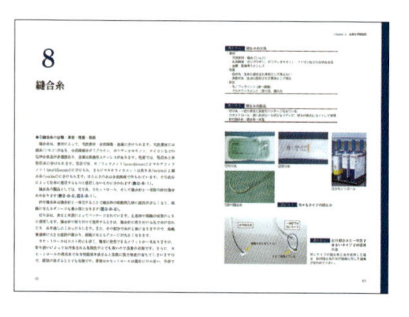

B5判 116頁 オールカラー
定価5,280円（本体4,800円+税）
ISBN978-4-89531-370-4

主要目次

Chapter 1　手術器具の基本
1. 手術器具（鋼製器具）の製造工程
2. 小動物臨床における手術器具とその目的
3. 手術器具の取り扱い
4. 手術前準備と片づけ

Chapter 2　主要な手術器具
1. メス
2. 剪刀
3. 持針器（把針器）
4. 鑷子
5. 鉗子
6. 開創器
7. 縫合針
8. 縫合糸
9. ドレープ
10. マイクロサージェリー

株式会社 緑書房
Midori Shobo Co.,Ltd

〒103-0004　東京都中央区東日本橋3-4-14　OZAWAビル
販売部　TEL.03-6833-0560　FAX.03-6833-0566
webショップ　https://www.midorishobo.co.jp

第2部 体から取り出した材料に対する検査

09. 検体の取り扱い方の基本　　90
10. 血液検査（CBC）　　102
11. 血液塗抹標本の観察と検査　　108
12. 血液化学スクリーニング検査と検査値の見方　　118
13. 凝固系スクリーニング検査　　128
14. 細胞診標本の作り方　　134
15. 尿検査の欠かせないポイント　　142
16. 糞便検査の欠かせないポイント　　146
17. 耳垢検査・皮膚搔爬検査による外部寄生虫の検出　　152
18. 骨髄の検査　　158
19. 特殊検査　　166
20. クロスマッチ試験の手順　　168
21. 内分泌学的検査とは　　172
22. 微生物検査法とは　　188

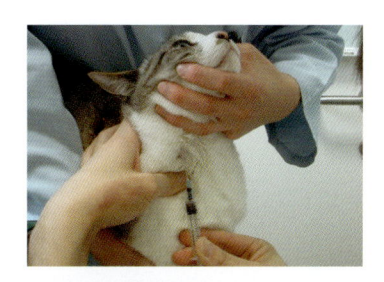

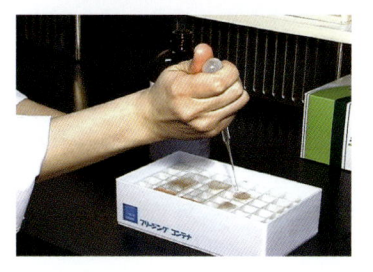

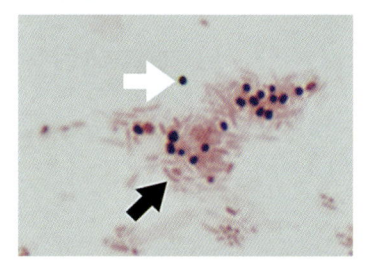

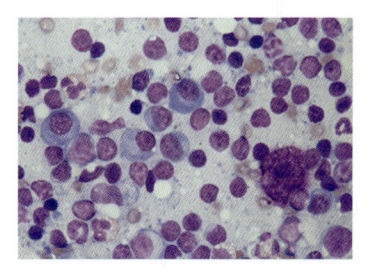

chapter 09 検体の取り扱い方の基本

> **アドバイス**
>
> 生体から採取された"もの"は，血液が固まっていくことからも分かるように，刻一刻と変化していきます。この"もの＝検体"には様々な種類があります。今，体にどんなことが起こっているかを調べる検体検査。その"今"に近い状態を保つために取り扱い方には，細心の注意を払ってください。

準備するもの

- 採血用具
  血液を検体とする場合，採血前からの準備が重要です。
- 各種採血管および専用採取容器
  シリンジで採血した血液に検査項目ごとに指定された抗凝固剤を使用しなければ正しい結果を得ることができません。抗凝固剤，添加剤などを事前に確認して下さい（図1）。
- 遠心機
  遠心機は現在の臨床検査に不可欠なものとなっています。卓上用の小型のものや冷却機能つき（概ね大型）の遠心機など様々です（図2）。
- 分注用ピペット
  血清や尿など正確に手早く測りとるには，シリンジよりピペットの方が安全です（図3）。
- 深型密閉容器
  病理組織をホルマリンで固定するには，深めのタッパーなどが便利です。ホルマリンが蒸発しないよう必ず密閉できるものを用意してください。
- その他
  ACTH（副腎皮質刺激ホルモン）濃度測定など特定項目などでは，採血管をあらかじめ氷で冷やしておくなどの作業が必要な場合があります。採取前に必ず確認してください。

検体を取り扱う上で「目の前にある検体は唯一無二のものである」ということも，絶対に忘れてはならないことです。病変部表面のスタンプ標本を作製すると，その違いははっきりします。スライドグラスに塗抹（スタンプ）された細胞は，1枚目，2枚目，3枚目すべてに，全く同じように塗抹されるわけではありません。1枚目にはあって2枚目にはない，これと同じことが，血液検体でも同じことが言えます。例えば，"血液検査用の検体を凝固させてしまった"，"こぼして検体量が不足した"などの理由で，再度採血を行っても，先ほどの検体と全く同じものが採取できるわけではありません。先に行った採血のためにストレスがかかり，このストレスが血液化学検査の結果に影響を及ぼす場合（項目）もあります。取り扱いには充分注意して下さい。

手技の手順

1．検体の種類と取り扱い方

検体は様々な種類があり，それぞれに適した

検体の取り扱い方の基本 chapter 09

図1 各種採血用マイクロチューブ。採血量の少ない場合に使用します。左からEDTA-3K 1.3mL，EDTA-2K 0.5mL，ヘパリン-リチウム 1.3mL，ヘパリン-リチウム 0.5mL，分離剤容器 1.3mL。

図2 遠心機の一例（アイデックス・ラボラトリーズ）。

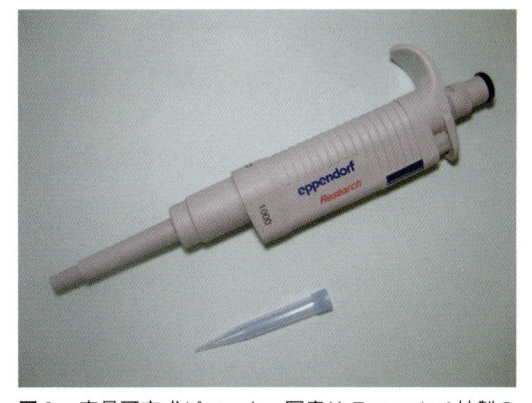

図3 容量可変式ピペット。写真はEppendorf社製の容量可変ピペット「リサーチV」。

操作があります。間違った操作は間違った検査結果となる原因にもなります。注意して取り扱ってください。主な検体の種類は以下の通りです。それぞれについて説明します。

● 検体採取にあたって

　検体はその検査項目に応じて取り扱いが全く異なります。ですが，全てに共通して大切なことは「検体を取り違えないこと」です。採取された検体は，その場で名前と可能ならば日時を明記してください。採取前に名前を書く場合，各容器に移し替える前に再度名前を確認してください。「採材したら名前を書く」「名前を確認する」この言葉を呪文を唱えるように覚えてください。

①尿
②便
③血液
④体液／貯留液
⑤組織

（1）尿

- 新鮮尿：尿沈渣を含む一般的な尿検査を行う場合は，採尿後すぐに検査を行うことが推奨されます。30分以内に検査ができない場合，密閉して冷蔵保存すれば，数時間ぐらいまで検査可能です。
- 蓄尿：尿中コルチゾールなど特別な検査では，採尿前にあらかじめ防腐剤を添加しなければならないことがあります。十分注意して下さい。
- 培養検査：無菌操作が望ましいですが，動物

図4 スワブ，一般培養に使用します。

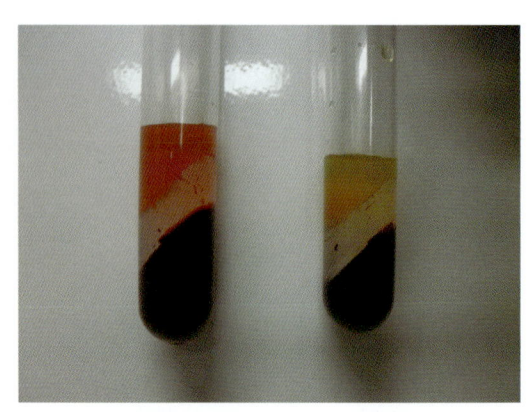

図5 同じ動物から同時に採血した検体の比較です。左は溶血に注意せずに行った検体です。右は溶血に注意して採血及び分離した血清です。

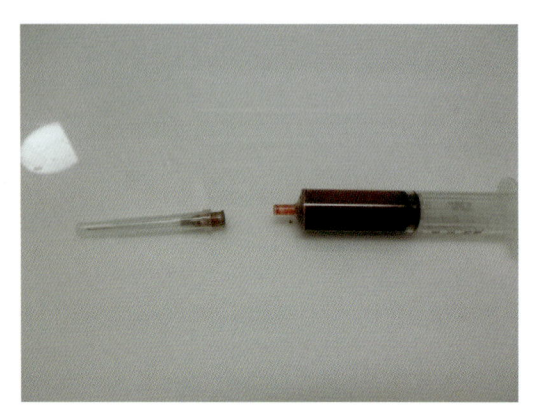

図6 針は必ず外して下さい。

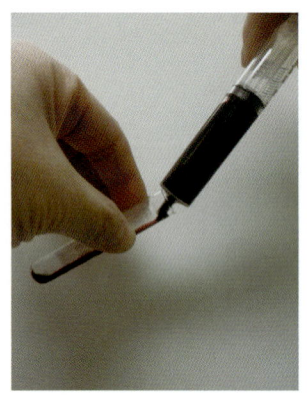

図7 シリンジは静かに押して下さい。

病院内で完全な操作は難しいため「滅菌容器に移し」「すばやく密閉する」を心がけて検査センターに送ることが大切です。採取後は冷蔵保存の場合と常温保存の場合があるので，検査センターなどに問い合わせてください。

（2）便
- 虫卵検出：検体採取後は常温で保管できます。容器は密閉して下さい。
- 微生物（細菌）培養検査：検査センターに依頼する場合，各センターによって数種の専用容器があります（図4）。

（3）血液

血液の取り扱いで注意しなければならないことで特に重要なことは2つ，「溶血」と「凝固」です。

1）溶血編

血液の約半分は血球ですが，衝撃により破裂します。この血球の破裂こそが溶血です（図5）。採血前から溶血を起こさないよう細心の注意を払ってください。

①アルコールは適量を使用する

血球はアルコールにより溶血します。採血部位の余分なアルコールは避けてください。

検体の取り扱い方の基本 chapter 09

図8 シリンジ内にできた気泡。この様な気泡は分注せず，シリンジに残します。気泡はできるだけ作らないようにします。

②強い吸引の採血を避ける

採血時にシリンジを強く引くとその勢いで溶血します。

③分注時は静かに

シリンジによって採血された血液の採血管への移し替えの時には，必ず針をはずし（図6），管壁に沿わせて静かに流し入れます（図7）。ぽたぽたと落としては，その衝撃だけで血球を破壊することになります。

④気泡は使用しない

「大切な血液だから最後の1滴まで……」——大変すばらしい心がけですがちょっと待ってください。シリンジ内にはどうしても気泡が混入します。これは採血針の中に入っていた空気や，採血時の勢いでできたものです。この気泡は血液でできたシャボン玉のようなもので，容易に破裂し結果として溶血の原因となります。気泡を可能な限り作らないよう静かにシリンジを引き，できてしまった気泡は採血管には押し出さないでください（図8）。

⑤抗凝固剤と静かに混和

血液を採血管に移し替えたら，すばやく蓋を閉め（密栓），血液が抗凝固剤とよく溶けるように「静かに，速やか」に5～10回混和します。

混和の方法は大きく分けて2通りあります。いずれの場合も泡立てないようにして，蓋の内側や管壁に塗布されている抗凝固剤と良く混和することが大事です。採血管内の抗凝固剤と混和するために，採血管を強く震盪させたり，指ではじいたりしてはいけません。

(a)回転混和：採血管を両手に挟み，手のひらを前後にずらしてこすり合わせるようにして採血管を回転させます。その後，採血管の上下をひっくり返して同様に混和させます（図9-1～3）。

(b)転倒混和：このケースでは蓋が外れる場合があるので，管底と蓋を同時に挟むようにして持ちます。採血管を，必ず静かにゆっくり倒して倒立させ，次に，同じ様に静かにゆっくり元に戻します（図10-1～5）。

⑥急激な温度変化を避ける

全血を冷蔵庫に保管することがありますが，採血後の温かいうちに冷蔵庫に入れると，急激な温度差により血球が破裂し溶血します。また採血管が，保冷剤や氷などと直接触れても溶血の原因となります。

2）凝固編

溶血以外で注意しなければならないのは，凝固です。血液が凝固すると，血球が，そしてと

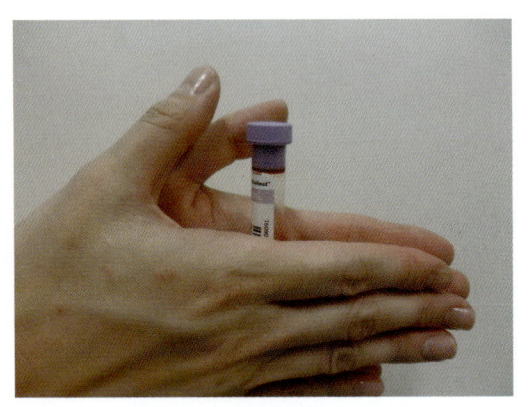

図9-1-a　手のひらで採血管を挟んで持ちます。

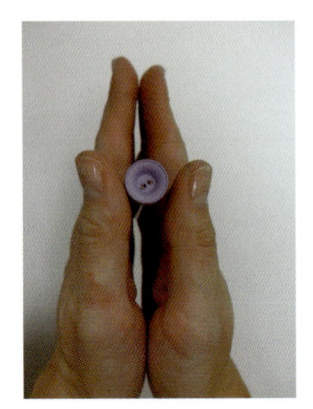

図9-1-b　左図を上から見た写真です。

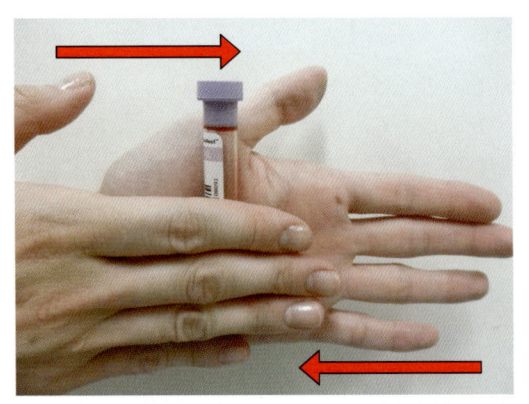

図9-2-a　採血管を挟んだまま左手を右(前方)に，右手を左(手前)にずらすように素早く転がします。

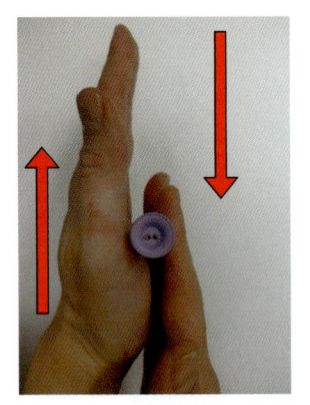

図9-2-b　左図を上から見た写真です。

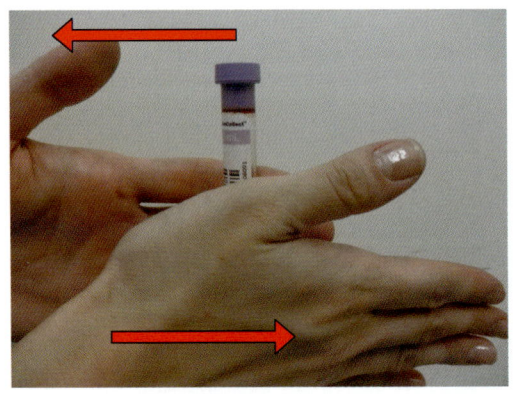

図9-3-a　今度は逆に左手を左(手前)に右手を右(前方)に先程と同様にして転がします。上下を入れ替えても行います。上下とも10往復以上行って下さい。

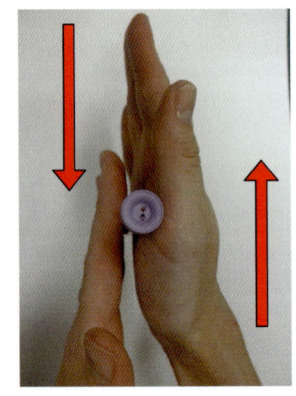

図9-3-b　左図を上から見た写真です。

りわけ血小板数が著しく減少します。そうなると凝固機能検査を行う場合には，全く意味のない検査となってしまいます。溶血編で述べたように適切な抗凝固剤を使用し，抗凝固剤との割

検体の取り扱い方の基本 chapter 09

図10-1　管底を持ち上げるようにして採血管を倒します。

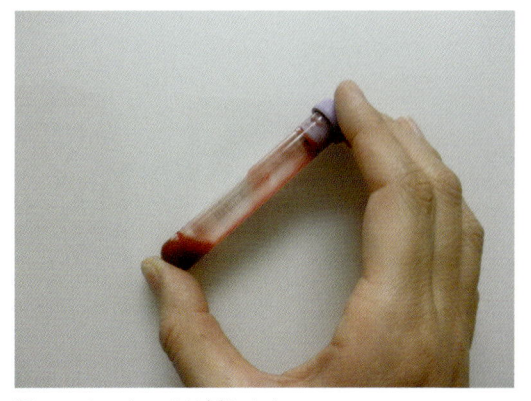

図10-2　ゆっくり倒します。

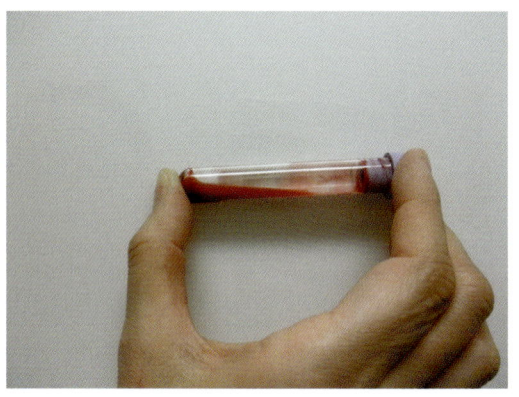

図10-3　抗凝固剤と混ざるように，特にゆっくりと倒します。

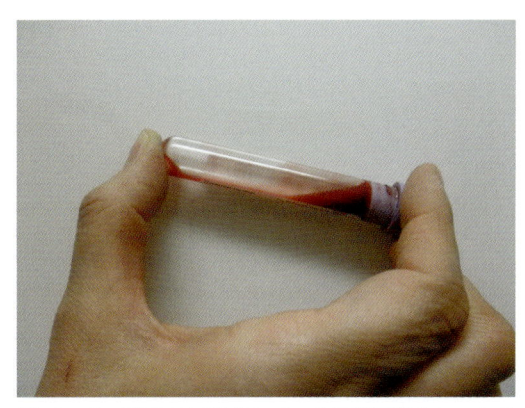

図10-4　蓋の裏に付着している抗凝固剤もしっかり溶かします。

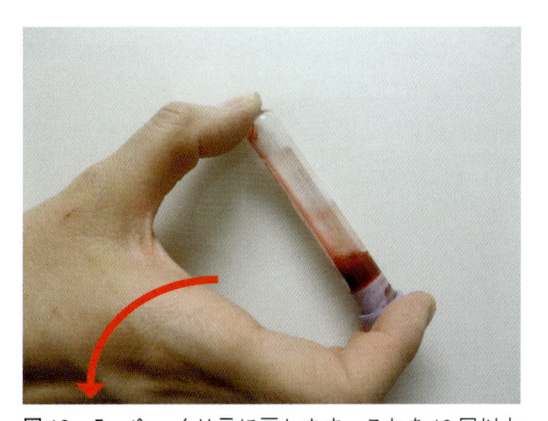

図10-5　ゆっくり元に戻します。これを10回以上繰り返します。

合にも注意しながら検体を取り扱ってください。

　また血液を凝固させ血清を用いて検査する場合，血清分離用の採血管を使用します。血液は金属やガラスなどとの接触により凝固が促進されます。この性質を利用するため，血清分離容器に入れた血液は容器を斜めに置き(**図11**)，採血管内壁に接している面積(接触面)を広くして凝固を促進させます。容量の小さな採血管ではその接触面を大きくするためにリングを入れた採血管もあります。リングは遠心により血球と共に管底にとどまります。ゲル状の分離剤の入った採血管では，血球はその比重の差から分離剤の下層にとどまります。

　下記は主な抗凝固剤と検査項目の組み合わせです。十分に注意を払って最適な組み合わせで検査を行ってください。なお，特殊検査で検査キットを使用する場合や検査センターに外注す

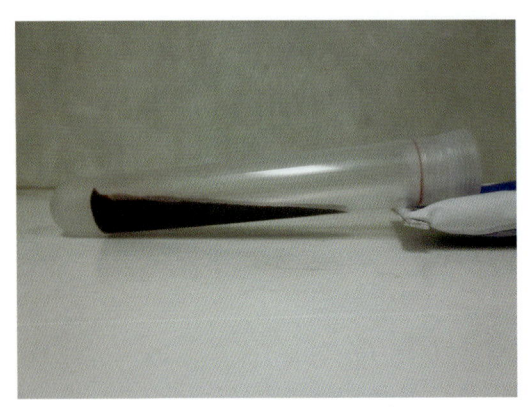

図11 分離剤入り採血管。軟骨チューブなどを枕にすると、傾斜が楽に行うことができます。

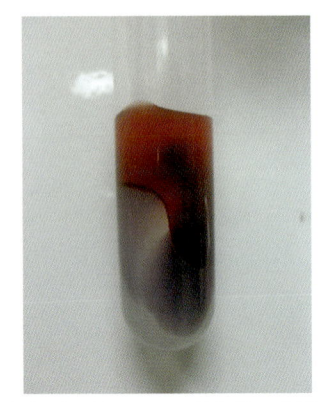

図12 遠心力が不足すると、遠心後に分離剤の下に血球が完全に移動できません。

る場合は、その指示に従ってください。

•ヘパリン

　ヘパリンナトリウムが一般的に使用されていましたが、生体内にはないリチウムと結合したヘパリンリチウムが測定に影響を与えないため、血液化学検査などで汎用されるようになりました。凝固を阻止する抗トロンビンⅢ（AT Ⅲ）と結合して、その作用を促進することにより血液の凝固を阻止します。血液に加えてから時間が経つと凝固すること、白血球や血小板の変形あるいは凝集を起こす傾向があるため、血液検査には使用しません。
★血液化学検査、血液ガス検査などで使用します。

•EDTA（ethylene diamine tetraacetate、エチレンジアミン酢酸）

　EDTA-2Na、EDTA-2K、EDTA-3Kなどがありますが、EDTA-3Kのみ液体のため、一番溶けやすく、次いでEDTA-2Kがよく溶けます。どのEDTAでも抗凝固作用に差異はありませんが、測定系に影響がある場合があるため、選択には注意します。

　EDTAは、血液の凝固作用に必要なカルシウムと結合除去することにより、血液の凝固を阻止します。このため、血清カルシウムの測定

図13 写真は図12の写真の検体を適正な遠心力（この場合は 3,000r.p.m.＜約1,000g＞、5分）で遠心した後の状態です。アングルローター型の遠心機では分離剤は斜めになりますが、きれいに血清分離できています。

や、測定にカルシウムを必要とする検査には使用できません。白血球の変性が少なく、赤血球の容積に変化を与えませんが、規定濃度の倍になると軽度の赤血球縮小がみられ、PCVが約3％低くなることがあります。
★血液検査（CBC）、交差適合試験、直接クームス検査などで使用します。

•クエン酸ナトリウム

　EDTAと同様、血液の凝固作用に必要なカルシウムと結合除去することにより、血液の凝固を阻止します。血液凝固検査では血液との割

図14　蓋の裏に血液が付着していると，蓋を開けたときに血液が飛び散ってしまいます。

図15　血液の付着が少ないと，飛び散りも極力抑えられます。

合（血液：クエン酸＝9：1）により検査結果に差異が生じることがあるため，採血量を厳守します。

★血液凝固検査などで使用します。使用するクエン酸ナトリウムの濃度は3.8％です。

　血液は体外に出たときから凝固が始まります。良い状態の検体を作製するためには，
1）アルコールを混入させることなく採血し，
2）針をはずしてすばやく目的に合った抗凝固剤の入った採血管に，
3）適量の血液を静かに泡を入れずに流し入れ，
4）確実に蓋を閉め，
5）転倒または手のひらで転がしながら，
6）静かによく混和する。

　この一連の作業をよどみなく行うことが大切です。

[Q＆A：こんな時には・・・]
[Q.] 分離剤入り採血管で遠心しましたが，上手く分離できませんでした。どうしたらよいですか？（図12）
[A.] これは遠心力が不足していることが原因です。適切な回転数と時間で遠心しましたか？
　回転数を変更することが可能な遠心器を使用して血清分離をする場合，必要な条件は概ね3,000r.p.m.（毎分回転数），5分間です。回転数を上げて再度，遠心して下さい（図13）。

　なお，遠心する際に遠心器内のバランスが取れていないと回転数が上がらない原因にもなります。バランス用の採血管内の液量も同じになるよう調整して下さい。

[こんなことはありませんか？]
[Q.] 採血管の蓋を開けるとき，いつも血液が飛び散って汚れます。どうしたらよいですか？
[A.] 採血管の蓋に血液がたくさん付いていませんか？（図14, 15）採血後，採血管をよく混和すると，どうしても蓋に血液が付着します。このまま蓋を開けるとどうしても血液が飛び散ってしまします。これを最小限に防ぐには
①採血管を床と垂直に持ち
②持った腕ごと水平に早めに50cmほど移動させる（図16-1〜3）
試してみて下さい。

（4）体液／貯留液

　体液検査にはその液体の物理的化学的性状を調べる場合と，その中に含まれる細胞成分を調べる場合とがあります。前者は血清検体と似た取り扱いであるのに対し，後者は細胞診検査と同様の取り扱いが必要です。

　また，培養検査を行うこともあることでしょう。目的とする検査項目により適切な取り扱いを行ってください。

1）物理的化学的性状

pH，比重などの性状は尿検査と同様の扱いでよいのですが，蛋白など化学的性状は血清／血漿検体と同様に扱います。ただし，病院内での血液化学検査に用いられている多くのドライケミストリー（多層フィルムを用い，液体を使わない検査）では体液／貯留液を測定することはできません。これはドライケミストリーの測定の特徴によるものですが，通常血液の粘調度に合わせて，ドライケミストリーのフィルムの浸透速度が設定されているからです。例えば，ろ紙に水を滴下した場合と血液を滴下した場合では，その広がり方（浸透速度）は異なります。これと同様のことがフィルム上で起こり，浸透（反応）速度の違いが，測定結果の違いとして表現されます。これらの項目の測定の際には使用している検査機器メーカーに問い合わせるか，ドライケミストリー以外の測定法を用いるようにしてください。

2）細胞学的性状

腹水・胸水や嚢胞内容液等の体液や貯留液に含まれている細胞や組織を調べるときは，可能な限り新鮮なうちに検査してください。放置するとフィブリン（線維素）の析出や細菌の増殖，細胞の破壊などが起こり，正しい検査が行えません。やむをえない場合は EDTA などの抗凝固剤を使用します。また，細胞数が十分あり，病理組織診断を必要とする場合は，検体を遠心し，沈渣のみをホルマリンで固定する「セルパック」も行うことがあります。遠心をする際には，細胞が壊れないよう遠心速度（低速）に注意してください。

（5）組織
1）スライド標本

細胞診検査などスライド標本を作製する場合，"固定"が重要です。この固定の最初は迅速乾燥すなわち「風乾」です。ドライヤーをつけておき，塗抹直後に手をやけどしない程度の

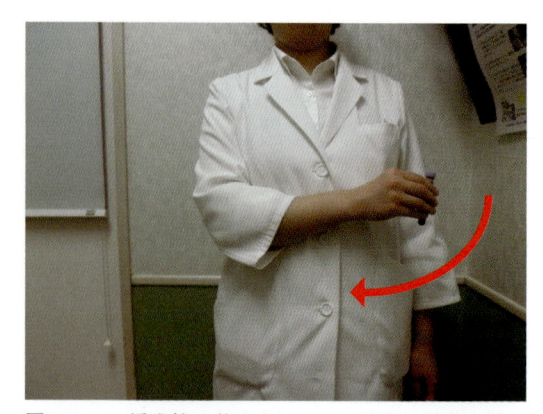

図 16-1　採血管の蓋を上にして，地面に垂直に持つようにします。

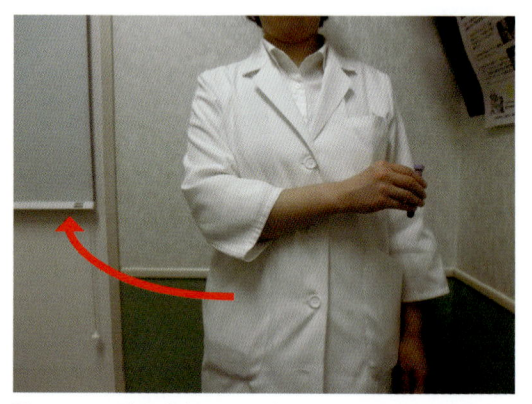

図 16-2　肘を中心にして水平に，やや半円を描くように少し勢いよく腕を振ります。

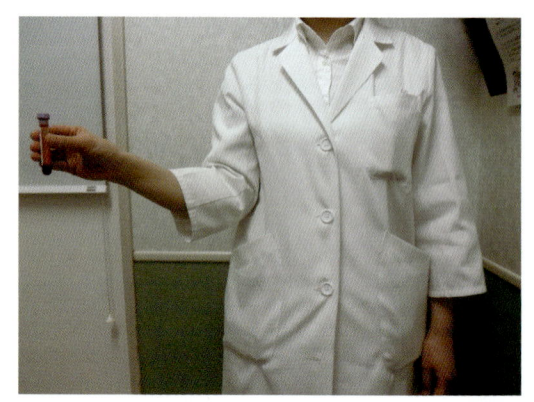

図 16-3　手をすっと止め続けます。これは，注射用薬などのアンプルにも有効です。

風をあて，乾燥させます。少しでもこの風乾が遅れると細胞が壊れ，診断できなくなってしまいます。

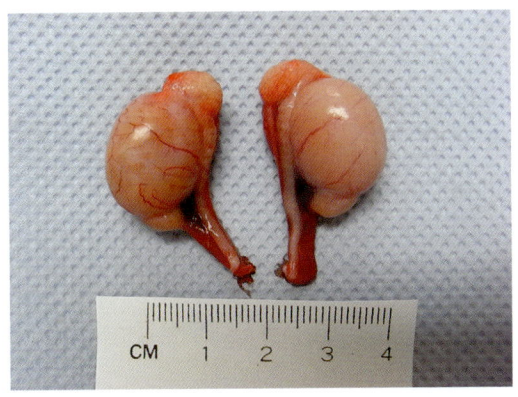

検体の取り扱い方の基本 chapter 09

図17 犬の去勢手術後の精巣。ホルマリン溶液に入れる前に写真を撮ります。

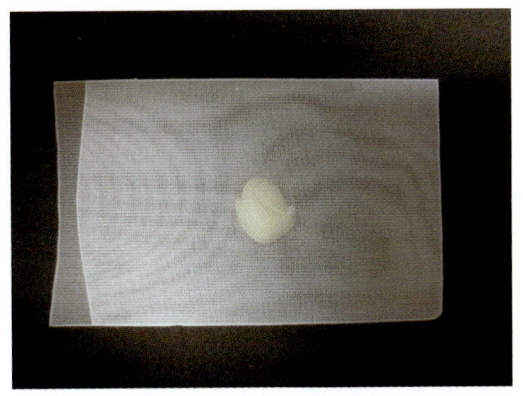

図18-1 腫瘍などの小さな病理検体は，メッシュ状の袋に入れると輸送途中の損傷などから守ることができます。

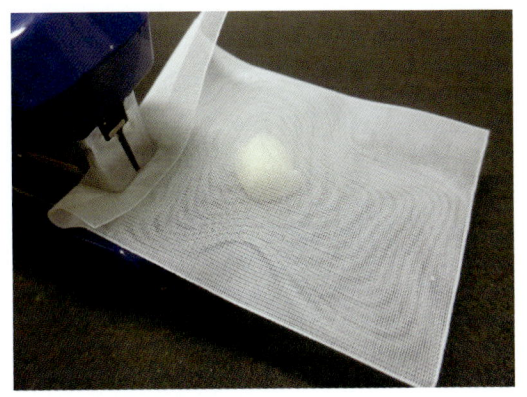

図18-2 必ず2カ所以上止め，飛び出さないようにします。

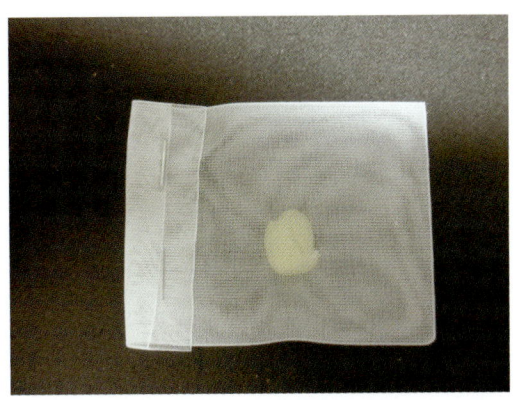

図18-3 一連の操作は，病理組織が乾燥しないように手早く行って下さい。短時間ならば生理食塩水で乾燥を防ぐこともできます。

2）病理組織

手術などで採取された組織は，大きさなどを確認するために写真を撮ることをお勧めします。大きさが分かるよう定規と一緒に撮影して下さい（図17）。その後，乾燥する前に素早く10％ホルマリン溶液に浸して固定します。ホルマリンは一般に組織の10倍量を必要とすると言われています。十分な量を用意して下さい。
① 口の広い容器（深型のタッパなど）に，あらかじめたっぷりの10％ホルマリンを入れます。
② 乾燥させないよう，素早く写真を撮ります。
③ 小さな組織などは組織入れメッシュに入れます（図18-1）。
④ メッシュの口を折り，口をホチキスで2箇所

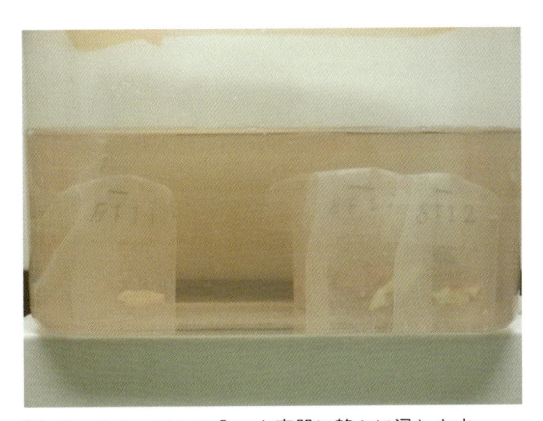

図19 ホルマリンの入った容器に静かに浸します。

以上とめます（図18-2, 3）。
⑤ ①に静かに完全に浸し，容器を密閉します（図19）。

99

⑥しっかり固定させた後，ホルマリンが漏れないようにして検査センターに送ります。

●こんなことをしてはいけません！
- ホルマリンではなくエタノールで固定した
- ホルマリン固定前に生理食塩水で一晩放置した
- ホルマリンを組織にかけ，その後乾燥させた

　これらはいずれも，組織の変形の原因となり，診断できなくなる原因となります。

> ### ●採血のポイント
> - 各採血管には，分注する量が決められています。少なすぎても多すぎても検査結果に影響を与えます。必ず守って下さい。
> - 各検査項目に合った採血管を，採血前にあらかじめ用意して下さい。
> - 採血前に準備しなければならない項目もあります。特殊な検査の際は必ず確認して下さい。

打江和歌子（赤坂動物病院，臨床検査技師）

エレクトロニクスで病魔に挑戦

NIHON KOHDEN

思いやりと使いやすさを、いつも
日本光電の動物用検査機器

MEK-6450 （動物専用）
全自動血球計数器
Celltac α (セルタック)

- 白血球4分類を含む血液20項目測定可能（イヌ・ネコ・ウシ・ウマ）。
- 1検体約60秒の高速測定。
- 採取した血液を吸引させるだけの簡単操作。
- 溶血HGB試薬は環境に配慮した「ノンシアン」タイプを採用。さらに使用量も最大約40％低減（当社従来品比）。
- 本体内蔵プリンタで、日本語フラグメッセージやチャート図も印字可能。
- 電子カルテ等、他システムとの連携も可能です（詳細は個別にご相談下さい）。

測定項目
- イヌ・ネコ・ウシ・ウマ／20項目測定（白血球4分類）
WBC/RBC/HGB/HCT/MCV/MCH/MCHC/PLT/LY%/LY#/MO%/MO#/EO%/EO#/GR%/GR#/RDW/PCT/MPV/PDW
※微量血測定モードでは、白血球分類はできません。
- ラット・マウス／12項目測定
WBC/RBC/HGB/HCT/MCT/MCV/MCH/PLT/MCHC/RDW/PCT/MPV/PDW

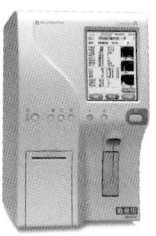

ECG-1950 （犬・猫専用）
動物用心電計
（解析機能付）
cardiofax VET (カルジオファックス)

- 文字情報との識別がしやすく波形が際立つカラーディスプレイ搭載。
- A4レターサイズのコンパクト設計。重さは2kg（本体のみ）。
- 体位によって大きく変わる動物の心電図波形。種別、体重、年齢に加え検査体位も考慮した解析理論で、より信頼性の高い検査結果を提供します。
- 動物用指クリップ電極（オプション）は、苦痛の少ない形状を採用。体毛を挟んで測定、人の指に付けて抱っこしながらの測定、皮膚に挟んでの測定、と状況に応じた測定が行えます。

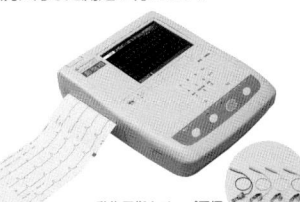

動物用指クリップ電極（オプション）

BSM-2391 （犬・猫専用）
動物用モニタ

- CO_2モニタリングで麻酔中の安全をサポート。
- 心拍数は動物用計測アルゴリズムを採用。非観血血圧も動物専用エアホースをモニタに接続するだけで、動物に適したモードに自動設定します。
- 8.4型カラー液晶画面に、最大5トレースの波形データを表示。数値拡大機能を装備し測定値を見やすく表示します。
- タッチパネル方式を採用、操作は簡単です。
- 最大120件のバイタルサインデータリストや、24時間分のトレンドグラフデータを参照可能。後からも手術中のデータを把握できます。

※クリップ式の心電図電極、舌に装着できるSpO_2プローブ、6種類のサイズを揃えた非観血血圧用カフなど、各種動物用センサを豊富に用意しています。

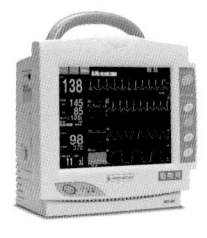

BSM-2391 動物用医療機器承認番号	17消安11083
MEK-6450 動物用医療機器承認番号	20動薬1347
ECG-1950 動物用医療機器承認番号	21動薬716

59A-0567

〈製造販売〉
日本光電
東京都新宿区西落合1-31-4
〒161-8560 ☎03(5996)8000
＊カタログをご希望の方は当社までご請求ください。
http://www.nihonkohden.co.jp/

chapter 10 血液検査（CBC）

> **アドバイス**
>
> 　血液検査はどこの病院でも必ず行われている検査のひとつです。この章では血液検査のなかでも『完全血球計算（CBC）』について解説します。
> 　血液化学検査が主に各臓器の機能や状態を調べる検査であるのに対し，CBCは患者の全身状態を明らかにすることに大変優れた検査方法です。CBCは患者の診断にかかわる重要な検査ですので，最終的には獣医師の確認が必要ですが，動物看護士もCBCについての理解を深めておくことは『チーム医療』を行ううえでとても大切です。
> 　CBCの"C"は『Complete（完全）』の略であるということを意識して，常に同じ手順で検査を行うよう心がけてください。なお血液塗抹標本の作製や評価法に関しては本書第11章を参考にしてください。

手技の手順

1．手技の流れ

① 採血（第11章参照）。
② EDTA採血管に分注（第11章参照）。
③ 血液塗抹標本の作製（第11章参照）。
④ ヘマトクリット管を2本作成し，遠心（11,000〜12,000rpm 5分間）します（図2）。
⑤ 赤血球数，白血球数，血小板数，ヘモグロビン濃度の測定を行います（図3）。
⑥ 遠心後のヘマトクリット管を用いてヘマトクリット値の計測，血漿の色調の評価，黄疸指数の判定，バフィーコートの観察，総蛋白質濃度の測定を行います（図4〜6）。

［クオリティーチェック!!］
- 2本のヘマトクリット管におけるヘマトクリット値が大きく異なる場合があります。
  ⇒撹拌不良。
- ヘマトクリット管と血球計数器でのヘマトクリット値が大きく異なる場合があります。
  ⇒たいていの場合，計数器側の測定エラーです。
- ヘマトクリット値：ヘモグロビン濃度＝約3：1。

準備するもの

- 採血管（抗凝固剤は必ずEDTAを用いること）
- ヘマトクリット管
- ヘマトクリット管シール用パテ
- ヘマトクリット管用遠心機
- ヘマトクリットリーダー
- 黄疸指数表
- 塗抹標本作製用カバーグラス
- 血球計数器
- 血漿蛋白測定用屈折計
- 恒温槽
- 網赤血球用ニューメチレンブルー染色管

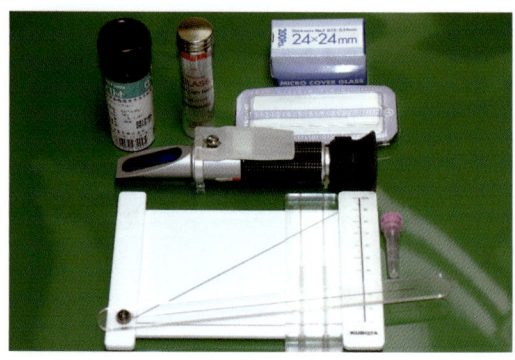

図1　準備するもの。

血液検査（CBC） chapter 10

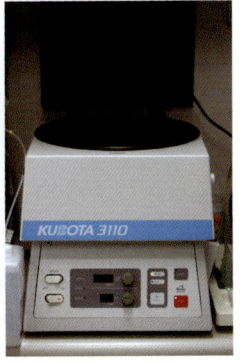

図2 毛細管現象を利用して血液を吸い上げ（左上），ガラス管の血液がついていない端をパテで封入し（左下），遠心機にかけます（右）。

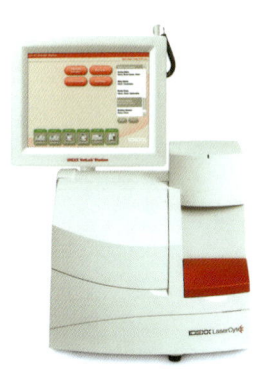

図3 インピーダンス方式自動血球計数器（左），およびレーザーフローサイトメトリー方式の機器（右）。

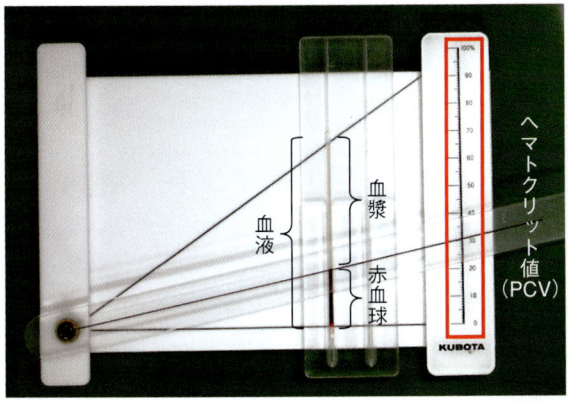

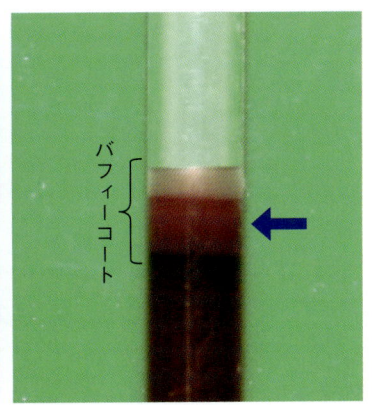

図4 血液を入れたヘマトクリット管を遠心すると，赤血球，白血球＋血小板（バフィーコート），および血漿の3層に分離します（右）。血液全体に対する赤血球の割合をヘマトクリット値あるいはPCVといいます。バフィーコートの高さからは白血球数の概算が可能で，最初の1mmが10,000/μL，次の1mmは20,000/μLです。例えばバフィーコートが3mmなら10,000+20,000+20,000なので，白血球数は約50,000/μLです。また，バフィーコートが透明なゼリー様の時には血小板数の増加（100万/μL以上）が，下半分がややピンク色（右，青矢印）の時には幼若赤血球の混入が示唆されます。

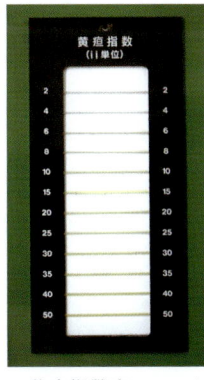

図5 黄疸指数表。ヘマトクリット管での血漿の色調を表と比べて『黄疸指数（I.I.）』を確認します。

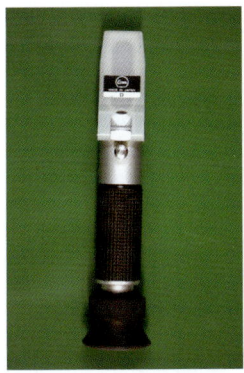

図6 蛋白測定用屈折計。プラスチックの蓋を開き，プリズムの上に血漿を数滴たらします。蓋を元に戻して，レンズをのぞくと蛋白量が計測できます。

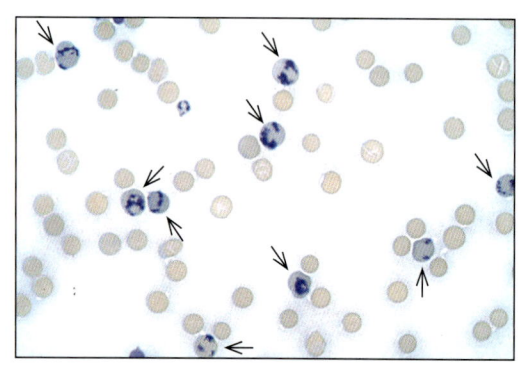

図7 この写真には62個の成熟赤血球と9個の網赤血球（矢印）が確認されます。仮にこの犬の赤血球数が $4.50 \times 10^6/\mu L$，PCV が30％，網赤血球が13％であれば，網赤血球絶対数は $585,000/\mu L$，RPI ≒ 5 ＞ 2 なので『再生性』と判断されます。

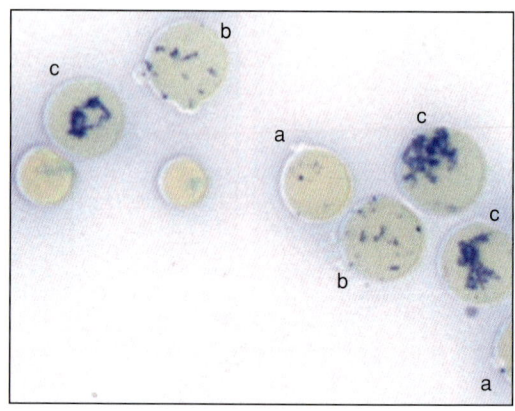

図8 猫の網赤血球。aは点状型，bは中間型，cは凝集型です。点状型は骨髄から放出された後も3週間程度持続可能なので，"未熟な"赤血球とは言い切れません。そこで網赤血球数の計測時には，凝集型（凝集型＋中間型）と点状型とをそれぞれ分けて数えます。

⇒この値がおかしい時には，まずは溶血性疾患を考え，それが否定的であればたいていの場合ヘモグロビン濃度の測定エラーです。
⑦もう1本のヘマトクリット管を恒温槽（56〜58℃）で3分間保温します。
⑧⑦のヘマトクリット管を用いて蛋白質量血清蛋白量）を測定し，加熱前蛋白量（血漿）から加熱後蛋白量（血清）を引くと『フィブリノーゲン』濃度を求めることができます。
⑨MCV（平均赤血球容積），MCHC（平均血球血色素濃度）の算出は以下の通りです。
・MCV（fl）＝ PCV × 10/RBC。RBC は100万単位（620万/μL ならば6.2）
・MCHC（％）＝ Hb × 100/PCV
⑩血液塗抹標本の観察（第11章参照）。
⑪貧血が明らかになった場合にはニューメチレンブルー染色を行い，赤血球1,000個当たりの網赤血球（骨髄から放出されたばかりの"未熟な"赤血球）数から％を求めます（図7）。猫には網赤血球が3種類（凝集型，中間型，点状型）あるので，『凝集型と中間型』と『点状型』とを分けて数えてください（図8）。なおレーザーフローサイトメトリー方式の機器では自動計数が可能です。

2．検査のポイント

● CBC における検査項目とその正常値を表1に示しました。検査者はそこに数値を記入し，異常値には『↑』や『↓』といった印を付けて報告すれば，獣医師が診断しやすくなります。

● ヘマトクリット管から分かること（図9，表2，3）。
①ヘマトクリット値：貧血，多血症。
②血漿の色調：溶血，高脂血症，黄疸など。
③血漿蛋白量：低蛋白血症や高蛋白血症の有無。蛋白量は若齢では低値を示し，高齢では高値を示すことに注意。
④フィブリノーゲン（『急性炎症性蛋白』のひとつ）
　増加：炎症，脱水。
　　鑑別のためには蛋白フィブリノーゲン比（P：F 比）を算出。
　　P：F 比 ＝（総蛋白質量－フィブリノーゲン）÷フィブリノーゲン P：F 比 ＜ 10 ならば炎症で増加。
　減少：播種性血管内凝固（DIC）。

血液検査（CBC）

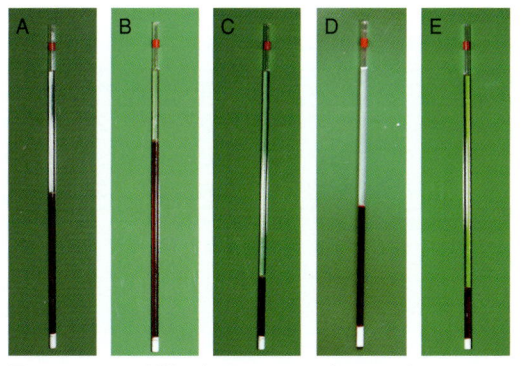

図9 PCVと血漿の色調。A：正常　B：多血症　C：貧血　D：高脂血症　E：貧血＋黄疸。

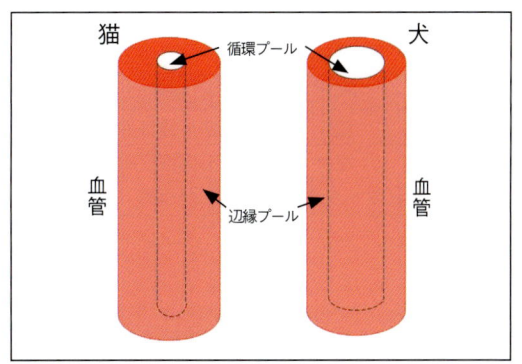

図10 血管内プールの模式図。骨髄で作られた白血球が血液中に放出されると、約半分は血管内皮に付着します。血流に乗っている部分を循環プール、血管壁に付着している部分を辺縁プールと呼びます。辺縁プールは白血球の成熟や備蓄の役割を担っており、同様なプールは骨髄内（骨髄プール）にも存在します。したがって静脈採血によって得られた白血球はこれら3つのプールのうち『循環プール』の状況のみを反映しているということを理解して下さい。循環プール：辺縁プールは犬ではおよそ1：1ですが、猫では約1：3です。ですから猫では採血時に興奮させてしまうと総白血球数が容易に増加します。

表1　CBCにおける検査項目例とその正常値。

_____ ちゃん　CBC結果表（犬・猫／　　才／　　年　　月　　日）

検査項目	参考基準範囲		今回	単位
	犬	猫		
赤血球数	5.5〜8.5	5.5〜10.0		$\times 10^6/\mu L$
ヘモグロビン	12〜18	10〜15		g/dL
PCV	37〜55	32〜45		%
MCV	60〜77	39〜55		fL
MCHC	32〜36	31〜35		g/dL
総蛋白質	6〜8	6〜8		g/dL
総白血球数	6,000〜17,000	5,500〜19,500		/μL
桿状核好中球	0〜300	0〜300		/μL
分葉核好中球	3,000〜11,500	2,500〜12,500		/μL
リンパ球	1,000〜4,800	1,500〜7,000		/μL
単球	150〜1,350	0〜850		/μL
好酸球	100〜1,250	0〜1,500		/μL
好塩基球	まれ	まれ		/μL
血小板	200〜500	300〜800		$\times 10^3/\mu L$

- 赤血球系について。
  ① 貧血：まず再生性の有無を確認します。網赤血球の％から網赤血球絶対数あるいは網赤血球指数（RPI）を算出します。

  a．網赤血球絶対数（/μL）＝
  　　網赤血球（％）×赤血球数（/μL）÷100

表2 黄疸指数(I.I.)とヘマトクリット値(PCV)との関係。

I.I.	PCV	解釈
正常	減少	出血・慢性疾患
増加	減少	溶血性疾患
増加	正常～やや低下	肝疾患

表3 血漿蛋白(TPP), フィブリノーゲン(Fibn)およびヘマトクリット値(Ht)の正常値と状況による変化。

	TPP g/dL	Fibn mg/dL	Ht(犬)%	Ht(猫)%
6ヵ月齢まで	5.0～7.0	200～400	37～55	24～45
成年	6.0～7.5	200～400	37～55	24～45
老齢	6.5～8.0	200～400	37～55	24～45
興奮状態	正常	正常	↑	↑
脱水	↑	↑	↑	↑
出血	↓	↓	↓	↓
肝疾患	↓	↓	正常	正常
慢性疾患	正常	正常	↓	↓

表4 網赤血球絶対数の評価。

再生性	犬網赤血球	猫網赤血球 (凝集型＋中間型)	猫網赤血球 (点状型)
なし	<60,000/μL	<15,000/μL	<200,000/μL
軽度	150,000	50,000	500,000
中程度	300,000	100,000	1,000,000
高度	>500,000	>200,000	>1,500,000

表5 MCV, MCHC による貧血分類。

MCV	MCHC
・大球性	・正色素性
・正球性	・低色素性
・小球性	

表6 貧血の診断。

	原因	形態学的分類	赤血球の大きさ	赤血球の染色性	異常赤血球	その他
・貧血 (PCV, Hb, RBC) RPI>2 (再生性)	・急性出血	大球性低色素性	大小不同	多染性	特になし	低蛋白血症
	・溶血	大球性低色素性	大小不同	多染性	奇形赤血球 球状赤血球	黄疸指数増加 ハインツ小体 赤血球寄生虫
RPI<2 (非再生性)	・核の障害	大球性正色素性	大赤血球	正色素性	特になし	Vit B12, 葉酸, Co欠乏
	・Hbの障害	小球性正～低色素性	小赤血球	正～低色素性	菲薄赤血球	慢性失血による鉄欠乏
	・骨髄抑制	正球性正色素性	正常	正色素性	特になし	慢性疾患 慢性炎症

b. $RPI(犬) = \dfrac{網赤血球(\%) \times PCV(\%) \div 45}{\{(45 - PCV) \times 0.05\} + 1}$

・網赤血球絶対数による再生程度の判断基準を表4に示します。
・RPIが2以上ならば,『再生性』と判断します。猫ではこの式は使用しません。

：次にMCV, MCHCによる分類(表5)を行い, 原因を考えます(表6)。
ただし以下の犬種にはMCVに特徴があるので注意。
　プードル：正常でも赤血球が大型
　　　　　　(MCVが大きい)
　秋田犬：正常でも赤血球が小型
　　　　　　(MCVが小さい)

②多血症：TP の上昇などから『脱水』を確認し，脱水がなければ『赤血球増加症』です。

- 白血球系について
  ①生理的白血球増多症
  　興奮，過剰な運動，恐怖などでエピネフリンが放出されると血管壁が収縮し，辺縁プール（図10）から成熟好中球が放出されるので好中球数が増加します。この変化は3～8時間で正常に戻ります。
  ②年齢に伴う変化
  　高齢になるとリンパ球数は徐々に減少します。
  ③ストレスおよびステロイドによる影響
  　好中球増多，リンパ球減少，好酸球減少を起こします。単球は犬では増加，猫では不変から減少を示します。
  ④感染，炎症の有無とそのタイプ
  　・重度の急性炎症（腹膜炎，蜂窩織炎，膿胸など）：
  　　　幼若な好中球の出現，成熟好中球の減少，好中球の中毒性変化
  　・やや時間の経過した急性炎症：
  　　　幼若好中球の出現，成熟好中球の増加，単球の増加
  　・慢性炎症：
  　　　成熟好中球の増加，単球の増加
  ⑤寄生虫感染やアレルギー疾患
  　　好酸球増加
  ⑥壊死組織の存在
  　　単球増加

- 血小板について
  ①血小板増多
  ②血小板減少
  ③電気抵抗検出法による血球計数器では猫の血小板を正しく計測できないのでレーザー式の計数機を用いるか，あるいは血液塗抹の所見から『充分』，『あり』，『少ない』，『なし』などと評価します。

器具のメンテナンス

- たいていの血球計数器には『洗浄ボタン』がついています。こまめに器械を洗浄することで測定エラーを防ぎましょう。
- 屈折計を使用する際には『0合わせ』を毎回行ってください。使用後はキムワイプを用いてプリズムと蓋に付着している血漿をしっかりと拭きとってください。プリズムや蓋の部分に傷をつけると目盛りが読みづらくなり，正しい計測ができなくなります。

動物の家族に伝えるポイント

- 本検査の目的
  本検査の意義をご家族に理解して頂けるよう説明することは，看護士の大切な仕事のひとつです。
  ①全身状態をチェックするスクリーニング検査として
  ②診断手段として
  ③患者の免疫状態を確認するため
  ④治療効果を判定するため

- CBCは診断にかかわる重要な検査ですので，ご家族への結果説明は獣医師が行ったほうがよいでしょう。ただし獣医師からの説明には専門用語も多く，ご家族には理解しにくい場合もあります。

- ご家族の表情や態度から，その『理解しにくい感情』を感じ取った場合には，平易な言葉と優しい口調で説明を補足してあげるとコミュニケーションがうまく取れ，治療の成功にもつながります。

重田　界（桜花どうぶつ病院）

chapter 11 血液塗抹標本の観察と検査

> **アドバイス**
>
> 　伴侶動物医療領域においても検査機器の発達は目覚ましく，最近では多くの動物病院に自動血球計算器が普及しつつあります。そのなかでも高性能のものは白血球分類まで行えますが，血球の形態観察は依然として機械では不可能であり，顕微鏡を見なくてもよいという訳にはいきません。
> 　人間の医学では血液標本を鏡検するのは医師ではなく，主に臨床検査技師と呼ばれる方たちです。ですから動物看護士の方々もきちんと勉強すれば，血液塗抹標本の検査が行えるようになります。
> 　ここでは血液塗沫標本の作製から観察までを，ちょっとした『コツ』を踏まえながら実際の方法に沿って分かりやすく説明します。

手技の手順

1. 血液塗抹標本の作製 (図3～13)
（1）採血
（2）血液の塗抹
（3）固定
（4）染色液の作製
（5）染色
（6）水洗
（7）乾燥
（8）封入

2. 血液塗抹標本の観察
（1）血小板の観察 (図14)
1）血小板の染色状態で血液標本のクオリティーをチェック
2）数的評価
　白血球1個に対して何個の血小板があるかで概算。例えば10,000/μLの総白血球数を持つ動物において，白血球1個に対して10個の血小板があればその動物の血小板数は100,000 μL。
3）形態評価

（2）赤血球の観察 (図15～19)
1）大きさ(大小不同症，小赤血球症，大赤血球症)
2）形態(奇形赤血球，球状赤血球，標的赤血球，

準備するもの (図1)

[必須]
- EDTA(エチレンジアミン四酢酸)チューブ(A)
- 24×24mmカバーグラス(必ず新品を使ってください)(B)
- スライドグラス(可能であれば新品で脱脂済み)(C)
- 歯科用ピンセット(D)
- タイマー(E)
- 染色バット(F)
- 固定用メタノール
- ライト・ギムザ染色液(G)
- 血液像染色用 M/15 リン酸緩衝液(pH6.4)(H)
- 封入剤(I)
- 顕微鏡
- 油浸レンズ用合成オイル
- キムワイプ(J)

[あると便利 (図2)]
- ドライヤー
- 血球カウンター
- 顕微鏡モニター

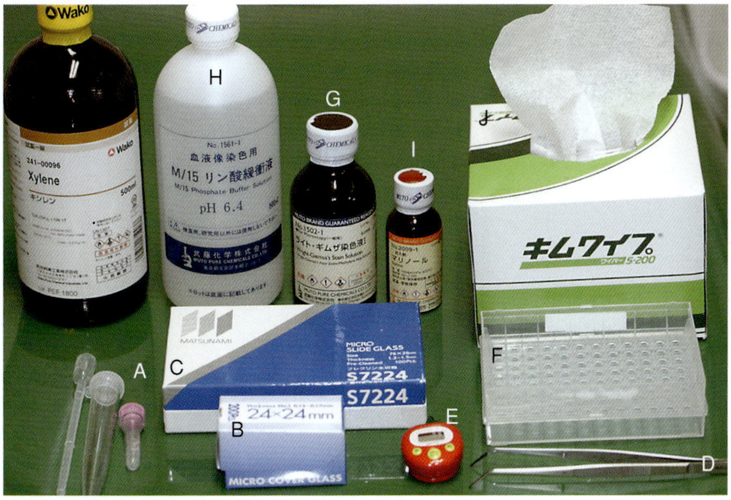

図1　準備するもの。

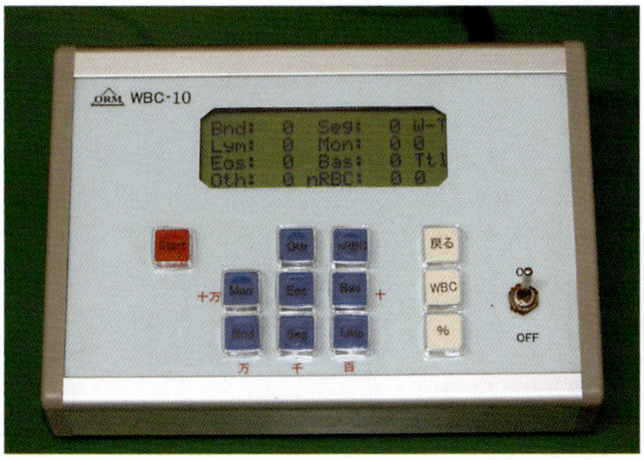

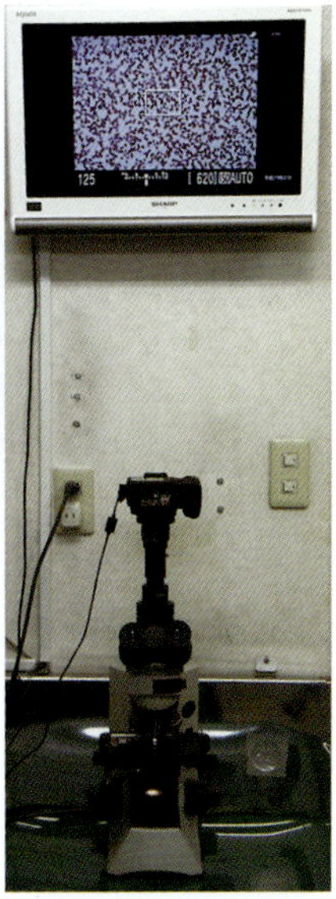

図2　左は血球計算カウンターです。顕微鏡をのぞきながら出現した白血球のボタンを押していくと100個ごとに電子音で知らせてくれます。右は顕微鏡用モニターです。複数人で確認しながら顕微鏡観察が行えるので，理解が深まります。

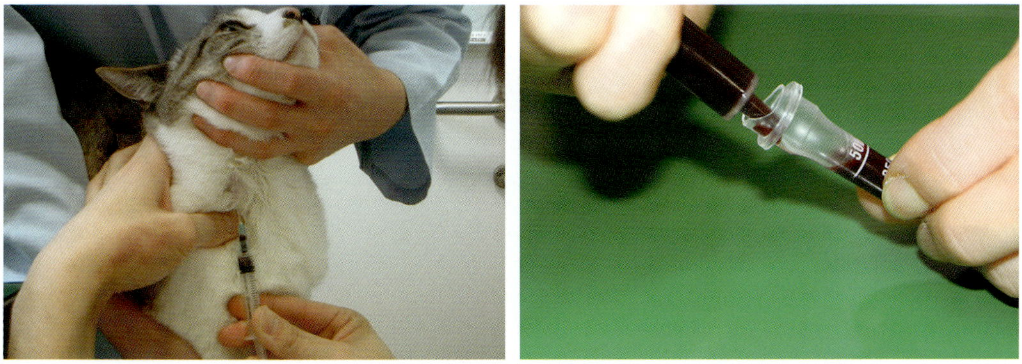

図3　採血した血液をEDTAチューブに入れます。採血用にはプラスチック製ディスポーザルシリンジを使用して下さい。EDTA管に移す時には必ず針をはずし，管壁に沿わせながら移すことで，溶血や気泡の混入を避けます。

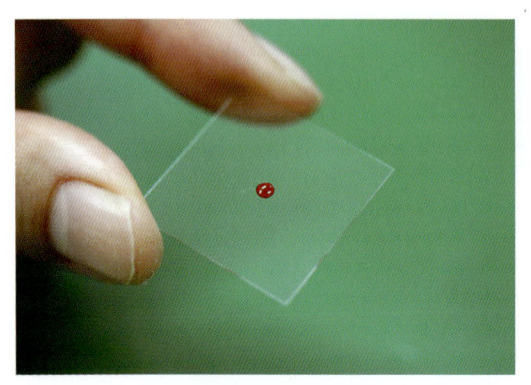

図4　カバーグラスに載せる血液量は約5μLほどです。

図5　採血した血液が顆粒状に見えたら、『自己凝集』を起こしています。必ず獣医師に報告して下さい。

図6　もう1枚のカバーグラスを重ねて左右に引き離します。血液の広がりが停止する寸前に引き離すのがコツです。

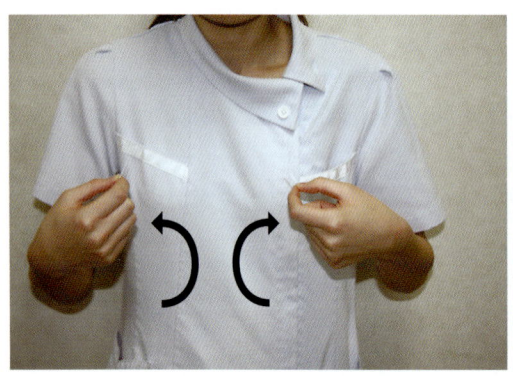

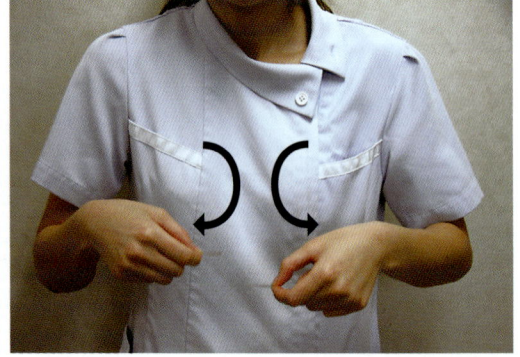

図7　すぐに左右の手を振って、血液標本を乾燥させます。標本のでき栄えを評価するのは乾燥させた後にしましょう。もちろんドライヤーで乾燥させてもかまいません。息を吹きかけるのは止めましょう。標本に無駄な湿気を与えてしまいます。

血液塗抹標本の観察と検査 chapter 11

図8 新品のメタノールで2～3分間固定します。メタノールが端からこぼれ落ちないように平らな台の上で行い、表面張力を利用して優しく滴下して下さい。固定後は歯科用ピンセットでカバーグラスを優しくつかみ、振り切るようにしてメタノールを除去します。その際、大切な標本を落としたり、割ったりしないように注意が必要です。メタノールがガラス上に多く残っていると、その後に載せる染色液が希釈されるので、きれいに染色されません。

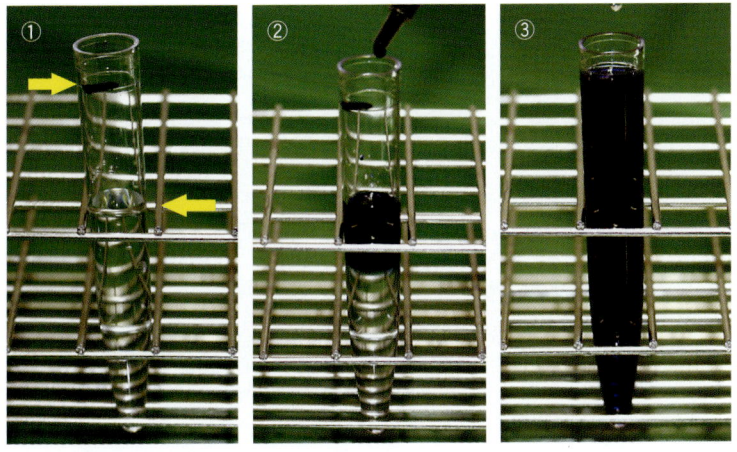

図9 固定している間に染色液を作製します。
①試験管の10mLの所にマジックで『しるし』をつけ、約半分のところまでリン酸バッファー液を入れます。
②ライト・ギムザ染色液を1.4mL加えます。
③リン酸・バッファー液を『しるし』まで追加し、混和すれば完成です。

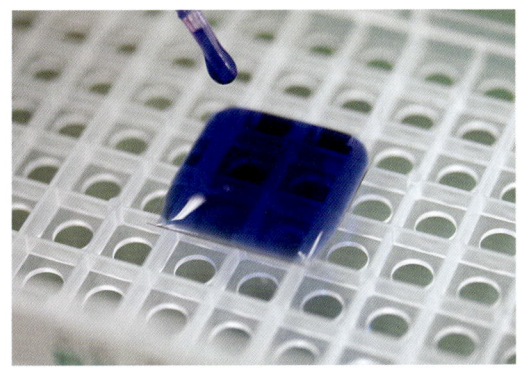

図10 ④で作製した染色液を固定の時と同様に、カバーグラス全体に載せ、30分間静置します。

図11 染色液を水道水で充分に洗い流します。

111

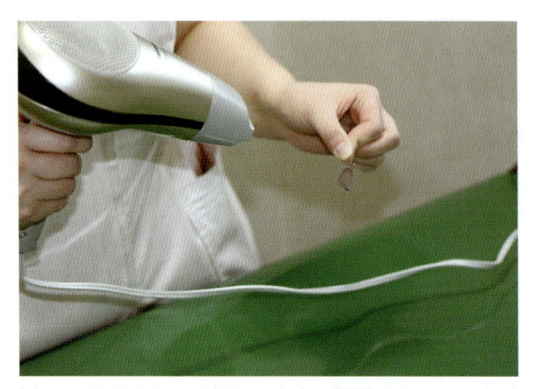

図12 ドライヤーで乾かします。温風でもかまいません。水とキシレンは混ざらないため，完全に乾かした後でなければ封入作業は行えません。

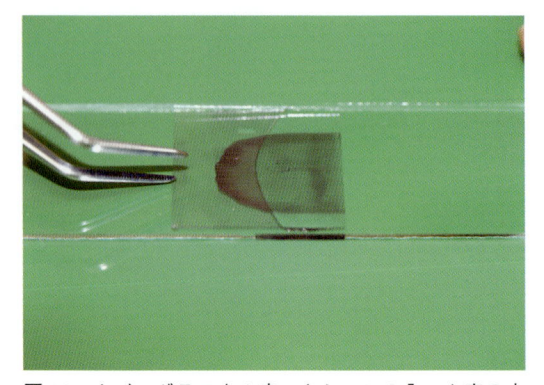

図13 カバーグラスを1度，キシレンの入った壺の中に浸します。その後，封入剤を1～2滴載せたスライドグラスの上に優しくかぶせます。封入剤が少ないと標本内に空気が入りやすくなり，多すぎると後ではみ出て汚くなります。封入剤の粘稠度が高すぎる場合にはキシレンを1滴加えてのばします。乾燥させれば『血液塗抹標本』の完成です。さあ，顕微鏡で観察しましょう。

図14 正しい血液塗抹標本の観察には，クオリティーの高い標本作製が必須です。これら3枚の写真は同じ犬のもので，左から『適正』，『厚過ぎ』，『薄すぎ』の塗抹標本です。良い標本では赤血球が適度に散らばり，犬ではセントラルペーラー（赤血球中心の明るい部分：図15も参照）が明瞭に観察されます。また，血小板の顆粒がきれいに青く観察されれば，染色状態が良好であることを示しています（拡大図）。厚過ぎる標本では赤血球が重なってしまい，薄すぎる標本では白血球が圧平されて，→

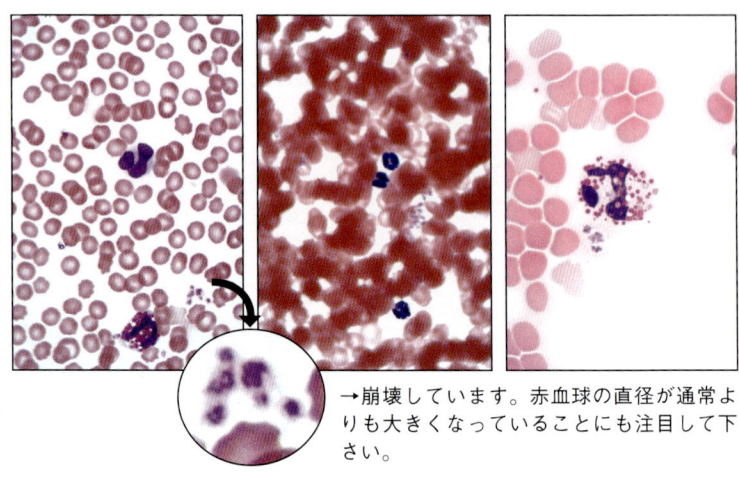

→崩壊しています。赤血球の直径が通常よりも大きくなっていることにも注目して下さい。

図15 左は犬の赤血球で，右は猫の赤血球です。犬の赤血球は個々がばらばらに認められ，中心部の明るい部分であるセントラルペーラーが明瞭に観察されます（矢印）。一方，猫では赤血球どうしが連なっていて，連銭形成と呼ばれています（｝印）。セントラルペーラーも不明瞭です。

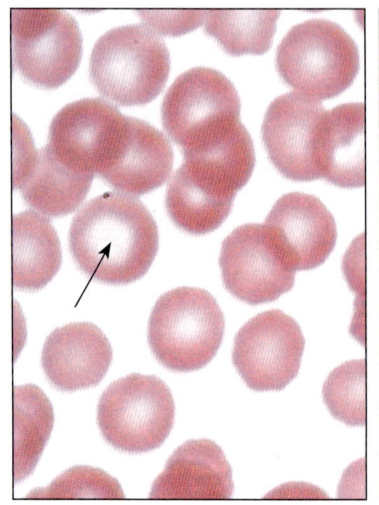

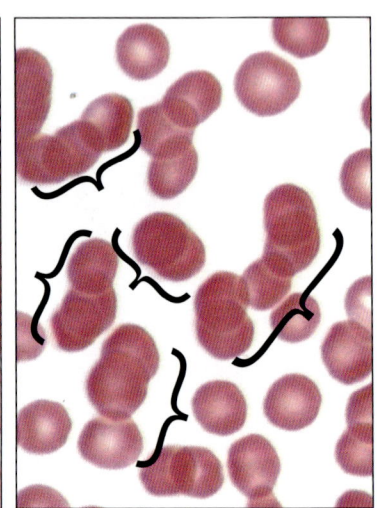

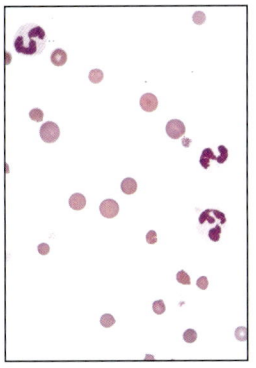

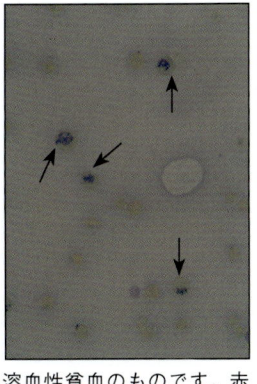

血液塗抹標本の観察と検査 chapter 11

図16 これらの写真は猫の溶血性貧血のものです。赤血球の大小不同が明らかです。ニューメチレンブルーで染色すると網状赤血球(矢印)が多く出現していました。

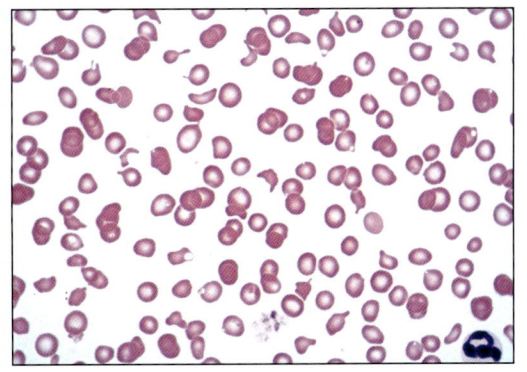

図17 猫の肝障害(門脈シャント)で出現した多数の有棘赤血球。

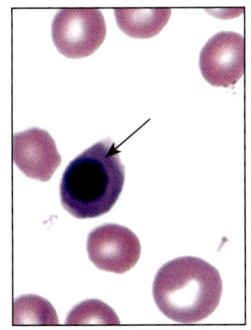

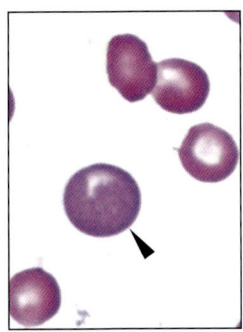

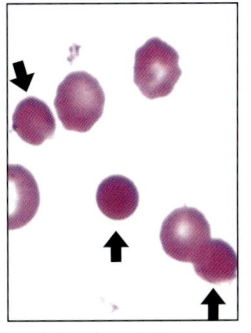

図18 これらは3枚とも，犬の免疫介在性溶血性貧血のものです。細矢印が赤芽球，矢頭が多染性赤血球，太矢印が球状赤血球です。赤芽球が核を放出した状態が多染性赤血球です。

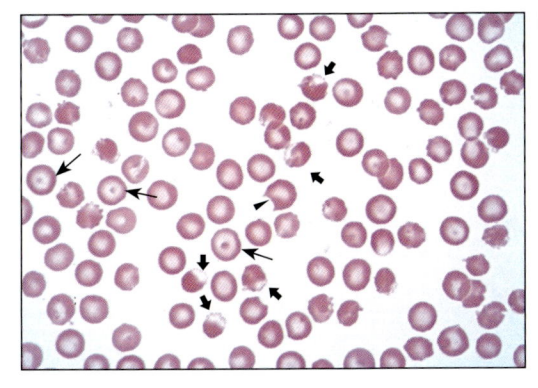

図19 犬のタマネギ中毒の血液像です。タマネギ中毒のような激しい酸化障害時には，赤血球膜蛋白が結合し，偏心赤血球(太矢印)となります。その後，この部分が破裂するとヘルメット細胞(矢頭)と呼ばれるものになります。この標本では標的赤血球(細矢印)も散見されます。

偏心赤血球，ヘルメット赤血球など)
3) 染色性(低色素性，多染性)
4) 異常物質(ハインツ小体，ハウエルジョリー小体，寄生虫，ヘモプラズマなど)

（3）**白血球分類**(図20〜23)

200個の白血球を分類し，百分比(%)を求める。その後，総白血球を乗じて，各々の絶対数を算出。

図20 左は犬の正常好中球です。細胞質は非常に淡く，核はいくつかに分葉し，お互いは細いフィラメントで連結しています。核は通常，白血球中で最も濃く染色されます。真ん中は輪状核好中球で，中毒性変化の一種です。右も中毒性変化を伴う桿状核好中球で，細胞質の顆粒状変性が強く表れています。

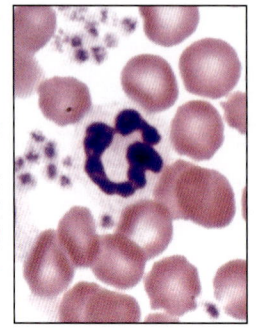

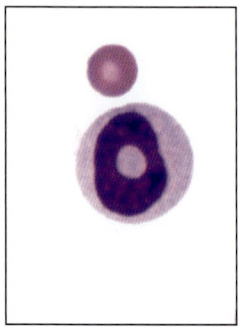

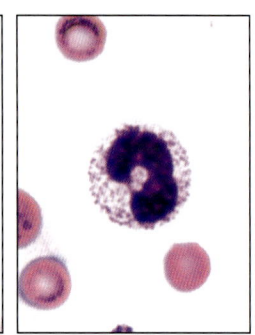

図21 リンパ球は通常，類円形の核を持つ小型の細胞（赤血球の1〜1.5倍）で，核クロマチンは中等度の凝集を示します（左上）。しかしリンパ球は容易に形を変えることができるので，核に切れ込みを持つもの（右上）や，大型で細胞質の広いもの（左下），細胞質にアズール好性顆粒を有するもの（右下）など様々な形態がみられます。核の周囲に核周明庭と呼ばれる白く抜けた明るい部分（矢印）があることも，リンパ球の特徴です。

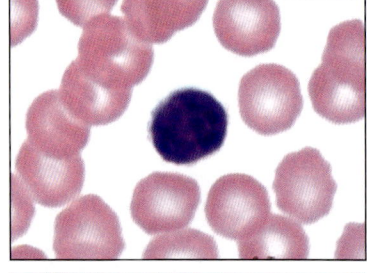

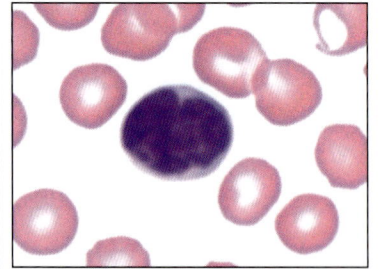

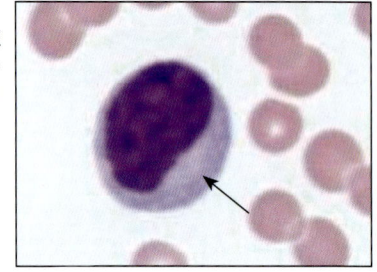

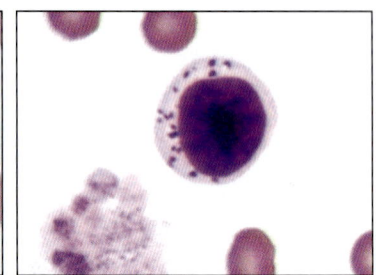

図22 単球は大きさや核の形態が様々なので，すべての血球中で最も見分けが困難です。他の白血球と見分けるポイントとしては，単球の核が好中球やリンパ球の核よりも明るく，薄青紫色に染まることや，薄い灰色がかった青色に染色された単球の細胞質には，しばしば細かい斑点や丸い空胞が認められることなどが挙げられます。

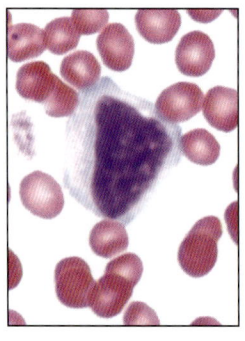

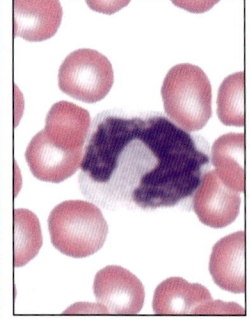

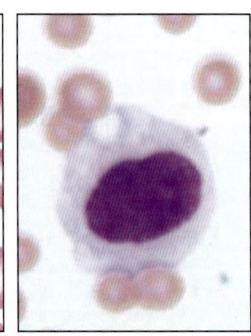

桿状核好中球	_____%	_____/μL
分葉核好中球	_____%	_____/μL
リンパ球	_____%	_____/μL
単球	_____%	_____/μL
好酸球	_____%	_____/μL
好塩基球	_____%	_____/μL
分類不能	_____%	_____/μL

（4）有核赤血球（図18）

　白血球分類時に有核赤血球も数え，白血球100個中に5個以上ある場合には以下の式で総白血球数の補正を行う。

補正白血球数 ＝ 100 × 白血球数／(100 + 白血球100個当りの有核赤血球数)

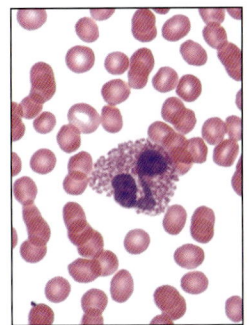

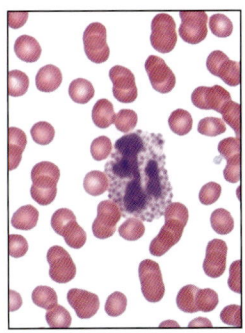

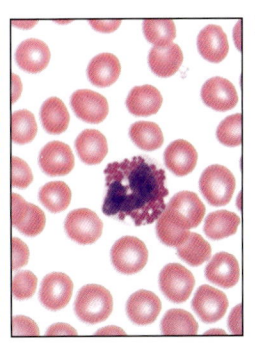

図23 左から，猫の好酸球，猫の好塩基球，犬の好酸球。猫の好酸球と好塩基球は同一標本のものです。顆粒の染色性の違いに注意して下さい。また，猫の好酸球における細胞質顆粒は，犬のそれと比較して細長く，色も少しくすんだ橙色をしています。

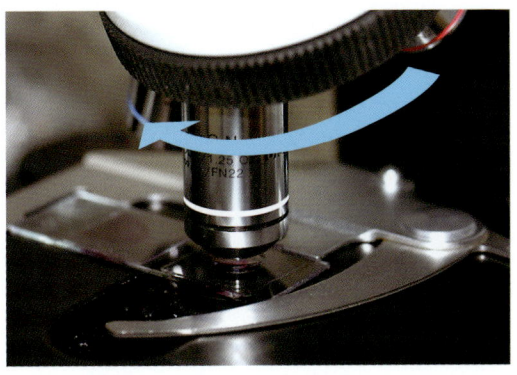

図24 油浸レンズを使用後は，対物レンズ（正しくはレボルバー）を必ず「×4」側に回してください。逆に回転させると乾性レンズにオイルが付着してしまいます。

（5）白血球の観察（図20）

中毒性変化（中毒性顆粒，空胞変化，好塩基性），デーレ小体，核の過分葉，核崩壊，腫瘍化など。

（6）その他

肥満細胞，ミクロフィラリア，腫瘍など。

器具のメンテナンス

- スライド標本
  - キムワイプで拭きます
  - キシレンで拭くと封入剤が溶解し，標本が剥がれるので注意します。
- 顕微鏡
  - オイルのついた油浸レンズはキムワイプで拭きます。絶対にティッシュペーパーや布などでは拭かないようにします。また，レンズのコーティングが痛むのでキシレンは用いません。
  - 油浸レンズ以外の対物レンズには絶対にオイルを付着させないようにします。万が一，40倍以下の対物レンズにオイルを付着させた場合には，エーテル：無水エタノール（1：1）で拭きとります。油浸レンズでの観察後には対物レンズのレボルバーを40倍側には回さず，4倍側に回転させるようにするなど，オイルの付着を未然に防ぐことが大切です（図24）。

獣医師に伝えるポイント

　下記の項目について獣医師に報告して下さい。その際には表1のチェックシートに記入して伝えるとよいでしょう。ここで大事なことは『分からなかったこと』や『疑問に思ったこと』をそのままにせず、きちんと他の獣医師や先輩看護士などに意見を求めることです。そうすることで自分の診断能力も確実に進歩していきます。

・血小板の評価
・数的評価
・質的評価
・赤血球系の評価
・貧血の有無，あるとすれば再生性の有無
・形態評価
・白血球系の評価
・百分比
・好中球の左転
・中毒性変化
・その他
・寄生虫
・通常出現しない細胞の有無

動物の家族に伝えるポイント

・赤血球の形態や染色性
　貧血の有無，あるとすればそれは再生性か非再生性かが分かります。
・白血球，特に好中球や単球の所見
　炎症の有無，あるとすればそれが急性か慢性かをお伝えできます。
・単球の増加
　壊死組織の存在を示唆しています。
・好酸球の増加
　寄生虫感染やアレルギー疾患が疑われます。
・血小板の数の減少
　血液凝固異常の可能性(DIC＜播種性血管内凝固症候群＞や免疫介在性血小板減少症など)が考えられます。
・腫瘍細胞の有無
　特に血液リンパ系腫瘍におけるステージング（進行度）が行えます。

表1　血液塗抹チェックシートの例。

血液塗抹チェックシート	_____ちゃん　検査日：___年___月___日　検査者名：					
血小板系						
染色性	1．良い	2．悪い				
数	1．充分	2．少ない	3．ない			
大きさ	1．大型	2．普通	3．小型			
赤血球系						
染色性	1．低色素性	2．多染性				
大きさ	1．大型	2．普通	3．小型			
形態	1．奇形（　　）	2．球状	3．標的	4．偏心	5．ヘルメット	6．その他（　　）
異常物質	1．ハインツ小体	2．ハウエルジョリー小体	3．寄生虫	4．ヘモバルトネラ	5．その他（　　）	
白血球系 （百分比）						
	桿状核好中球	_____％	_____μL			
	分葉核好中球	_____％	_____μL			
	リンパ球	_____％	_____μL			
	単球	_____％	_____μL			
	好酸球	_____％	_____μL			
	好塩素球	_____％	_____μL			
	分類不能	_____％	_____μL			
中毒性変化	なし　　あり（　　　　　　　　　　　　　）					
腫瘍化	なし　　あり（　　　　　　　　　　　　　）					
その他						

― 付録 ―

うさぎの血液像

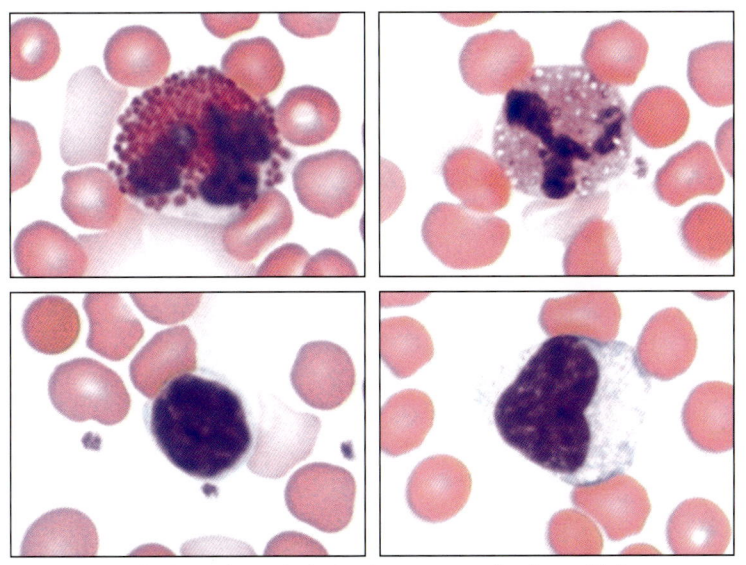

図25　左上：好酸球　右上：好中球　左下：リンパ球　右下：単球
　　　うさぎの血液像で注目すべきはやはり好中球です。うさぎの好中球は好酸球に類似する顆粒を持つことから『偽好酸球』や『ヘテロフィル（heterophil）』とも呼ばれます。

重田　界（桜花どうぶつ病院）

chapter 12 血液化学スクリーニング検査と検査値の見方

> ### アドバイス
>
> 　動物病院内における血液化学スクリーニング検査は，動物看護士が行う様々な業務の中でも最も重要な業務のひとつです。現在動物病院に普及している臨床検査機器は，検査手技自体は比較的簡単ですが，検体の取り扱い，手技上のミス（アーチファクト）などにより検査結果が大きく変動することがあるため，各メーカーのマニュアルに忠実に検査手技を遂行することが正確な検査結果を得る上でとても重要です。
>
> 　また，それぞれの検査項目の意義および正常値・異常値などの知識をしっかりと勉強することも動物看護士の重要な課題です。
>
> 　臨床検査データは動物の病態を適切に第三者に伝達する重要な手段のひとつであり，これらを適切に理解できなければ（即ち病態を適切に把握できないため）良質な看護を行うことは不可能です。生化学検査の基準値は，測定する検査機器毎に異なりますので，日常自分の病院で使用する検査機器の基準値を，正確に把握することも重要です。

準備するもの

- 検査する血液

  検査する項目および検査数により必要とする採血量が異なるため，事前にどの程度の量が必要か調べておきます（または，獣医師に確認しておきます）。

  　通常院内で行われるドライタイプの機器（アイデックス・ベットテスト，フジ・ドライケム，ベットスキャンなど：（図1検査機器の写真参照）を使用した血液化学スクリーニング検査では全血1.0mL程度を採血すれば十分可能ですが，商業的検査機関（コマーシャルラボ）に依頼する場合には，それぞれの検査項目に必要な最低検体量（血清，血漿，全血など）を検査所のマニュアルを参考にして事前に調査し，必要量を採血する必要があります。

- 試験管（図2，3）
  - ヘパリン処理
    * 血液化学検査一般に使用される試験管。一般にヘパリンリチウム処理が施されています。
  - EDTA処理
    * 血液学検査，血液塗抹検査に適した抗凝固剤。
  - 血清分離剤入り
    * ホルモン検査など抗凝固剤を使用できない検査で使用されます。分離剤が血清と血球を分離しやすくしてくれます。採血後しばらく放置して全血が凝固してから遠心分離することが望ましいです。
  - その他
    * 血中アンモニアの検査など特殊な検査項目で，成分が時間とともに分解しないようにするための物質。検査機関に問い合わせると多くの場合無償で提供されることが一般的です（図3）。
  - プレイン（無処理）
    * 何も処理されていない試験管（図2参照）

- 注射器（1～5mL）

- 注射針（22～26G）
  * 注射器，注射針は採血量，血管の太さなどによって選択します。

- 検査機械
  * 検査に先立ちキャリブレーション（調整）を行う必要のある検査もあります。

- 検査キットや検査スライド（図4）
  * CBC，凝固系検査，内分泌検査，その他血液検査を行う場合は，その準備も一緒にしておくようにします。

血液化学スクリーニング検査と検査値の見方 chapter 12

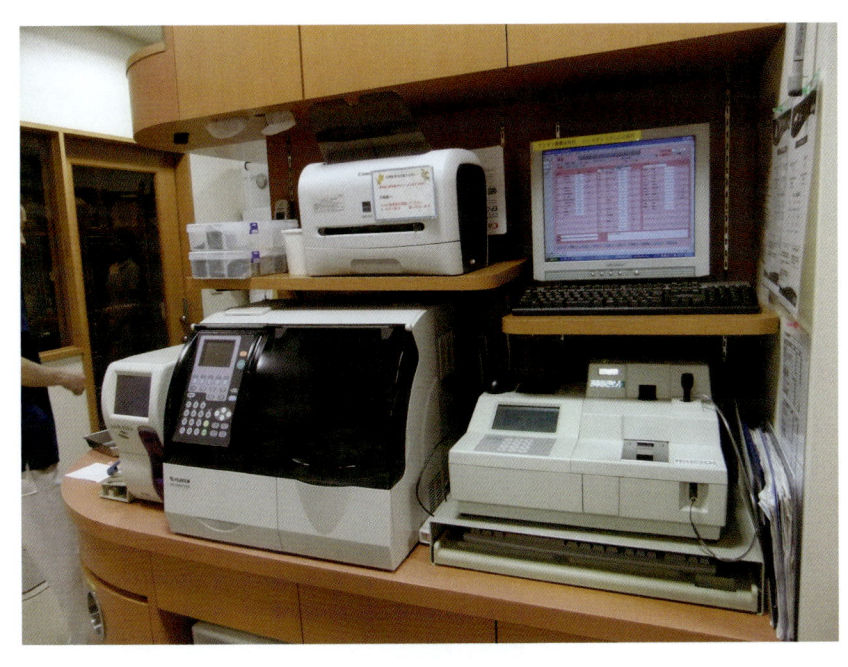

図1 各種臨床検査機器の写真：
上段：プリンター（左）。わん太郎システム画面（右）。
下段：シスメックス・血球計算機（左），フジドライケム（中），アイデックス・ベットテスト（右）
（わん太郎システムによって検査結果は自動的に個別データーと連動するため，検査結果の入力の手間がいりません。またCR，受付システムとも連動します）。

図2 EDTA処理試験管（左），血清分離用試験管（中），ヘパリン処理試験管（右）。

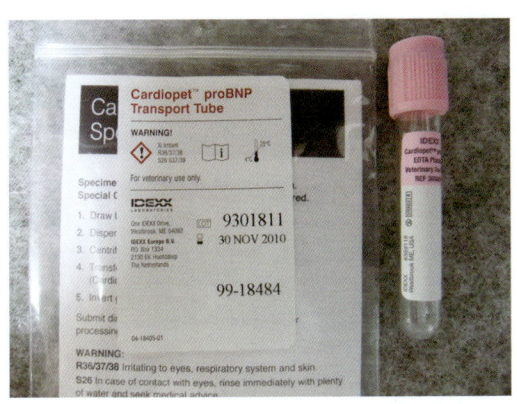

図3 特殊試験管（proBNP専用：アイデックス）。

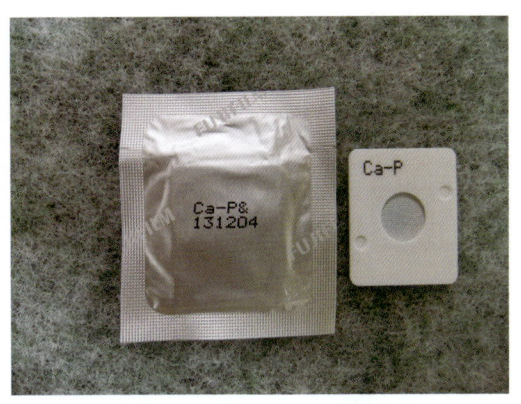

図4 フジドライケム用のスライド試薬。

119

手技の手順

1．採血

採血に手間取ると注射器の中で凝固してしまったり，血液を急速に吸引すると溶血（赤血球が破壊される）してしまいます。採血は素早く，丁寧に行うよう十分に注意しましょう。また，採血時に動物を興奮させてしまうと，採血が困難になるばかりでなく，検査値が変動するため，採血する際はできる限り動物を落ち着かせた状態で行えるようにしましょう（図5，6）。

採血は橈側皮静脈（図5），頸静脈（図6）から可能ですが，病気の動物では輸液や輸血を行うことも多く，前腕の橈側皮静脈は静脈留置のために残しておきたいものです。検査のための採血では，できる限り頸静脈から行ないます。

2．すばやく採血管に移し，十分に転倒混和する

採血後はすぐに注射針を外し採血管に分注していきます（図7）。採血管に注入する際は管壁に沿ってゆっくり入れていきます。注入後しっかり蓋を閉めてやさしく転倒混和します（血清分離管は転倒混和不要）。

注射針をつけたまま注入したり，乱雑な分注・転倒混和を行うと，検体を溶血させてしまいます。また，注入する際に気泡が入ってしまうと，検査が難しくなってしまうため注意しましょう。

3．遠心分離

血漿は注入後すぐに，血清は30分放置後遠心分離を行います。分離後はすぐに検査するか，すぐに検査を行えない場合は血漿・血清を保存用の管に移し，冷蔵・冷凍保存しておきます。分離した際に乳び（章末（注釈）参照），黄疸，溶血が見られる場合は記入しておきましょう。

4．検査

検査方法は検査機器により異なるため，それ

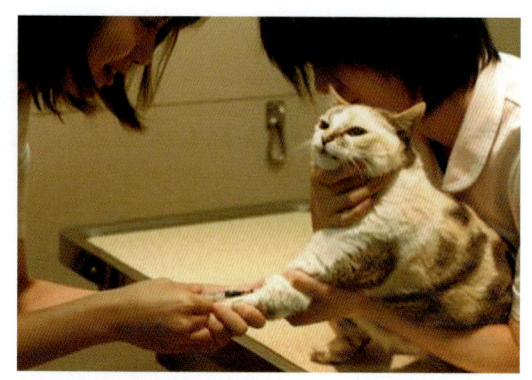

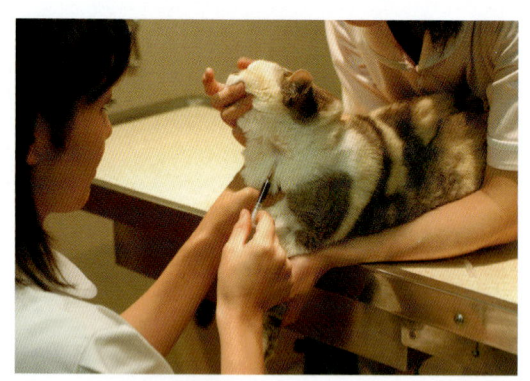

図5　橈側皮静脈からの採血。

図6　頸静脈からの採血。

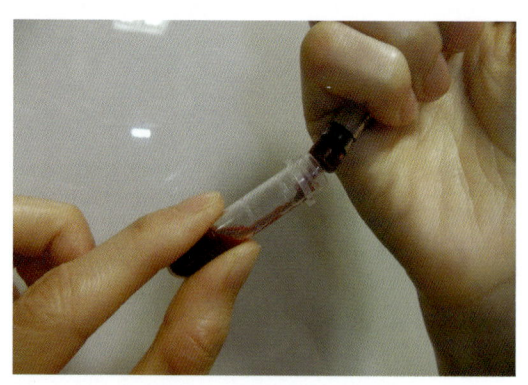

図7　採血後は素早く試験管に移す（管壁に沿ってゆっくり血液を注入する：溶血を防ぐため）。

ぞれの検査機器マニュアルに従い行ってください。この際しっかりとマニュアル通りに行うことが重要です。

［注意点・ポイント］

・血液化学検査は，検体の取り扱い方により数

血液化学スクリーニング検査と検査値の見方 chapter 12

値が変動してしまうので，その取り扱いには十分注意しましょう。
- 同時に多数の検体を取り扱うと検体の取り違い等のミスを起こす場合があるため，検体名を必ず記入しておきましょう。
- 冷蔵または冷凍保存する検体には，必ず採血日時を書いておきましょう。
- 血液検査は原則として12時間以上絶食させて行う必要があります。
- 採血時はなるべく興奮させないように注意します（安静状態下で，素早く確実に採血）。

器具のメンテナンス

- 検査機器によりメンテナンス方法が異なるため，それぞれの検査機器マニュアルに沿って適切に行います。機器の不具合が見つかった場合には，直接検査機器メーカーに問い合わせて指導を受けることが大切です。

獣医師に伝えるポイント

- 検査検体の異常を発見したら直ちに獣医師に伝えます。血漿や血清の乳び，溶血，黄疸（「注釈」参照）などは検査値に影響を及ぼすため必ず確認し，発見したら獣医師に伝えるようにします。また，検体が不適切だと思われる場合は，その旨を獣医師に伝えようにします。
- 検査意義をよく理解し，早急な対応が必要であると思われる異常値が認められた場合には，獣医師に直ちに報告し，指示を仰ぎましょう。

動物の家族に伝えるポイント

- 検査を行う場合は所要時間，費用，検査方法を明確に伝えてください。
- 検査結果報告は獣医師から行いますが，サポートしてください。
- 血液検査は比較的高額になりますので，検査結果の報告を家族に伝え忘れないように注意してください。
- 検査結果は必ず紙でプリントしたものを手渡すようにします。
- 看護士は検査結果に関して私見は述べず，必ず獣医師の指導のもとに家族に伝えてください。

（注釈）（図8）

- 乳び（糜）血症：高コレステロール血症や高TG血症，または食後に採血した場合に認められる現象。分離した血清（血漿）が牛乳を混ぜたように白濁した状態です。
- 溶血：赤血球が破壊されて血清（血漿）が肉眼的に赤く見える状態。溶血性疾患で起こる場合と，検体を乱暴に扱ったり，採血時に細い注射針で急激に吸引した場合に人為的に起こる場合が考えられます。
- 黄疸：分離した血清（血漿）が黄色く染色された状態。肝臓や胆管系の疾患が原因で高ビリルビン血症になることが一般的な原因です。
- 検査結果への影響：血清や血漿が上記のような原因で着色されると，検査結果に影響が出

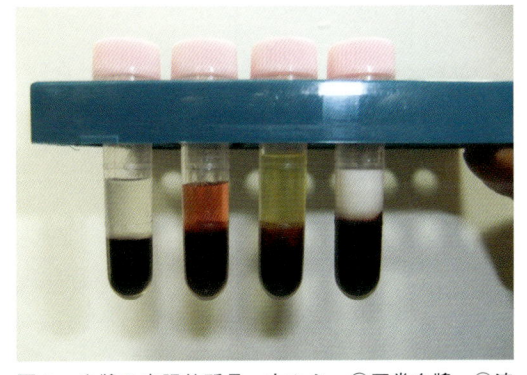

図8 血漿の肉眼的所見。左から，①正常血漿，②溶血血漿，③黄疸血漿，④乳び（糜），血漿。

ます。多くの検査機器は光の透過性を利用して成分の濃度を測定しますので，間違った結果が出ることがあるので注意が必要です。

[各血液化学検査値の見方]

　一般の動物病院内で行われている血液化学検査のデータの見方を一覧表に示しました(表1)。

　血液化学検査は表2に示すように非常に多数の検査項目があり,目的に応じて検査項目を選択する必要があります。一般的な検査項目パターン表2がある程度規定されていますので,自分の病院で使用している検査機器が検査可能な項目に合わせて各動物病院が目的別に検査パネルを設定しておくと便利で,獣医師は動物看護士に「……パネルの検査を」と伝えれば簡単に検査項目の指定ができます。

表1　動物病院で行われている血液化学検査データの見方—①。

項目	正常範囲 (フジドライケム) 犬(上段) 猫(下段)	異常値 低値	異常値 高値	生理	意義・解釈
血中尿素窒素(BUN)	8.0～28.0mg/dL 10.0～35.0mg/dL	肝不全,蛋白摂取制限,門脈体循環シャント,多尿	腎前性(腎血流・血圧の低下),腎性(腎実質障害),腎後性(尿路閉塞,破裂による排泄障害)消化管出血,蛋白摂取の増加,異化亢進	尿素窒素は,アミノ酸の代謝産物であるアンモニアをもとに肝臓において合成され,排泄は腎臓より行われます。	主に肝臓での合成が少なくなると低値を,腎臓から排泄されなくなると高値を示します。
クレアチニン(CRE)	0.4～2.0mg/dL 0.8～2.4mg/dL	筋肉量の少ない動物,妊娠	腎前性(腎血流・血圧の低下),腎性(腎実質障害),腎後性(尿路閉塞,破裂による排泄障害)	筋肉においてエネルギー供給源であるクレチンリン酸の代謝産物として作られ,血中に入り,腎臓より排泄されます。	腎臓より排泄されるため腎臓の排泄機能が低下すると高値になります。BUNと比較すると,他の因子に影響を受けにくく,腎臓の能力を直接的に反映しています。ただし,筋肉より産生されるため筋肉量の少ない動物などにおいては本来の腎機能より低値を示す場合があります。
アラニンアミノトランスフェラーゼ(ALT)(GPT)	10～100U/L 10～130U/L	意義なし	肝障害,高脂血症	主に肝細胞の細胞質内に含まれる酵素です。ASTと比較して肝障害に対しての特異性が高く,鋭敏に反応するため肝障害のよい指標となります。	肝細胞の細胞膜が障害されると,細胞質より逸脱し血中酵素活性の上昇がみられます。上昇の程度は障害の度合いではなく,障害を受けた細胞の数を表します。肝障害はALT,ASTの値を組み合わせて評価します。
アスパラギン酸トランスフェラーゼ(AST)(GOT)	10～80U/L 10～60U/L	意義なし	肝障害,筋障害,溶血,高脂血症	主に肝細胞のミトコンドリア内に含まれている酵素ですが,赤血球や筋肉にも大量に含まれています。	肝細胞,赤血球,筋肉が障害されると細胞内より逸脱する酵素です。ミトコンドリア内に含まれているため細胞壊死など重度の傷害の際に放出されます。
アルカリフォスファターゼ(ALP)	47～254U/L 38～165U/L	意義なし	肝・胆道系疾患,副腎皮質機能亢進症,ステロイド,薬物,甲状腺機能亢進症,糖尿病,骨障害	アルカリフォスファターゼは骨,胆管上皮,ステロイド誘発(猫にはない),腸のALPアイソザイムがあります。	主に胆管系の障害により上昇しますが,他にも多くの因子の影響を受けるため解釈には注意が必要です。臨床的にはステロイドホルモンに反応して上昇することが重要となります。また,若齢動物では骨からの生成が多いためALPの値が高めです。他に犬と猫で半減期が大幅に違うため,犬と猫で値の解釈が異なります。

chapter 12 血液化学スクリーニング検査と検査値の見方

表1のつづき―②。

項目	正常範囲（フジドライケム）犬（上段）猫（下段）	異常値 低値	異常値 高値	生理	意義・解釈
γグルタミルトランスフェラーゼ（GGT）	5～14U/L / 1～10U/L	意義なし	胆道系疾患，ステロイド	グルタチオンなどのγ-グルタミルペプチドを加水分解し，他のペプチドやアミノ酸にγ-グルタミル基を転移する酵素です。広く全身に分布しています。肝臓では肝細胞で産生され，細胆管，毛細胆管などの細胞膜に移動して機能しています。	ALPと同じく主に胆管系の障害により細胆管，毛細胆管から逸脱し，血中酵素活性が上昇します。ALPと異なり他の因子の影響が少ないですが，ある種の薬物（ステロイド，フェノバルビタールなど）により活性が上昇することがあるので注意が必要です。欠点としてはALPより感度が低く，急性肝障害では通常上昇しません。
総ビリルビン（T-BIL）	0.1～0.6mg/dL / 0.1～0.5mg/dL	意義なし	肝障害，溶血性疾患，胆管系疾患	ビリルビンとは赤血球のヘモグロビンなどに含まれるヘム蛋白が分解されてできる物質です。ほとんどが血液中のアルブミンに結合して運ばれ，肝臓でグルクロン酸抱合を受けた後胆管を通って腸内に排泄されます。ビリルビンは肝臓で抱合される前の非抱合型ビリルビン（間接ビリルビン），抱合された後の抱合型ビリルビン（直接ビリルビン）に分けられます。ビリルビンが多くなると黄疸といって皮膚や粘膜が黄色化します。	ビリルビン上昇は肝前性，肝性，肝後性に区別されます。それぞれビリルビンの生成増加，ビリルビン抱合の障害，ビリルビンの排泄障害により血中ビリルビン濃度が上昇します。
アンモニア（NH3）	0～100μg/dL / 23～100μg/dL	意義なし	門脈体循環シャント，肝機能障害	アミノ酸の代謝産物のひとつで肝臓，腸内，腎臓で産生されます。産生されたアンモニアは肝臓で尿素に変換され，腎臓より排泄されます。	門脈シャントという血管異常や，肝臓の解毒機能が低下すると値が高くなるため，肝臓の解毒機能の指標となります。アンモニアは不安定なため測定には注意が必要です。
総蛋白（TP）	5.0～8.0g/dL / 5.5～8.3g/dL			血液中に含まれている蛋白の総量を表し，アルブミン（ALB）とグロブリン（GLB）に分けられます。そのため総蛋白（TP）＝アルブミン（ALB）＋グロブリン（GLB）となっております。	正常範囲は加齢に伴い変化し，若齢動物は低く，老齢動物は高い値となる。これは免疫刺激の蓄積によりGLBが増加するためで，ALBに変化はありません。蛋白を評価する際はアルブミンとグロブリンの双方を比べながら評価を行います。蛋白濃度が正常であってもアルブミンまたはグロブリンに変化がある場合があるため注意しましょう。
アルブミン（ALB）	2.6～4.0g/dL / 2.3～3.8g/dL	飢餓，肝不全，腎疾患，消化管疾患，血管外への喪失	脱水，高脂血症	ALBは肝臓で合成される分子量の小さい蛋白質です。血液の浸透圧調節，物質の保持・運搬，pH緩衝作用，組織へのアミノ酸供給などを担っております。	アルブミンの元となる蛋白の摂取や吸収の不足，慢性肝障害時などにおける合成の低下，蛋白漏出性疾患（出血，蛋白漏出性腸症，蛋白漏出性腎症など），血管外への蛋白喪失（出血，血管炎など）などで低値となります。高値になるのは脱水により相対的に増加するときです。

123

表1のつづき—③。

項目	正常範囲（フジドライケム）犬（上段）猫（下段）	異常値 低値	異常値 高値	生理	意義・解釈
グロブリン（GLB）		蛋白喪失性腸症，免疫不全，血管外への喪失	慢性炎症，免疫介在性疾患，腫瘍	グロブリンとは他のたんぱく質を包み込む蛋白質の総称であり，中〜大の分子量である。アルブミンと比べると水に溶けづらく，生化学検査では測定されませんが，総蛋白からアルブミンを引くことにより算出できます。グロブリンはα1，α2，β，γという分画に分けられ，蛋白電気泳動で分けることができます。抗体など免疫に携わる蛋白を含んでいます。	感染や免疫介在性疾患などの抗体産生で増加するほか，グロブリンの一部が増える腫瘍（多発性骨髄腫，リンパ腫など）によっても高値を示します。グロブリンの増加が見られるときは蛋白電気泳動を行い，どの分画がどのようなパターンで上昇しているか確認します。
グルコース（GLU）	75〜128mg/dL / 70〜180mg/dL	飢餓，インスリノーマ，敗血症，消化管穿孔	糖尿病，ストレス，痙攣，副腎皮質機能亢進症，甲状腺機能亢進症	グルコースとは単糖類のひとつでブドウ糖などとも呼ばれ，生態活動のエネルギー源となります。血糖は食事より腸から吸収されるほか，肝臓で合成されており，インシュリンやグルカゴンなど様々なホルモンによって調節されています。	高血糖の代表的な疾患はインシュリンが不足することにより起こる糖尿病だが，他にも高血糖になる疾患は多数あります。それらの疾患の多くは血糖値を上げるホルモンが増加することにより高血糖となります。また動物において（特に猫）は興奮するとすぐに血糖値が上がってしまうため注意が必要です。低血糖はグルコースの摂取不足，消費増加，インシュリンの過剰（腫瘍や過剰なインシュリン注射）があります。
総コレステロール（TCHO）	110〜300mg/dL / 70〜210mg/dL	蛋白喪失性腸症，消化吸収不良，門脈シャント，肝不全	胆管系疾患，甲状腺機能低下症，副腎皮質機能亢進症，ネフローゼ症候群	コレステロールは胆汁や細胞膜，ステロイドホルモンの原料となる脂質です。主に肝臓で合成され，胆汁中に排泄されます。よく言われる「悪玉コレステロール」「善玉コレステロール」とういのは，アポリポ蛋白とコレステロールなどの複合体を指し，それぞれHDL，VLDLのことを言います。人のような動脈硬化とコレステロールとの関係は動物では証明されておらず，コレステロールは動物において内分泌疾患などさまざまな疾患のスクリーニング検査としての役割を持ちます。	高コレステロール血症は内分泌疾患（甲状腺機能低下症，糖尿病，副腎皮質機能低下症），ネフローゼ症候群，膵炎，胆管系疾患など病気に続発するほか，特発性といわれ原因不明で遺伝的な素因が疑われるものがあります。
中性脂肪（TG）	30〜140mg/dL / 40〜110mg/dL		発性高脂血症，糖尿病，甲状腺機能低下症，副腎皮質機能亢進症，胆汁うっ滞	中性脂肪は主に食事より摂取される他，肝臓で合成されています。エネルギー源として働きますが，余分なものは肝臓や脂肪組織に蓄えられます。動物では中性脂肪が高いと膵炎や発作を続発する場合があります。	コレステロールと比べ食事性の影響を受けやすいため12時間以上絶食してから測定する必要がある。コレステロールと同様に脂質代謝異常をきたすような疾患が原因となるほか，ミニチュアシュナウザーの特発性高脂血症や猫の特発性高カイロミクロン血症など，種に関連した病態がよくしられています。

血液化学スクリーニング検査と検査値の見方

表1のつづき—④。

項目	正常範囲（フジドライケム）犬（上段）/猫（下段）	異常値 低値	異常値 高値	生理	意義・解釈
カルシウム（CA）	9.3～12.1mg/dL / 8.8～12.0mg/dL	上皮小体機能低下症，産褥テタニー，低アルブミン血症，膵炎	ビタミンD過剰症，慢性腎不全，悪性腫瘍，上皮小体機能亢進症，副腎皮質機能低下症	カルシウムの99％はリンと結合して骨に分布しています。血清カルシウムはイオン化カルシウム，蛋白結合カルシウム，複合型に分類され，主にイオン化カルシウムが生態活動に携わります。調節はPTH，カルシトニン，カルシトリオールにより行われ，腸管より吸収され腎臓より排泄されます。働きは骨格の維持だばかりではなく，筋肉の収縮，細胞の情報伝達，神経興奮，血液凝固など様々な生命活動に関与しています。	カルシウム値はアルブミンの値により変動するため，補正を加えた値を算出します。異常が認められた場合は直接生態活動に関与するイオン化カルシウムという値を測定します。補正カルシウム値(mg/dL)＝血清Ca値(mg/dL)－血清ALB(g/dL)。カルシウムの高値は悪性腫瘍によるPTH-rpの放出，原発性または二次性上皮小体機能亢進，骨病変，ビタミンD過剰などの際に起こります。逆に低値はカルシウム不足，上皮小体機能低下症，膵炎などで起こります。
リン（P）	2.2～6.5mg/dL / 2.0～7.2mg/dL	上皮小体機能亢進症，悪性腫瘍，アルカローシス，インスリン投与	腎疾患，上皮小体機能低下症，ビタミンD過剰症，組織障害，溶血	リンは生体内では85％がカルシウムと共に骨に分布しています。その他に核酸や細胞膜の構成成分としてのリン脂質，エネルギー代謝に関与するATP成分などとして重要な働きをしています。その調節はカルシウムと通常共に行われており，PTH，カルシトニン，カルシトリオールによって行われます。主に腎臓より排泄され血液濃度が調節されています。	高値は主に腎不全で認められるほか，上皮小体機能低下症，組織障害，溶血などでも認められます。採血時に溶血させてしまった場合は本来の値より高くなるため注意が必要です。低値は腸管からの吸収不足，尿中への排泄増加，細胞外分画から細胞内分画への移動によって起こります。
アミラーゼ（AMYL）	500～2000U/L / 500～2485U/L	意義なし	膵炎，腎不全	アミラーゼは主に唾液腺，すい臓から分泌される消化酵素です。デンプンを分解する働きを持っています。排泄は腎臓より行われています。	アミラーゼは膵炎が疑われる際に測定されます。その他の消化器疾患においても軽度の上昇が見られますが，正常値の3倍以上の上昇の場合は膵炎が強く疑われます。ただし，腎不全時はアミラーゼの排泄がされないため重度に上昇します。
リパーゼ（LIPA）	245～1585U/L（アイデックス・ベットテスト） / 猫は意義なし	意義なし	膵炎，腎不全	リパーゼは脂肪を分解する消化酵素です。膵臓が障害されると血液中に漏出し，血中濃度が上昇します。膵臓の他に脂肪組織，腸粘膜にも分布しています。	アミラーゼと同じく膵炎を疑う際に測定されます。その他の消化器疾患においても軽度の上昇が見られますが，正常値の3倍以上の上昇の場合は膵炎が強く疑われます。ただし，腎不全時はリパーゼの排泄がされないため重度に上昇します。
クレアチニンキナーゼ（CK）	10～150U/L / 87～309U/L	意義なし	骨格筋，心筋の障害，中枢神経疾患	クレアチニンキナーゼは骨格筋，心筋，一部は平滑筋，脳に含まれており，エネルギー代謝に関わっている酵素です。	おもに骨格筋，心筋が障害を受けるとその部位より逸脱してきて高値を示します。中枢神経系の障害でも高値になります。筋肉量の多い動物の方が値が高めであり，激しい運動後，筋肉注射後にも高い値を示すため注意が必要です。

表1のつづき—⑤。

項目	正常範囲（フジドライケム）犬（上段）猫（下段）	異常値		生理	意義・解釈
		低値	高値		
ナトリウム(Na)	140〜160mEq*/L 146〜162mEq/L	腎疾患，副腎皮質機能低下症，高血糖，高脂血症，循環血液量低下，ADH異常分泌	嘔吐，下痢，尿崩症，糖尿病，Na過剰摂取，高体温，飲水不足	電解質のひとつであり，生体内では大部分が細胞外液に分布している。神経細胞や心筋細胞などの興奮に関わるほか，水分保持，浸透圧調節，酸塩基平衡など生体内で重要な役割を担っている。塩分(NaCL)として食物中より摂取され，腎臓より排泄されることにより調節される。	ナトリウムは脱水の評価とともに行います。ナトリウムの値が高く，脱水がない場合はナトリウム自体の喪失（過剰摂取，原発性高アルドステロン血症など）です。ナトリウム高値で脱水がある場合は，水分の不足（飲水不足，腎からの喪失，過剰なパンティング，消化管からの喪失）などを考えます。低ナトリウムはまずアーチファクトを除外します。脱水の見られる場合はNa喪失過剰（食欲不振，嘔吐，下痢，アジソン）が考えられ，認められない場合は過剰水和（輸液過剰，飲水過剰，循環血液量低下など）が考えられます。
カリウム(K)	3.5〜5.8mEq/L 3.4〜5.8mEq/L	慢性腎不全，嘔吐，下痢，副腎皮質機能亢進症，呼吸性アルカローシス，低体温，医原性	糖尿病，アシドーシス，細胞障害，急性腎不全，副腎皮質機能低下症，医原性	電解質のひとつで，ナトリウムと同様に神経や筋肉の働きに関わっています。食物中より摂取され，腎臓から排出されます。体内では多く(98%)が細胞内に存在しており，わずかなカリウムが細胞外に存在しています。	高カリウム血症の際はまずアーチファクトを除外します。次に尿排泄障害や尿路閉塞・破裂などカリウムの排泄障害を考え，問題がない場合は摂取過剰，細胞内からの移動を考えます。低カリウムは血液中から細胞内に取り込まれたり，腎臓などからの喪失が多くなると起こります。
クロール(CL)	105〜122mEq/L 112〜129mEq/L	嘔吐，低ナトリウム血症を引き起こす疾患	代謝性アシドーシスの代償，高ナトリウム血症を引き起こす疾患	電解質のひとつで，血液中の陰イオンの70%を占めます。Naとともに塩分(NaCL)として摂取され，体内においても通常Naと並行して変化します。主に細胞外液に存在し，酸塩基平衡，浸透圧調節に関わっています。	クロールは通常ナトリウムとともに変動するため，ナトリウムの変動を起こす疾患で変動します。ナトリウムと対応しない低クロール血症は嘔吐によるHClの喪失，高クロール血症は代謝性アシドーシスの代償などが考えられます。

表2 一般血液化学検査パネルの一例。

＜血液化学検査パネル＞

	項目	スクリーニング	肝臓	膵外分泌	消化器	腎臓	上皮小体	副腎	膵内分泌
項目数		20	12	11	8	11	8	7	8
1	TP	●	●		●	●	●		
2	ALB	●	●	●	●	●	●		
3	GLOB	●	●		●	●	●		
4	ALT	●	●	●					●
5	AST	●	●						
6	ALP	●	●	●			●	●	●
7	GGT	●	●						
8	TBIL	●	●						
9	CHOL	●	●		●	●		●	●
10	TG	●	●	●					●
11	GLU	●	●	●				●	●
12	AMYL	●		●					●
13	LIPA	●		●	●				●
14	BUN	●	●	●		●	●		
15	CREA	●		●		●	●	●	
16	P	●				●	●		
17	Ca	●		●		●	●		
18	Na	●			●	●		●	
19	K	●			●	●		●	
20	Cl	●			●	●			

竹内和義（たけうち動物病院）

chapter 13 凝固系スクリーニング検査

> **アドバイス**
>
> 凝固系スクリーニング検査は「血が止まる」ということに関与する，血小板や血液凝固因子などの異常を検出する検査です。臨床の現場では様々な状況で凝固系検査を実施する必要があります。表1に凝固系検査が必要な主な病態を示しました。
>
> 凝固検査のための検体は血液ですが，手技の最大のポイントは採血を1回でスムーズに行うことです。採血時に動物が暴れたりして採血に時間がかかってしまうと，不正確な検査となってしまいます。スムーズに採血ができない場合は，必ず別部位の静脈を選び，新しい注射ポンプと針を使用します。
>
> 血液凝固障害がある動物では，採血後にも出血が止まりにくいケースも多いので，止血には細心の注意が必要です。針の刺入点を的確に優しく抑えることがコツです。

凝固系検査には様々な検査がありますが，最も一般的なスクリーニング検査を以下に示します。

- **血管の評価**

  出血傾向が認められた場合は，まず血管の異常を望診で除外します。

- **CBC（血小板の評価）**
- 血小板の数，形態を血液塗抹で確認します。
- 油浸レンズ1視野に血小板が最低10個あった場合，血小板数は250,000/μLと推定できます。
- キャバリア・キングチャールズ・スパニエルは元々大型血小板が多い犬種であり，血球計算機では血小板が算定されずに過小評価されることがありますので，注意が必要です。
- **活性化凝固時間（ACT）**

  血小板の機能異常や数の異常以外にも血液凝固因子の欠損も反映します。

  ACT の検査手順を以下に記載します。

1．ACTの検査手順

手技の手順

1. まず抗凝固剤を用いずに速やかに採血します。

表1　凝固系検査が必要な主な病態

- 出血傾向が疑われるとき
- 外科手術や生検・細胞診などの前
- 肝臓疾患（肝臓は殆どの血液凝固因子を合成する場所です）
- 播種性血管内凝固症候群（DIC）が疑われるとき

※DIC は様々な疾患が原因となり，全身の細小血管内に微小血栓を形成する病態です。全身のいたる所で血栓が形成され，血小板が消費されるために，重度の DIC では激しい出血傾向を示します。DIC は日頃注意していないと見逃しやすい病態ですが，獣医師のみならず動物看護士も「DIC＝死が直前に迫っている状態」とういう認識を持つ必要があります。

> **準備するもの**
>
> - 全血
> - ACT 用試験管（図1）。
> - ヒーティングブロックまたは 37℃のお湯（手で握って温めても可能です）
>
> ※この検査には専用の試験管が必要ですが，現在製造中止となっているため，ガラス試験管に珪藻土6〜10mgを入れて自作する必要があります。

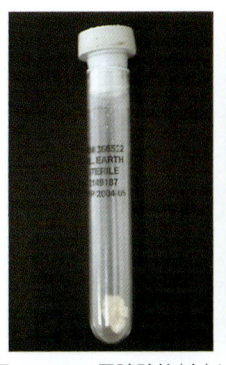

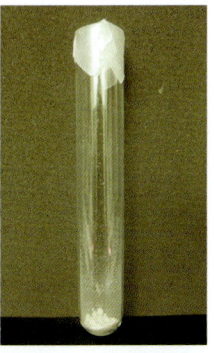

凝固系スクリーニング検査 chapter 13

図1　ACT用試験管(左)と自作ACT用試験管(右)。

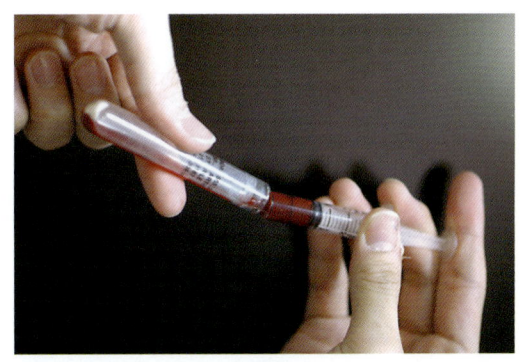

図2　採血後,全血2ccを速かにACT管に注入します。

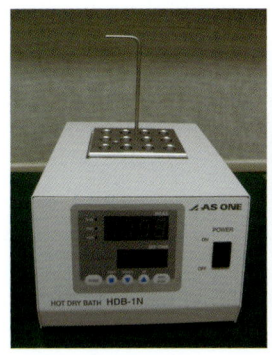

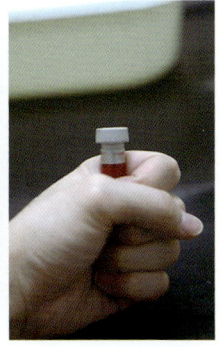

図3　(左)ヒーティングブロックと,(右)ACT管を手で握って温めている様子。

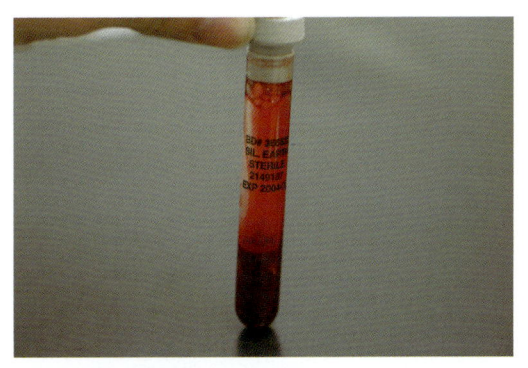

図4　正常な動物では犬が2分以内,猫は65秒以内に試験管内で血液が凝固します。

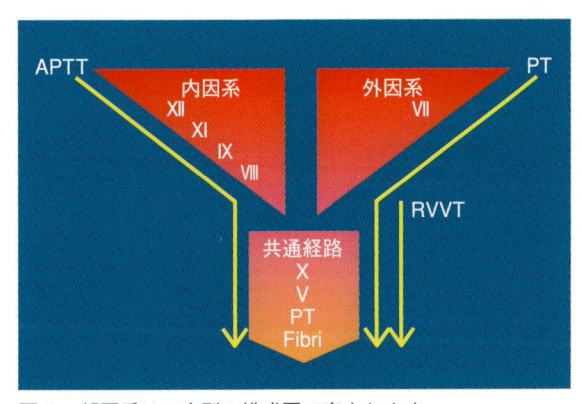

図5　凝固系はY字型の模式図で表されます。

2. 採血後,全血2ccを速やかにACT管へ注入します(図2)。
3. ヒーティングブロック,お湯,手で握るかのいずれかの方法で,37℃にACT管を温めて凝固時間を計測(図3)します。
4. 正常な動物では犬が2分以内,猫は65秒以内に試験管内で血液が凝固します(図4)。

- 1段階プロトロンビン時間(PT)
- 活性化部分トロンボプラスチン時間(APTT)
- 凝固系はY字型の模式図で表されます(図5)。
- PTは外因系,APTTは内因系の凝固因子を評価する検査です。
- PTとAPTTを組み合わせて異常がみられる箇所を狭めていきます。

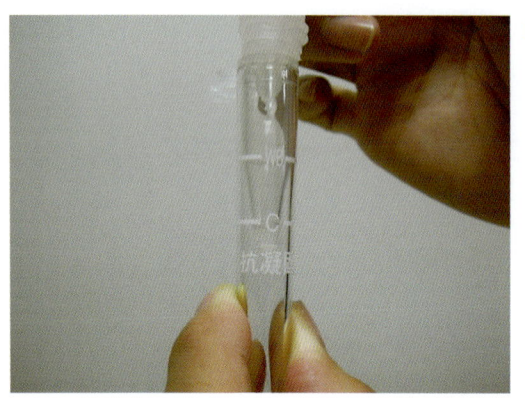

図6 試験管にクエン酸ナトリウムを滴下しているところです。

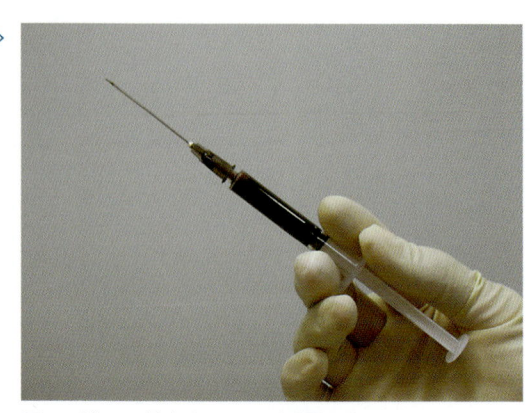

図7 速かに採血することが重要です。

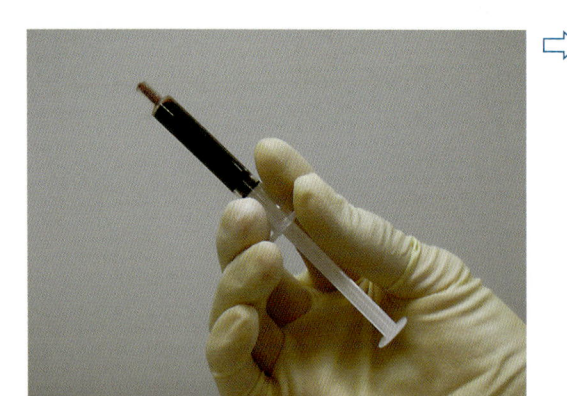

図8 採血後、注射針を取り外します。

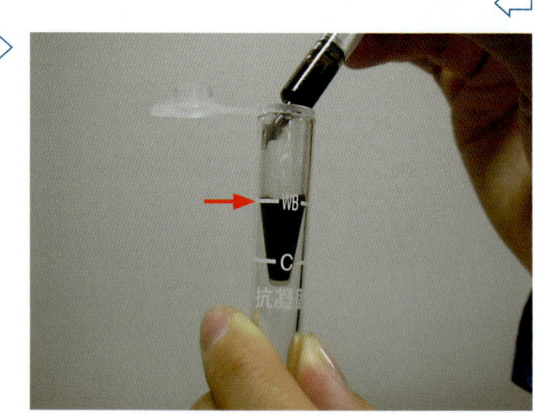

図9 決められた量の血液を試験管内に入れます。

2．PT，APTTの検査手順

PT，APTTの検査手順を以下に記載します。

手技の手順

1. 採決後血液は直ちに、針を外しプラスチック製のクエン酸ナトリウム入りの試験管に移し、混和します（図6〜10）。
2. 2,500〜3,000rpmで12〜15分遠心分離を行います。採血から分離までは30分以内に行います（図11）。
3. 遠心分離後はピペットで上澄み（血漿）を採取します（図12，13）。
4. 直ぐに検査が行えない場合は、血漿を4℃に冷蔵保存することで4〜6時間は安定します。−20℃に凍結すれば数日間は検査可能です。
5. 外注検査する場合は、あらかじめ検査センターに連絡をしておき、上記時間内に測定を依頼します。
6. 現在では院内で測定可能な動物専用の装置も利用できるようになっています（図14）。

> **準備するもの**
> - プラスチック製のクエン酸ナトリウム（3.1〜3.9％）試験管
> - 遠心分離機
> - ピペット
> - 注射ポンプおよび注射針

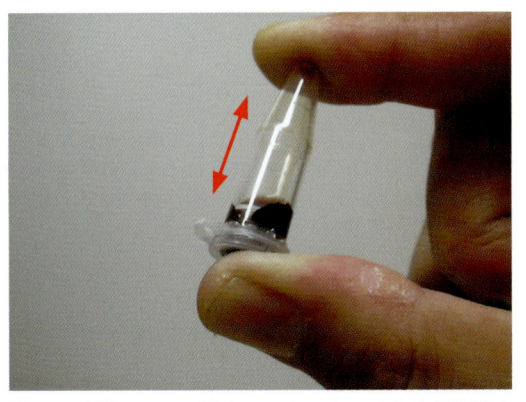

凝固系スクリーニング検査 chapter 13

図10　血液とクエン酸ナトリウムを，できるだけ早く混和させる必要があります。

図11　2,500～3,000rpmで12～15分遠心分離を行います。採血から分離までは30分以内に行います。

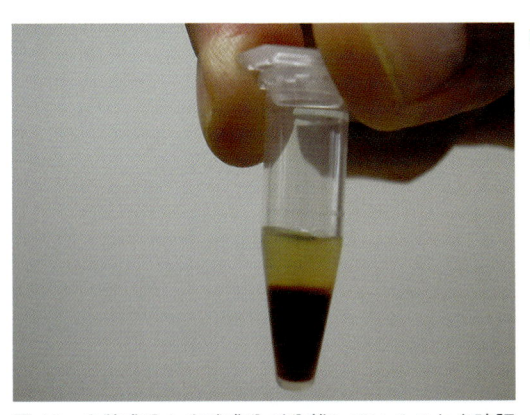

図12　血漿成分と血球成分が分離していることを確認します。

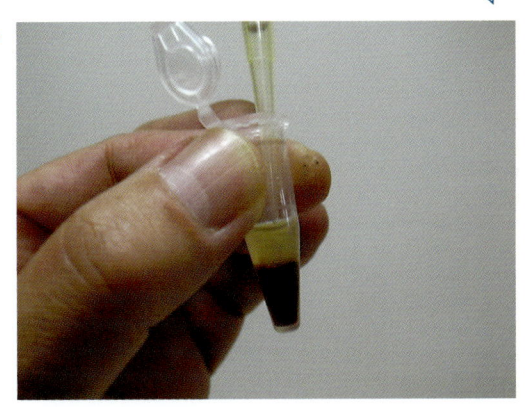

図13　遠心分離後はピペットで上澄み（血漿）を採取します。

図14　動物用血液凝固分析装置／COAG2V（和光純薬工業）。

器具のメンテナンス

- 外部の検査センターに依頼する場合は特別な器具のメンテナンスは必要ありませんが，常に専用の採血管を在庫しておく必要があります。

獣医師に伝えるポイント

- 血液凝固の異常は動物に緊急性がある状態であることが少なくないため，検査結果に異常がみられた場合は速やかに担当獣医師に報告します。
- 凝固検査以外にもCBC（特に血小板数），血液化学検査，画像診断結果なども合わせて評価する必要があるため，直ぐに獣医師が評価できるように準備しておきます。
- 異常値が確認された際には動物が出血傾向にないかどうかもすぐに確認します（口腔粘膜の出血，血便，黒色便，尿の色，皮膚の紫斑および血腫など）。

> **動物の家族に伝えるポイント**
>
> ・様々な原因で自分の動物が血の止まりにくいことを知ったご家族は，われわれの想像以上にショックを受けている可能性があります。このため，ご家族への接し方には十分注意を払います。
>
> ・凝固異常のある動物でも無症状の動物もいますが，ご家族には異常が解決されるまでは動物が安静に保つように指導する必要があります。興奮することも極力さけるように伝えます。

林宝謙治（埼玉動物医療センター）

最新の知見とエビデンスを盛り込み、全面改訂！

伴侶動物の臨床病理学 第3版

《好評発売中》

石田卓夫 著

A4判　372頁　オールカラー
定価 9,020円（本体 8,200円＋税）ISBN978-4-89531-377-3

臨床現場における
診断・検査テクニックの向上を目指す
獣医師必携の獣医臨床病理学書の
ロングセラー最新版！

主要目次

第1章　POMRに基づいた論理的診断法	第10章　腎疾患の検査
第2章　検査診断学総論	第11章　肝疾患の検査
第3章　血液検査法	第12章　消化器、膵外分泌疾患の検査
第4章　CBC：白血球系の評価	第13章　膵内分泌疾患の検査
第5章　CBC：赤血球系の評価	第14章　副腎疾患の検査
第6章　骨髄検査と評価法	第15章　甲状腺疾患の検査
第7章　血液凝固系検査と評価法	第16章　副甲状腺疾患の検査
第8章　スクリーニング検査	第17章　貯留液の検査
第9章　血漿蛋白の検査	第18章　水と電解質の異常

第2版からの主な情報のアップデート

◆ **新章「検査診断学総論」を追加**
臨床検査として日常的に行うスクリーニング検査の意義や目的、個体ごとの基準値の設定方法や、感度・特異度、尤度比といった用語の意味を解説する。検査において、基礎的でありながらも忘れがちな概念や、検査に対する姿勢を再確認することができる。

◆ **検査および治療についての最新知見、情報を追加**
検査方法や特定の疾患の鑑別診断法などを中心に、最新の情報にアップデート。

◆ **重症熱性血小板減少症候群（SFTS）など最新の疾病情報を追加**
新たに判明した感染症である重症熱性血小板減少症候群（SFTS）や、急性腎障害（AKI）など疾患の定義・名称が変わってきているものについても記載。

◆ **写真の変更、新規追加**
写真を新規で追加するとともに、一部の写真をより鮮明かつ分かりやすいものに変更。

◆ **参考文献、薬剤、検査機器などもアップデート**
書籍内で紹介している文献や薬剤、検査機器についても情報を更新。

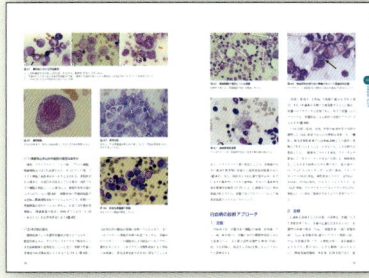

その他、すべての章にわたり情報を更新。旧版をお持ちの方もこの機会にぜひ！

株式会社 緑書房
Midori Shobo Co.,Ltd

〒103-0004　東京都中央区東日本橋3-4-14 OZAWAビル
販売部　TEL.03-6833-0560　FAX.03-6833-0566
webショップ　https://www.midorishobo.co.jp

chapter 14 細胞診標本の作り方

> **アドバイス**
>
> 　細胞診とは，細胞形態学的診断の手段のひとつです。病変部から採取した細胞の形態を観察し，診断につなげる，臨床の現場において重要な情報を与えてくれる大切な検査のひとつです。病理組織学的検査とは異なるものなので混同しないように注意してください。採取した細胞はそのままでは観察することはできないため，塗抹，固定，染色，封入，といった作業を行い，細胞診標本を作製しなければなりません。細胞診ではこの標本作製作業を，診察時あるいは手術時などに採取した生のサンプルから，「その場で」「すぐさま」「正しく」作製しなければなりません。
> 　この章では，細胞診において最も重要であると言っても過言ではない，そして動物看護士も関わるであろう標本の作り方について，全体の流れとともに，丁寧な方法を記していきます。

細胞診とはどのようなものか？

　細胞診の手技は大きく分けて4つのステップに分かれます。

①病変部からの細胞の採取
②細胞診標本の作製
③作製した標本の評価
④総合評価（その他の検査と合わせて評価）による診断，その後の追加検査や治療方針の決定──

というように進みます。

　③④の重要性については説明はいらないと思いますが，実は臨床の現場では①と②が最も重要なのです。なぜなら，③④は後で専門の診断医に依頼し意見を求めることもできます。しかし，①②が正しくできていなければ，評価に値しない非診断的な標本になってしまうわけです。正しい作製法とはどのような方法か？　正しい標本とはどのようなものか？　などを理解していなければ，せっかく採取した細胞を無駄にしてしまいます（診断ができない）。また評価に値しない非診断的な標本で院内診断してしまう，分かりやすく言うと誤診につながる，という怖い一面も持っています。その一方で，正しく作製すれば，診断過程において有用な情報を与えてくれる大切な検査ですから，丁寧な標本作製を身につけるのは，獣医師にとっても動物看護士にとっても，極めて重要なことであると言えます。

　標本作製が極めて重要であることを理解するためには，その標本で何を診断しようとしているかを把握しておく必要もありますので，その

準備するもの（図1〜3）

- 注射針，注射ポンプ
- スライドグラス（脱脂処理済みタイプを使用，切りっぱなしタイプは不可）
- ドライヤー（塗抹の乾燥，染色洗浄後の乾燥などに使用）
- 染色用容器，ピペット（固定液，染色液などを扱うために使用）
- 固定用メタノール，染色用ライト液，染色用ギムザ液，染色用リン酸バッファー（pH6.4）
- キシレン（封入時に使用），封入剤
- カバーグラス（封入時，標本全体を覆えるように大きなものも準備）
- 顕微鏡

細胞診標本の作り方 chapter 14

図1 スライドグラスは脱脂済みタイプを必ず準備します。またカバーグラスは、封入用に大きなサイズのものも準備しましょう。

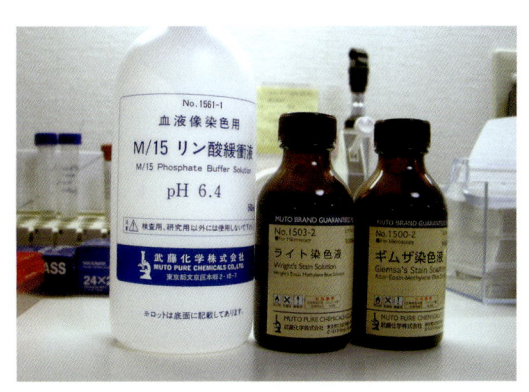

図2 染色用リン酸バッファー(pH6.4)、ライト染色液、ギムザ染色液。これらを混合してライト・ギムザ混合液を作製します。

部分も簡単に記載しておきましょう(心構えを身につけるためです)。

　病変部から得られた細胞の形態を観察し、炎症性病変であるのか？　炎症であればどんなタイプの炎症なのか？(感染性？　非感染性？　慢性？　肉芽腫性？　など)、腫瘍性病変であるのか？　腫瘍性であればどんなタイプの腫瘍なのか？(上皮性？　非上皮性？　独立円形細胞？　良性？　悪性？　など)、あるいは炎症でも腫瘍でもないものなのか？(過形成？　のう胞？　など)、などを評価し、診断や方針決定につなげます。

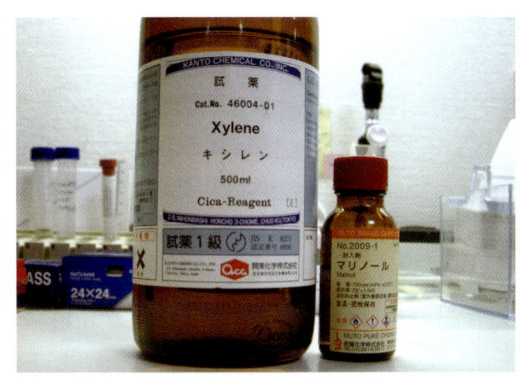

　細胞診で行う方針決定も様々です。確定診断には病理組織学的検査も必要とするものなのか？　無治療でよいものなのか？　内科的に治療すべきものなのか？　外科的に治療すべきものなのか？　などを判断します。また外科的に治療すべきものは手術の方法や切除範囲の決定(小さく切除しても大丈夫なものなのか？　広範囲切除を必要とする腫瘍なのか？　など)にもつながる非常に重要な情報が含まれます。特徴的な細胞形態を示すタイプにおいては確定診断が得られるものもあります。繰り返しますが、これらの評価は、正しく作製された標本でなければ診断できない、いや診断してはいけないものなのだということを覚えておいてください。だからこそ、標本作製の過程が極めて重要なの

図3 封入に使用するキシレンと封入剤。

です。

　動物看護士にも行える細胞診の評価については、このシリーズ「動物病院ナースのための臨床テクニック第8章(細胞診で異常な細胞がみられたら／石田卓夫)チクサン出版社」を参考にしてください。

手技の手順

1. 準備

　まずは看護士がすべきことは、細胞採取と標本の作製に使用するものを準備しておくことです(「準備するもの」を参照)。染色液は毎回新しいものを使用すべきなので、作業に入る際に、

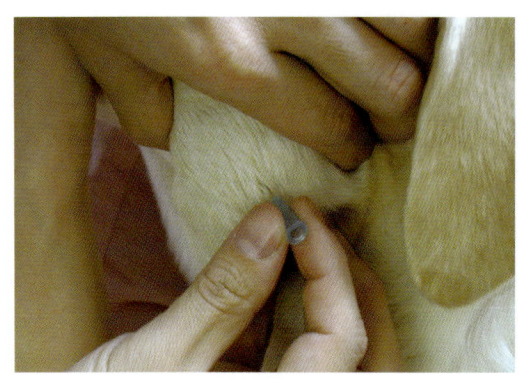

図4　注射針のみを使用し細胞を採取する方法。多くの場合，この方法で採取します。

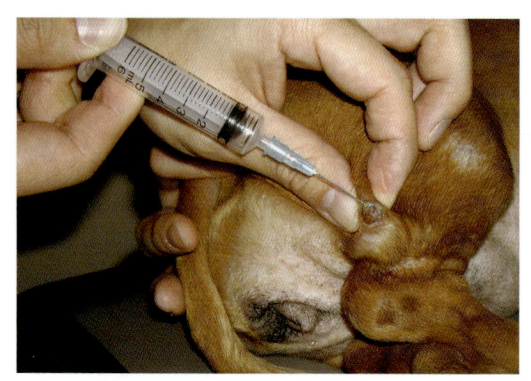

図5　注射ポンプで陰圧をかけて細胞を採取する方法。細胞が採取されにくい場合に用います。

ライト・ギムザ混合液を作製します（染色液の作製を参照）。

2．細胞の採取

　準備ができたら，病変部から細胞を採取します（細胞採取を動物看護士が実際に行うことはないと思いますのでこの部分は簡単な記述にとどめます）。

　細胞採取の方法は様々ですが，病変の場所や発生状況によって使い分けて行われます。一般的に細胞を採取する方法としては，注射針のみ使用し陰圧をかけないで採取する方法（図4），注射針と注射ポンプを使用して陰圧をかけて採取する方法（図5），病変が糜爛や潰瘍を伴っている場合は直接病変部にスライドグラスを押し付けて採取する方法，直接病変部を目視できない部位の場合は超音波診断装置を利用して実施する方法，貯留液（腹水や胸水）や分泌物から細胞を得る方法，などが一般的に行われています。採取時は良好なサンプルが得られるよう細心の注意をはらわなければなりません。病変の主体となる部分からしっかり細胞が採取できるよう

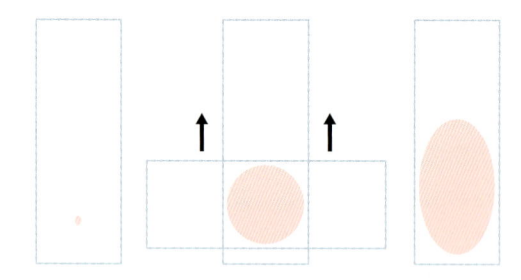

図6　スライドグラスを用いた塗抹の作り方。

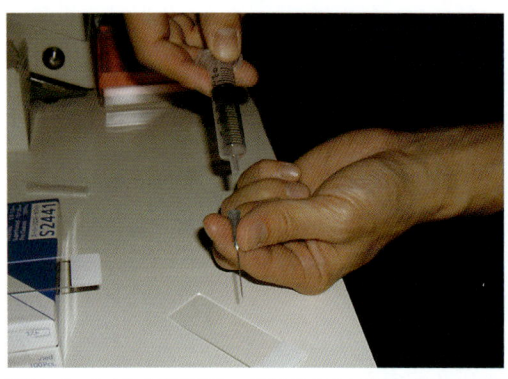

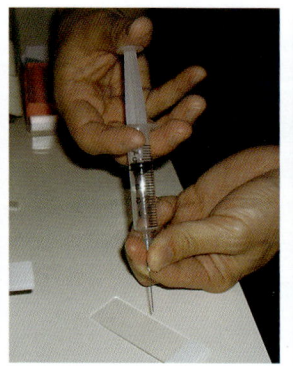

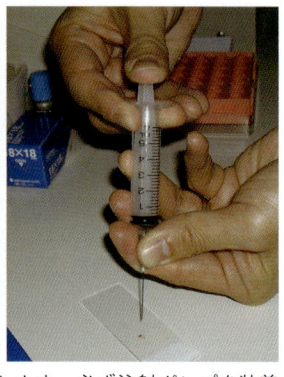

図7，8，9（左より順に）　注射針の中に採取された細胞を，スライドグラス上に吹き出します。必ず注射ポンプを装着する前に内筒を引いておくことが大切です。

細胞診標本の作り方 chapter 14

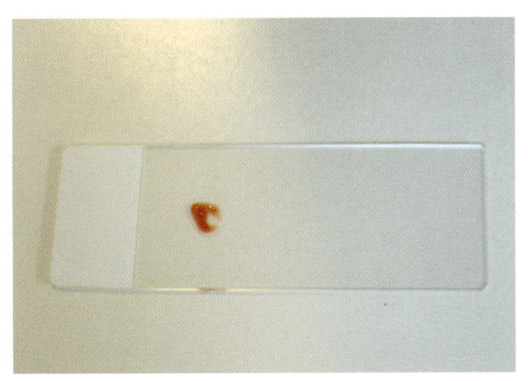

図10 吹き出した細胞。

図11 すばやく塗抹する。

図12 すばやく乾燥します。ドライヤーを温風で使用して構いません。ここまでの過程は，連続的にスムーズに行われなければなりません。塗抹時の力のかけ具合は，とにかく練習して修得する他ありません。

多方向から採取することがのぞまれます。また採取部位が適切でも，陰圧をかけすぎることで細胞がつぶれてしまう場合もありますし，血液が多く混入し希釈されてしまう場合もあります。

細胞採取に関する詳しい流れを把握したい方は，獣医師向けシリーズ「勤務獣医師のための臨床テクニック①～③（チクサン出版社）」を参考にしてください。

3．標本の作製
（1）塗抹，乾燥

採取された細胞から，その場ですぐさま細胞診標本を作製します。スライドグラスに細胞を載せ，もう1枚のスライドグラスをその上に重ねて，薄く伸ばすように塗抹していきます（図6～12）。この時，力がかかり過ぎると細胞がつぶれてしまい，観察ができない標本になってしまいます。また分厚い標本になってしまうと，適度な細胞の拡がりが得られず，観察ができません。

塗抹した細胞は，すぐにドライヤーを使用して乾燥させます。この乾燥が遅かったり，不十分であったりすると，せっかく塗抹された細胞が萎縮してしまったり，固定不良や染色不良の原因となり，これもまた良好な標本にはなりません（図17～22）。

（2）固定

塗抹，乾燥を完了したら，標本の固定，染色，封入の過程に入ります。まずは乾燥を終えた標本を新鮮な固定用メタノールで固定します。染色トレイの上で，標本上に十分に固定用メタノールを載せ（表面張力で盛り上がるように満載する），時間は3～5分間行います（図13）。必ず新鮮な固定用メタノールを使用してください。使い回しの固定用メタノールでは固定不良が生じ，細胞の形態変化や染色不良の原因になります。

（3）染色（ライト・ギムザ染色）

固定が終了したら，固定用メタノールを捨て，そのまま染色過程に入ります。このとき固定が

図13 染色トレイの上で，新鮮な固定用メタノールを満載します。固定時間は3〜5分です。

図14 固定液を捨て，そのままライト・ギムザ混合液を満載します。染色時間は30分です。

図15 染色液を捨て，そのまま水道水を塗抹面に当ててしっかり洗い流します。20秒程洗います。

図16 ドライヤーを使用して温風でよく乾燥させます。

終了してから染色に入るまでに間が空くと，染色不良の原因になりますので，作製してあったライト・ギムザ混合液を転倒混和し，すぐに満載します(図14)。染色は30分間行います(骨髄では1時間行います)。

(4) 水洗，乾燥

30分経過したら染色液を捨て，そのまま水洗します。水洗は塗抹面に直接水道水を当ててよく洗います(学校では裏に当てると習うことが多いようですが，それは間違いです)。丁寧に水洗しないと，染色液のカスが付着した汚い標本となってしまい，観察に影響がでてしまいます。水洗が終了したらドライヤーでよく乾かします。この乾燥を十分に行わないと，封入の際に使用するキシレンと封入剤が標本に浸透しないため，丁寧に乾燥するようにします(図15,16)。

(5) 封入

封入はまずキシレンにつけてから，封入剤とキシレンを混合したもの(封入剤4：キシレン1程度の割合)で封入します(図3)。

封入は空気を追い出すように行います。使用する封入剤の適切な量は，標本の大きさ，封入剤の硬さ(封入剤の新しさやキシレンとの混合具合による)により異なるので，普段からどの程度載せるとどの程度広がるのかなどを，感覚として覚えるよう練習しておきましょう。というのも，封入のクオリティーによっても観察に影響が出るからです。場合によってはせっかくの標本が観察できなくなる場合もあるので

細胞診標本の作り方 chapter 14

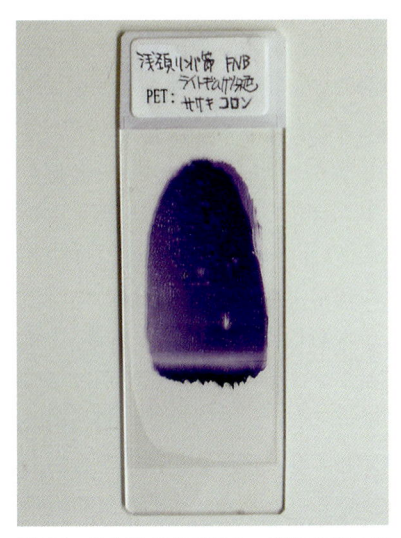

図17 封入後の完成標本。空気を追い出すように封入します。分からなくならないようにラベルを貼ります。その他の染色法でも作製している場合、区別できるよう染色法も記載しておくとよいでしょう。

で、最後まで注意して丁寧に作業を行ってください（図17）。

失敗しないために

細胞診標本の作製の際の周囲の環境として、忘れがちな注意点があります。細胞診標本は病理組織標本とは異なるためホルマリン固定されてしまっては、細胞診のための正しい固定〜染色の過程が不可能になってしまいます。ホルマリンにつけなければ良いと考えがちですが、ホルマリンは容易に気化し、そのホルマリンガスで細胞診標本は影響を受けてしまうため、蓋を開けたホルマリン容器を近くに置いてしまったり、ホルマリンをこぼしたりしないようにする必要があります。

実際の作業に入る前の準備がとても大事です。全体の流れを十分に把握して、スムーズに作業が行えるようイメージしておかなければなりません。作業を始める前に、頭に中でシミュレーションをしながら準備をしてみましょう。

● 染色法について

獣医療における臨床の現場で、一般的に使用されている染色法の種類として、この項でご説明したライト・ギムザ染色の他にはディフクイック染色と呼ばれる短時間で行える迅速染色法があります。ディフクイック染色は、意義のある細胞が採取されてくるかどうかの確認に使用したり、目的の細胞が採取されているかどうかの確認に使用する場合に、ライト・ギムザ染色と併用して使用したりする場面には適していますが、重要な診断や治療方針を決定するための方法としては、単独ではやや難点があると言えるでしょう。したがってこの項では、標準的かつ初心者にとっても細胞形態の評価に適した染色が得られる（メリハリがあり、ウソが出にくい染色、と表現すれば分かりやすいでしょうか）ライト・ギムザ染色法をご紹介いたしました。

● 染色液の作製

使用の都度調整するのが望ましいでしょう（保存は数時間まで）。

下記3剤（図2）を混合して、ライト・ギムザ混合液を作製します。

- 染色用リン酸バッファー（pH6.4） 8.6mL
- ライト液　1mL
- ギムザ液　0.4mL

細胞採取の過程にも、当然きめ細やかな注意点が多くありますが、その点に関しての情報は、獣医師向けシリーズ「勤務獣医師のための臨床テクニック①〜③（チクサン出版社）」を参考にしてください。

この項では、注射針、注射ポンプ、スライドグラスの操作について初心者向けの細かい注意

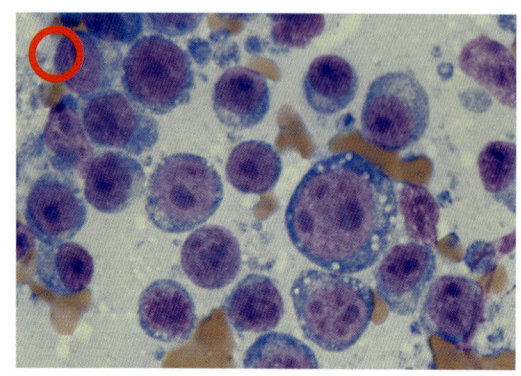

図18 良好な標本。リンパ腫（低分化型　高悪性度）の患者です。この標本では細胞の大きさ，核の形態，核小体の形態，細胞質の形態，など多くの情報が得られます。

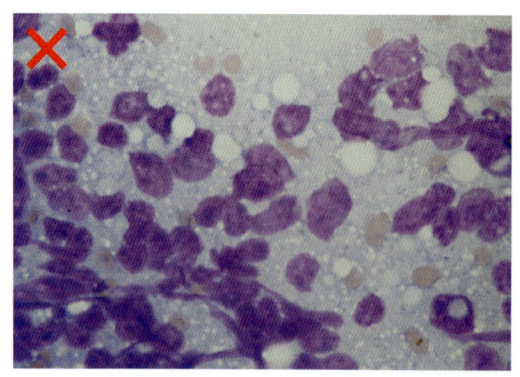

図19 塗抹の失敗で細胞がつぶれて裸核した悪い標本。この標本も図18の患者から得られたものです。こちらの標本では全く評価できません。

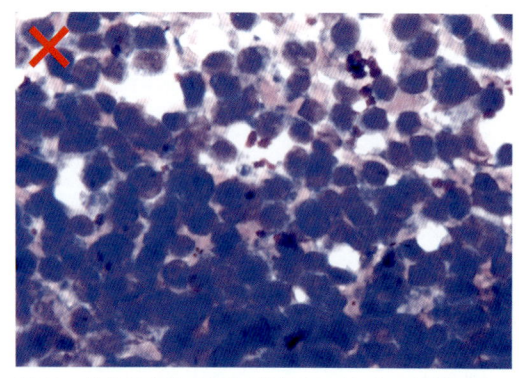

図20 塗抹の失敗で細胞が拡がっていない分厚い悪い標本。この標本も図18の患者から得られたものです。こちらの標本でも全く評価できません。

点を記述していきます。

　まず，注射針の中に採取された細胞を注射ポンプでスライドグラスに吹き出す際に，注射ポンプをつけてピストン運動をさせてしまう失敗が初心者にはよく見られるようです。注射針の中に採取された細胞を，注射ポンプの方に吸いこんでしまうと，いくらピストン運動をしてもスライドグラスの方には出てきませんので注意してください。つまり注射ポンプは吹き出すためだけに使用するため，装着前に内筒を引いておく必要があるわけです（図7〜9）。また最初から注射ポンプを付けて陰圧をかけて採取する方法の際は（図5），さらにこの類の失敗がおきやすいでしょう。陰圧をかけながら病変から注射針を抜いてしまうと，当然空気を吸いこみ注射ポンプ内に細胞を吸いこんでしまいます。したがって陰圧をかけて細胞を採取する方法においても，注射針を病変から引き抜く際は，陰圧をかけてはいけません。かつ，スライドグラスに細胞を吹き出す際は，いったん注射ポンプを針から外してから，ポンプの内筒を引き，再度注射針に装着して，細胞を吹き出す形になります（図7〜9）。吹き出された細胞をすぐさま塗抹しなければならないわけですが，この際にもたもたして，細胞を乾燥させてしまい塗抹できなかったり，あるいは乾燥しかけた少量の細胞を無理矢理塗抹して固めてしまう（消しゴムのカスのようになってしまう）失敗もよく見られます。この失敗を避けるためには，すばやくスムーズに塗抹できるよう，スライドグラスは吹き出す用と塗抹に使用する用の2枚をすぐ手にできるようにスタンバイしておくことが必要でしょう。

　また非常に少量の細胞しか採取されないケースも想定し，この方法だけでなくカバーグラスを使用するなどして小さな塗抹を作製するための用意もしておく必要があるでしょう。

　塗抹した細胞はすばやく乾燥を行わなければならないので，ドライヤーも近くにスタンバイしておくことと，ドライヤーを当てるまでの間も風乾しながら連続的に作業をすることを心がけましょう。この時の風乾とは，標本を持ったほうの手をすばやく振って乾燥させる方法で

細胞診標本の作り方 chapter 14

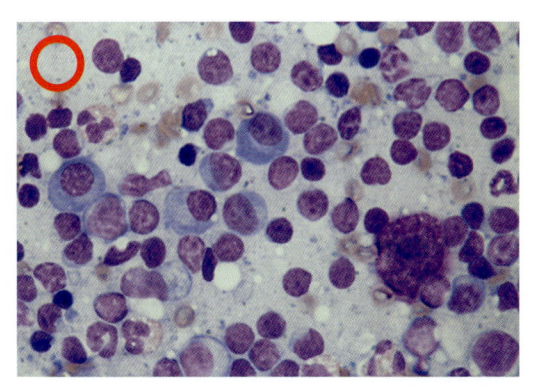

図21 良好な標本。この患者のリンパ節は好酸球性炎症を伴う反応性過形成です。この標本では多様な細胞の存在が明らかで，それぞれの細胞形態の評価など多くの情報が得られます。

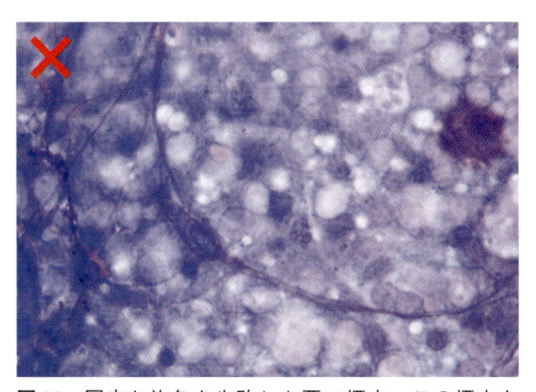

図22 固定と染色を失敗した悪い標本。この標本も図21の患者から得られたものです。こちらの標本では全く評価できません。

―手技のコツ・ポイント―
～上達するために～

・細胞診を行う目的を知りましょう。
・細胞診標本作製の重要性を認識し，心構えを身につけましょう。
・標本作製の全体の流れを覚え，頭の中でシミュレーションできるようにしましょう。
・手技に使用する器具は，基本に忠実に標準的なものを用意しましょう。
・我流は控え，基本に忠実に丁寧に作製する方法を身につけましょう。
・手技を練習しましょう。
・自分で作製した標本の質を，この分野に精通した獣医師に評価してもらいましょう。
・失敗してしまった時（診断価値の低い標本になってしまった時）は，何が問題であったかを検証しましょう。

す。口で息を吹きかけてはいけません。なぜなら水分を含んだ呼気は標本に悪影響を与えてしまうからです。ドライヤーは温風で構いません。とにかくすばやく，そしてしっかり乾燥させましょう。

ここまでの連続的な作業を終えたら，あとは手順で記述したように，固定，染色，水洗，封入の作業を，最後まで丁寧に行ってください（図18～22）。

山下時明（真駒内どうぶつ病院）

chapter 15 尿検査の欠かせないポイント

> **アドバイス**
>
> 尿は全身を巡っている血液から腎臓で作られ，膀胱に貯められてから，尿道を通り排泄されます。そのため尿検査は，腎臓病，膀胱炎などの尿の通る部位の病気の診断と，糖尿病のような全身性の病気の診断のために行われます。

手技の手順

1．標本作製の流れ

① 採尿した尿をスピッツ管に移します。

② まず尿の一般性状（色調，透明度，臭気）を記録します（表1）。

③ 尿試験紙を使用して，尿の化学的性状を測定します。試験紙のケースの色調表と照らし合わせて記録します（pH，タンパク，尿糖，ケトン，潜血，ビリルビン）（図2，表2）。

④ 遠心分離機で1,500rpm，5分間回します（図3）。

> **準備するもの（図1）**
>
> - スピッツ管（A）
> - 尿検査用試験紙（マルチスティックなど）（B）
> - 動物用尿比重測定用屈折計
> - 遠心分離機
> - カバーグラス 18×18mm（C）
> - スライドグラス（D）
> - キャピラリーピペット（スポイト）（E），ディスポーザブルのものが好ましい
> - 顕微鏡

⑤ 上清を一滴とり，尿比重を犬猫尿比重測定用の屈折計で測定します（図4）。

⑥ 試験管を素早く逆さにして上清を捨てます（図5）。

⑦ 残ったわずかな上清と尿沈渣を撹拌させます。

⑧ この液体をスライドグラスに1滴採り，カバーグラスを上に置きます。

⑨ 対物レンズ10倍で鏡検し，標本全体を検索します。円柱が出現していれば1視野あたりの数を記録します（/LPF）（図6～8）。

図1　尿検査で準備するもの。

尿検査の欠かせないポイント chapter 15

表1　尿の一般的性状チェック項目。

①尿の色調		②尿の透明度（透明か，混濁かを記します）	③尿の臭気（臭気の有無を記します）
・淡黄色・黄色・琥珀色	・褐色		
・濃黄色	・黄褐色		
・青色	・黒色		
・緑色	・透明		
・黄橙色	・乳白色		
・赤色・ピンク・赤褐色・赤橙色・橙色（オレンジ色）			

図2　尿検査用試験紙を用いた化学的性状の測定。
尿の化学的性状（尿検査試験紙を使用）pH，タンパク質，尿糖，潜血，ビルリビン，ケトン体などを調べます。
試験紙を半分に切って使用してはいけません。試験紙は尿につけたら，すぐに出し，余分な尿を振り払います。

表2　尿検査の参考基準値。*

	犬	猫
pH	6〜7	6〜7
蛋白	−（〜+）**	−（〜+）**
潜血	−	−
ビリルビン	−〜+***	−
グルコース	−	−
ケトン体	−	−
比重	1.030〜1.050	1.035〜1.060

*　　ウロビリノーゲンは犬と猫では評価しません。
**　 尿比重が1.050以上では+になることもあります。
*** 尿比重が1.020以上では+になることもあります。

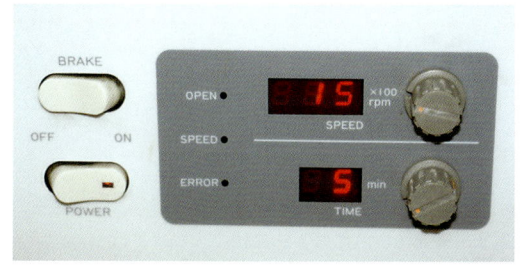

図3　尿を遠心分離機に1,500rpm，5分間かけます。分離機のブレーキはオフにします。オンにすると，止まる際に円柱が壊れる可能性があります。

図4　尿比重の測定。遠心後，上清液から屈折計を用いて尿比重を測定します。犬猫尿比重測定用屈折計（左＝米国・HESKA社／右＝株式会社アタゴ製）。犬と猫で尿比重の目盛りが異なります。人医療用の屈折計で測定した比重は不正確です。

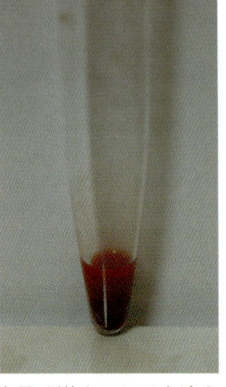

図5 試験管を素早く逆さにして上清を捨てます。

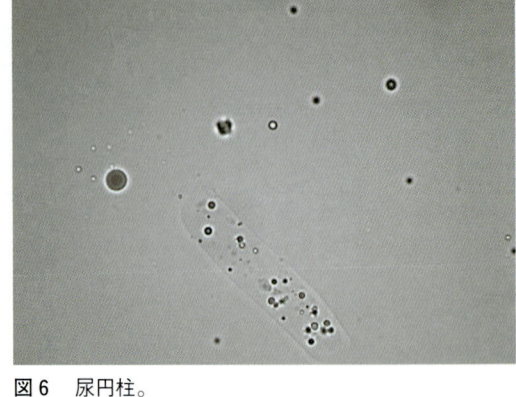

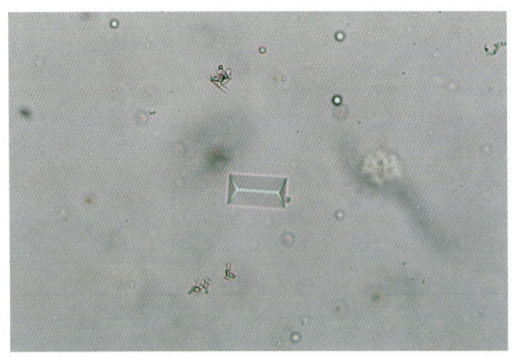

図6 尿円柱。

図7 尿中ストラバイト結晶。

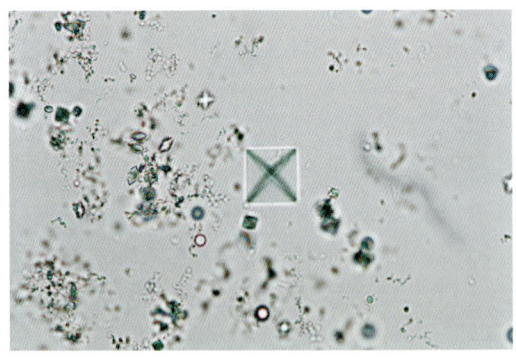

図8 尿中シュウ酸カルシウム結晶。

⑩対物レンズ40倍で鏡検し，円柱の種類を確認します。赤血球，白血球，上皮細胞，結晶等が出現していれば，種類と数を記録します（/HPF）（図9）。

標本作製に失敗したときの対処法
・便検査同様に標本作製に失敗した場合は，速やかに再作製します。
・しかし，糞便に比べて採取できる検体量が少なく，再度尿を採取するには手間がかかるため，より注意を要します。

検査のコツ・ポイント
・なるべく新鮮な尿を調べます。すぐに検査できない場合は冷蔵保存します。
・尿検査の材料は，排尿したもの，膀胱穿刺で採尿したものいずれも使用可能ですが，自然

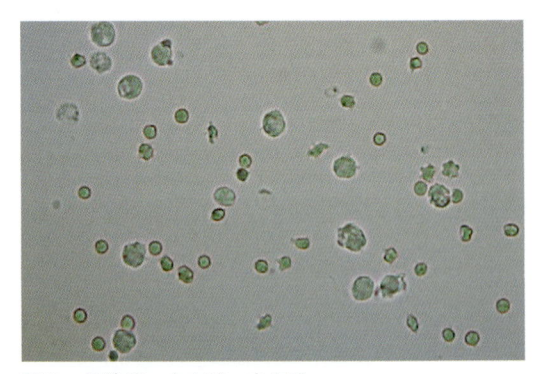

図9 尿沈渣ー白血球・赤血球。

排尿で異常所見がみられた場合には，必ず穿刺尿（またはカテーテル尿）で再検査を行います。
・冷蔵保存した尿は室温に戻してから検査します。
・検査に使用した尿の量を記録します。後で沈渣の評価を行う際に重要です。

尿検査の欠かせないポイント　chapter 15

🔬 器具のメンテナンス

- 顕微鏡は精密な機械であり，血液検査を行うときに比べてレンズを汚染しやすいので気をつけてください。
- 屈折計のプリズム部分が汚れると，「値」に影響します。検体測定を行ったあと，必ず蒸留水で洗浄します。

- 色調，透明度，沈渣の判定表，フォーマット化された報告書を作成しておくと，院内で所見が統一できます。
- 尿試験紙の各項目の判定時間は，必ずメーカーの指示に従います。また判定は明るい場所で行います。試験紙を，短冊状に半分に切って使用するのは厳禁です。
- 試験紙の検査は遠心分離前に行います。遠心によって細胞成分がスピッツ管の底に沈下し，潜血反応の偽陰性を示す可能性があるからです。
- 試験紙を出したら，すぐに容器のふたは閉めます。開けたままにしておくと，試験紙が反応し，使用できなくなります。
- 遠心分離機にかける際に，反対側のスピッツ管もほぼ同量の水あるいは他の動物の尿を入れます。つり合いがとれないと遠心分離機の回転軸に負担をかけます。
- 尿比重測定は遠心分離後に行います。そうしないと尿中の細胞成分等が比重を高めに示す可能性があるからです。
- 尿沈渣が壊れるのを防ぐために，遠心分離器

🩺 獣医師に伝えるポイント

- 色調，透明度，比重の異常があればまず伝えます。
- 試験紙での異常も伝えます。尿糖，ケトン体の陽性反応は，糖尿病の重症動物である場合が多いので特に重要です。
- 沈渣での結晶，円柱の出現および種類についても伝えます。
- 「一般的性状，試験紙検査，尿比重，顕微鏡検査」で異常があれば，すぐに獣医師に報告します。
- 検査途中で失敗してしまった場合も，速やかに報告しましょう。再度採尿する必要もあります。正確な結果しか診断には採用できません。
- 他の検査同様に分からないことがあればすぐに獣医師に相談します。

👪 動物の家族に伝えるポイント

- 泌尿器系に病気の有無，あるいは糖尿病のような内臓疾患の有無を調べるため，という尿検査の目的を簡単に伝えます。
- 来院の予約電話の際に，血尿や尿が多いといった主訴の場合，尿が採れれば持参するようにお願いします。
- 尿を持参してもらう場合は，なるべく新鮮な尿検体が検査結果が正確であることを伝えます。

のブレーキは使用しないようにします。
- 糞便検査同様に尿沈渣のアトラスを顕微鏡のそばにおいておくと，診断に役立ちます。

草野道夫（くさの動物病院）

chapter 16 糞便検査の欠かせないポイント

> **アドバイス**
>
> 　糞便検査は下痢などの消化器疾患のスクリーニング検査の一部として行われます。通常病院内で行われる糞便検査には肉眼的検査，顕微鏡検査があります。
> 　顕微鏡検査は寄生虫検査，細胞診，細菌形態検査に分かれます。顕微鏡検査は初診時の身体検査および健康診断の一部として，また消化管内の寄生虫感染のチェック，消化管内細菌の分布，消化状態を調べるために行われます。

手技の手順

1．肉眼的検査

次の項目を記録します。
①糞便量：多い・少ない
②固さ：固すぎる・正常・柔らかすぎる・水様性
③色：茶褐色・暗赤色・黒色・赤色・白色
④臭気：弱い・強い
⑤粘液付着の有無（図2-1, 2）
⑥血液成分混入の有無（図2-1, 2）
⑦寄生虫虫体の出現の有無

2．顕微鏡検査

（1）直接塗抹法
①スライドグラスに生理食塩水を1滴たらします（図3-1）。
②少量の便を，爪楊枝等で採り生理食塩水と混ぜます（図3-2）。
③カバーグラスをかけます。
④検体で周囲を汚染させないように18x18mmのカバーグラスを使用します。
⑤標本の厚さはスライドグラスを通して新聞の文字が読めるようにします（図3-3）。
⑥対物レンズ10倍と40倍で鏡検します。
　ジアルジア・トリコモナスなどの運動性病原体を観察します。
⑦寄生虫の虫卵の有無を確認します。
⑧寄生虫卵の検出率を上げるために，できれば標本を3枚作成し，鏡検します。

> **準備するもの（図1）**
>
> - 顕微鏡
> - 採便棒（A）
> - カバーグラス 18×18mm（B）
> - スライドグラス（C）
> - 爪楊枝など（D）
> - 生理食塩水（点眼瓶に分注）
> - 検査用グローブ（E）
>
> ［直接塗抹を染色する場合］
> - ライト・ギムザ染色に必要なもの
> - グラム染色キット
>
> ［飽和食塩水浮遊法］
> - フィカライザー（F）
> - ディスポーザブルの膿盆など（G）
> - 飽和食塩水（洗浄瓶内に作成）
> - カバーグラス　24×24mm（B）
> - スライドグラス（C）
>
> ［硫酸亜鉛遠心浮遊法］
> - 50％硫酸亜鉛水溶液
> - ガーゼ
> - スピッツ管
> - 遠心分離器

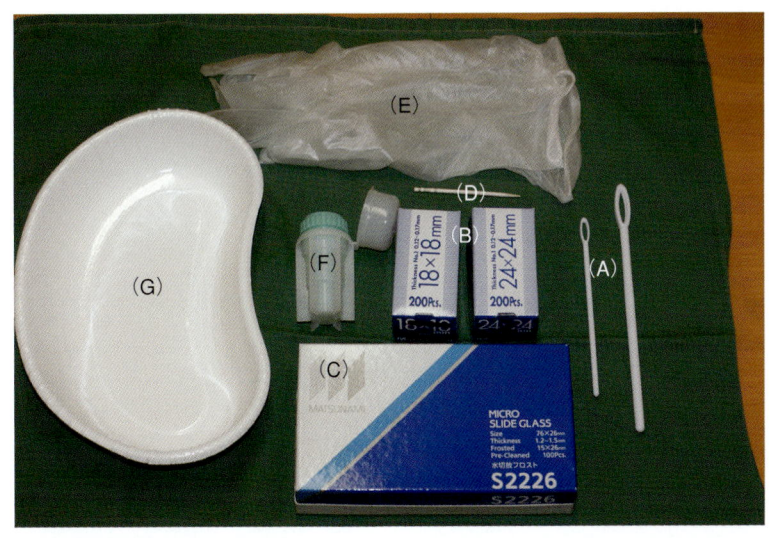

糞便検査の欠かせないポイント chapter 16

図1　糞便検査で準備するもの。

図2-1　糞便の肉眼的検査。

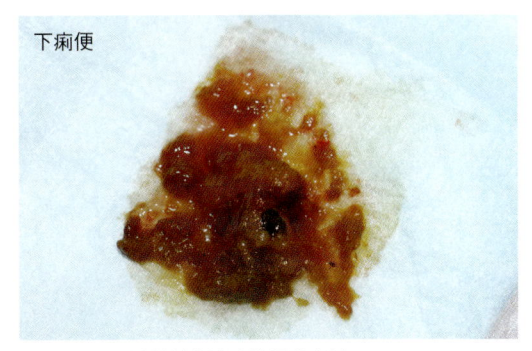

図2-2　粘液付着（＋）血液混入（＋）。

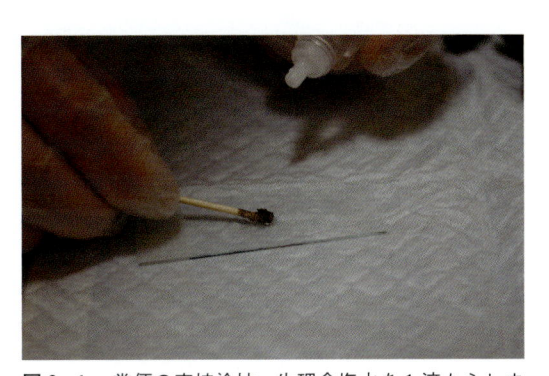

図3-1　糞便の直接塗抹。生理食塩水を1滴たらします。

図3-2　糞便の直接塗抹。生理食塩水と混ぜます。

　直接塗抹標本を染色して鏡検することもあります。血液・細胞診と同じライト・ギムザ染色を行います
→赤血球，白血球の出現をチェックします。

ライト・ギムザ染色またはグラム染色キットで染色します（図4）。
→細菌の形態の鑑別に使用します。

147

図3-3　糞便の直接塗抹。標本の厚さ見本。

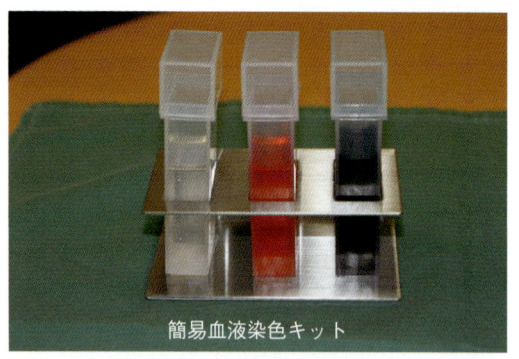

図4-1　直接塗抹標本を染色する場合の簡易染色キット。

図4-2　グラム染色キット。

図5-1　糞便検査—飽和食塩水浮遊法。フィカライザーでの糞便採取。

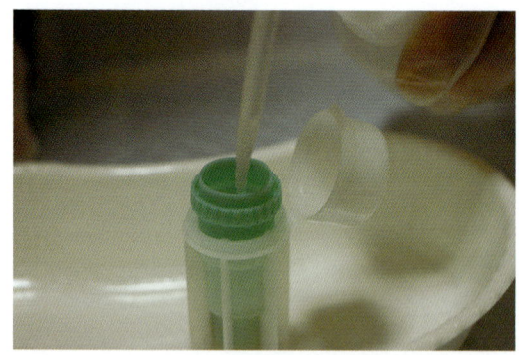

図5-2　飽和食塩水を三角目印の頂点まで入れます。

(2) 飽和食塩水浮遊法（フィカライザー使用）

①飽和食塩水を作製しておきます。

　水に溶けないで下に沈殿するまで多くの食塩を入れます。上清が飽和食塩水となります。洗浄瓶内で作製します。

②便をフィカライザーの内筒で採り，外筒に軽く差し込みます（図5-1）。

③飽和食塩水を外筒の三角目印の頂点まで入れます（図5-2）。

④内筒を左右に動かして，便をよく撹拌します（図5-3）。

⑤内筒をしっかり外筒にはめ込みます。

⑥飽和食塩水を表面張力で水面が盛り上がるま

糞便検査の欠かせないポイント chapter 16

図5-3 内筒を左右に動かし、便を撹拌します。

図5-4 表面が盛り上がるまで、飽和食塩水を追加します。

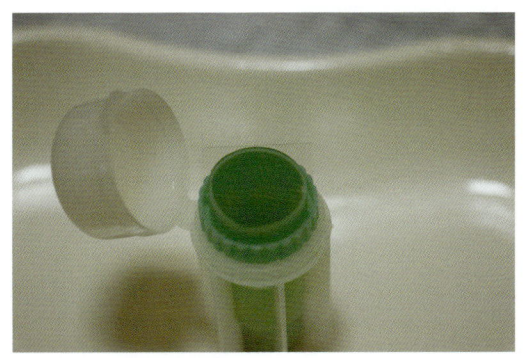

図5-5 24×24mmのカバーグラスを載せ、15〜20分放置します。

図6-1 糞便検査でみられる犬回虫卵。

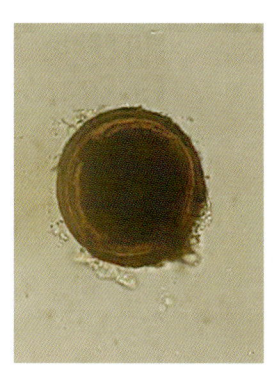

図6-2 糞便検査でみられる犬鉤虫卵。

図6-3 糞便検査でみられる鞭虫卵。

図6-4 コクシジウムのオーシスト(嚢胞体)。

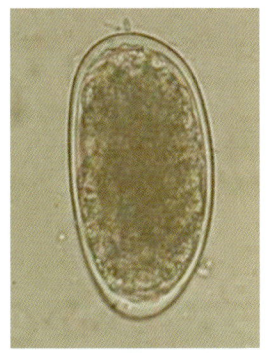

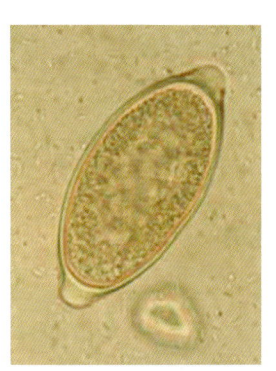

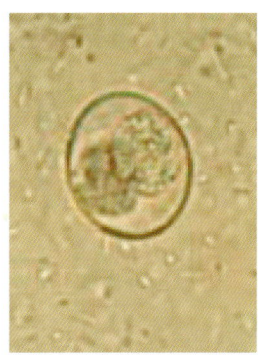

で追加します(図5-4)。
⑦24 x 24mmカバーグラスを載せます
⑧15〜20分放置します(図5-5)。
⑨放置後、カバーグラスを取り、スライドグラスに載せます。
⑩鏡検し、寄生虫卵オーシストの出現を確認します(図6-1, 2, 3, 4)。

(3) 硫酸亜鉛遠心浮遊法
①50％(w/w) 硫酸亜鉛水溶液を作成します(比重1.18)。
この水溶液は以下のいずれの方法でも作成できます。
・50％(w/w) 硫酸亜鉛($ZnSO_4 \cdot 7H_2O$) 500gと蒸留水1,000mL

149

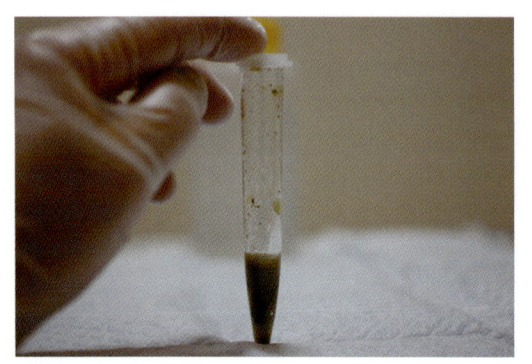

図7-1　糞便を2～3mLの水に溶解します。

図7-2　水を追加して10mLにします。

図8-1　硫酸亜鉛遠心浮遊法。濾過に液体を遠心分離機にかけます。

図8-2　遠心分離は2,000rPM，2分間です。

図9　試験管の上にカバーグラスを置いて10分間，待ちます。

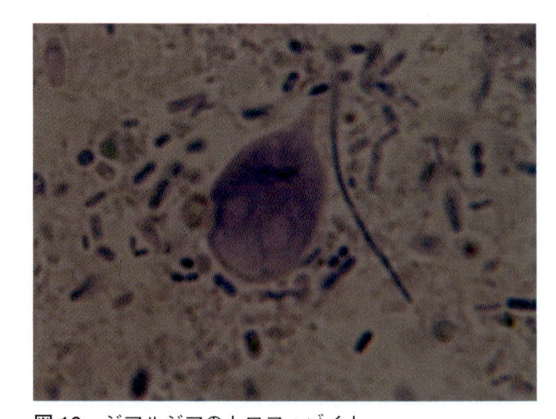

図10　ジアルジアのトロフォゾイト。

・33%（v/w）硫酸亜鉛（ZnSO$_4$・7H$_2$O）に水を加えて1,000mL
②糞便0.5gを水道水2～3mLに溶解します（図7-1）。
③水道水を加えて10mLにします（図7-2）。
④ガーゼでろ過します。
⑤ろ過した液体を遠心分離機で2,000rpmで2分間遠心し（図8-1, 2），上清を捨てます。
⑥残った沈渣を硫酸亜鉛水溶液で溶解し，試験管内にできるだけ上まで入れます。
⑦再び2,000rpmで2分間，遠心します。
⑧試験管を立てて，静かに硫酸亜鉛水溶液を液

面が盛り上がる程度まで足し，液面に 18x18 mm のカバーグラスを置いて 10 分待ちます（図 9）。
⑨ カバーグラスについた液体をスライドに載せて，鏡検します。

本法は他の検査法に比べ，ジアルジア（消化管内に寄生する鞭毛虫）の検出（図 10）に優れています。しかし 1 回の検査で見つからなくてもジアルジアの感染を除外できません。2，3 回異なる便で検査を繰り返します。なお，猫に感染するトリコモナスはこの方法では検出できません。

器具のメンテナンス

- 顕微鏡は精密な機械であり，血液検査を行うときに比べてレンズ等を汚染しやすいので気をつけてください。
- 遠心浮遊法で遠心分離機にかける際，尿検査同様反対側のスピッツ管には同量の水，あるいは便溶解液を入れてバランスをとります。バランスをとらないで遠心分離機をかけると回転軸に負担がかかり，故障の原因になります。

獣医師に伝えるポイント

- 虫卵の検出など異常があれば，すぐに獣医師に報告します。
- 検査途中で失敗してしまった場合も，速やかに報告します。再度採便する必要もあります。正確な結果しか診断には採用できません。

動物の家族に伝えるポイント

- 子犬の初回来院時に健康診断の一部として便検査を行うので，可能なら便を持参していただきます。
- 下痢・血便などの症状をご来院前に伺った場合，前もって可能なら便を持参していただきます。
- 新鮮な便を持参していただくように伝えます。時間が経過すると結果に影響が出てきます。排便から 1 時間以内でないとジアルジアやトリコモナスの運動性が低下します。
- 便検査の目的を簡単に家族にお話しできるようにします。

草野道夫（くさの動物病院）

chapter 17 耳垢検査・皮膚掻爬検査による外部寄生虫の検出

> **アドバイス**
>
> 外耳炎や皮膚病の診断を進めるに当たり寄生虫の検査は，重要な情報のひとつです．各種寄生虫を理解し，検査の手技を理解することにより動物看護士が参加できる機会は広がると思います．

手技の手順

1．各疾患の概要

皮膚掻爬検査で調べられる外部寄生虫は皮表，特に角層や毛包内に寄生する寄生虫です．これらの寄生虫による代表的な疾患について説明します．

準備するもの
- 鉗子
- 綿棒
- メス刃（10番）
- ミネラルオイル
- スライドグラス
- カバーグラス
- 顕微鏡

（1）耳疥癬

1）病原体

Otodectes cynotis（イヌミミヒゼンダニ）．雌 $400 \sim 500 \times 270 \sim 300 \mu m$，雄 $320 \sim 400 \times 210 \sim 300 \mu m$（図1）．

2）疾患の特徴

伝搬は，直接的な接触により，犬から猫またはその逆もありえます．

3）症状

黒い耳垢を伴う外耳炎を起こし，通常は著明な痒みを伴います．また，激しい痒みのため，耳介外側に引っかき傷が見られることがあります．

（2）犬のニキビダニ感染症（毛包虫症）

1）病原体

Demodex canis（イヌニキビダニ）．雌－最長 $300\mu m$，雄－$250\mu m$（図2）．

イヌニキビダニは，ほとんどの犬の正常な毛包内に少数存在します．生後数日間に母犬から授乳期の子犬に伝搬されると考えられています．

その他に，体長の長い *D. injai* および未命名の体長の短いニキビダニが報告されています．

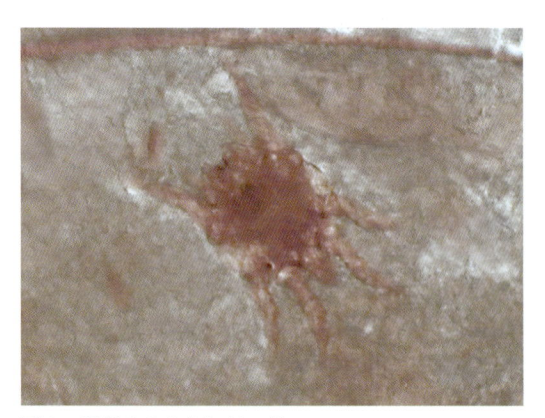

図1 耳垢中のミミヒゼンダニ．

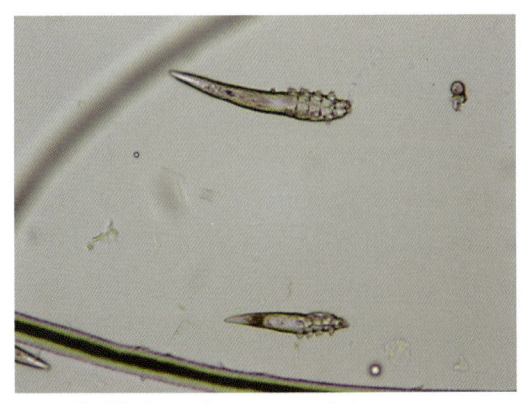

図2　被毛検査で観察されたニキビダニ。

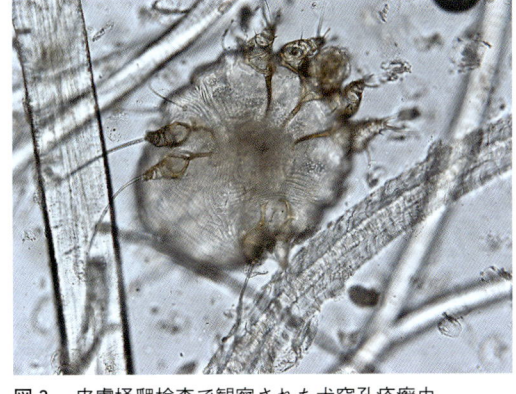

図3　皮膚搔爬検査で観察された犬穿孔疥癬虫。

2）疾患の特徴
①症状

　D. canis によるニキビダニ症では，脱毛，鱗屑（りんせつ），発赤，色素沈着などがみられ，痒みの程度はさまざまです。症状の分布により，限局性，全身性に分類されます。

　一般に1歳齢までの限局性ニキビダニ症は軽い治療ですみますが，全身性では免疫状態に影響するような全身状態の評価とともに十分な治療が必要です。

②発症年齢

　ニキビダニ症は，皮膚の免疫機能が正常に働かないときに発症します。よって免疫機能が未熟な子犬や皮膚機能が衰えた中高齢の犬に好発します。

　子犬のニキビダニ症は一般に皮膚機能の成熟とともに軽快しますが，1歳を過ぎて治らない場合もあり，高齢の犬では治療が困難なことがあります。

（3）犬の疥癬（ヒゼンダニ症）
1）病原体

　Sarcoptes canis（イヌヒゼンダニ）。雌315〜410×230〜300μm，雄200〜240×140〜170μm，卵160〜190×84〜103μm（図3）。

　発育環は宿主の体表のみで営まれます。通常は宿主から離れると長時間生存できませんが，最適な環境条件では2〜3週間生存できます。

2）疾患の特徴

　疥癬には2つの病態があります。子犬や免疫力の低下した犬では多量のダニが寄生する角化型疥癬，成犬では少数のダニ寄生によるアレルギー性皮膚炎を生じ，これは通常疥癬と呼ばれます。

3）症状

　皮疹の分布は，頭部（特に耳介の内側），後腹部（腹側），胸部（腹側），四肢（特に肘，踵）です。角化型疥癬では顕著な鱗屑がみられます。

　通常疥癬は激しい痒みを特徴とし，丘疹（きゅうしん），引っかき傷，鱗屑などがみられます。激しい痒みのため自傷による脱毛がみられることもあります。耳介・肢反射が症例の約80％でみられます（親指と人差し指で耳介を擦ると犬は後肢で搔き始めます）。

（4）猫のヒゼンダニ症（猫疥癬症）
1）病原体

　Notoedres cati（ネコショウセンコウヒゼンダニ）。雌230〜250×200〜250μm，雄150〜180×120〜145μm。

　このダニは一般に宿主から離れると数日間しか生存できません。

2）疾患の特徴

　このダニは宿主から離れると数日間しか生存

できず，周囲の温度が低いと3日以内に死亡します。人に一過性の皮膚病変を起こすことがあります。

3）症状

耳介内側辺縁より始まり，顔面，眼瞼および頚部に広がっていくことが多いです。

（5）ツメダニ症
1）病原体

犬：*Cheyletiella yasguri*。雌 350〜540 × 230〜340μm，雄 270〜360 × 170〜250μm，卵 200 × 100μm。猫：*Cheyletiella blakei*。

大型のダニで，鱗屑が特徴です。人にも伝搬することがあります（図4）。

2）症状

体幹部背側を中心に著しい鱗屑がみられます。軽度〜重度の痒み，脱毛がみられることがあります。

2．耳垢検査
（1）目的

耳道内の寄生虫検出や細胞診。

（2）検出できる寄生体
- ミミヒゼンダニ
- ニキビダニ（まれ）
- 細菌
- マラセチアなどの微生物

（3）標本の作製

寄生虫検出のための方法と細胞診（微生物検出を含む）があります。この章では，前者を説明いたします。後者は，第4章「耳の検査」を参照してください。
1）綿棒等で外耳道から耳垢をとり，カバーグラスにのせます。
①耳鏡で観察している際に白く動いているものが観察できたら，それを含むように耳垢をと

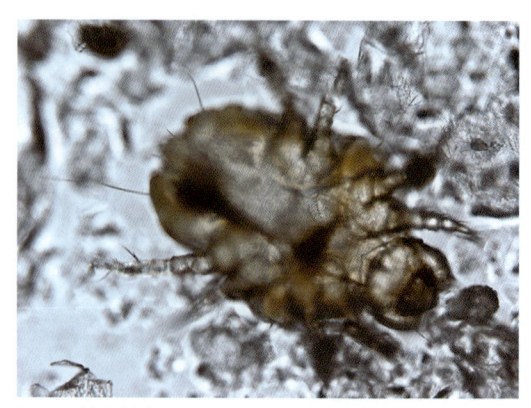

図4　鱗屑検査で観察されたツメダニ。

ります。
②黒い耳垢の時には，耳疥癬症の可能性が高いと思いますので，注意深く観察するようにしています。

2）ミネラルオイルを耳垢の上に垂らし，耳垢を薄く広げます。

3）カバーグラスをかけ，顕微鏡，弱拡大で観察を行います。

（4）観察・評価

ミミヒゼンダニの卵，幼ダニ，若ダニ，成ダニを観察できます。生きているダニが動いている様子を観察できることもあります。

3．皮膚掻爬検査
（1）目的

毛，角層，毛包内に寄生する寄生体の検査

（2）検出できる寄生体
- 角層：イヌセンコウカイセン虫
- 毛包内：ニキビダニ（*D. canis*, *D. inja*i）

（3）標本の作製（図5）
1）あまり掻き壊していない新鮮な病変部位に対し検査を行います。
①ニキビダニ症の場合には，頭部および前肢の

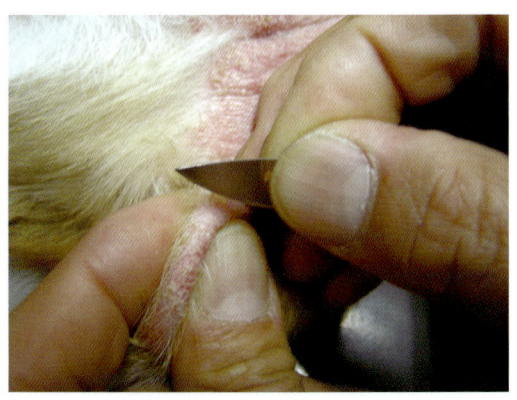

耳垢検査・皮膚掻爬検査による外部寄生虫の検出 chapter 17

図5-1 皮膚掻爬検査。検査する皮膚を強くつまみ、盛り上がった皮膚をメスで掻爬します。

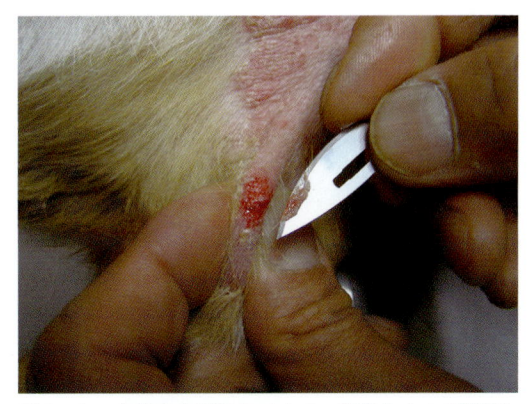

図5-2 点状出血が起こるまで、皮膚をメスで掻爬し検査材料を集めます。

図5-3 集めた材料を、カバーグラスの上のミネラルオイルに塗布します。

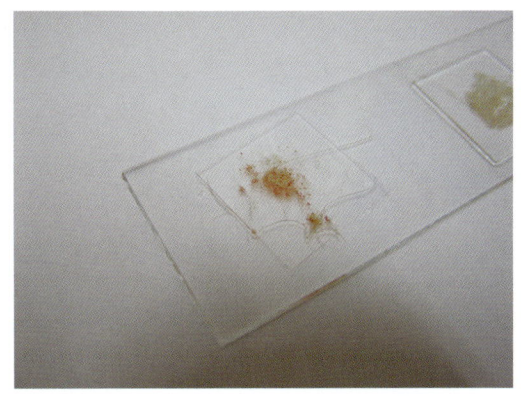

図5-4 カバーグラスを載せ、顕微鏡で観察します。

皮膚病変部位に対して行います。
②イヌヒゼンダニは、耳介辺縁，肘，踵などの皮膚病変に対して行います。

2）掻爬に使用するメスは、刃が丸く弧を描いているようなメス（No.10，No22など）を使って行います。

3）メス刃にミネラルオイルを付け，表皮を掻爬して材料を集めます。
①毛：病変の周囲にメス刃を軽く当て、折れた毛を集めます（出血するまで掻爬する必要はありません）。
②角層：鱗屑をメス刃で集めます（出血するまで掻爬する必要はありません）。

③毛包内：指で皮膚を強くつまみ，持ち上がった皮膚をメスの刃で削ぐように刃に対して直角方向に皮膚を擦って，表面を削り取ります（毛細血管から点状出血が起こるまで掻爬します）。

4）掻爬部位から落屑や血液などをメスで集め，スライドグラスの上にのせます。

5）ミネラルオイルを垂らし，カバーグラスをかけ顕微鏡弱拡大で観察します。

6）寄生虫が検出できたら，少し倍率を上げ，形態を観察します。

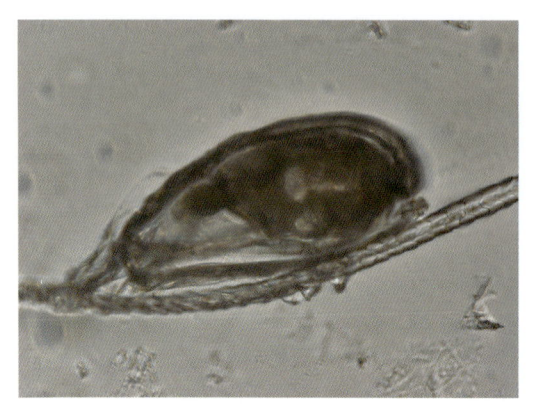

図6　被毛検査で観察されたツメダニの卵。

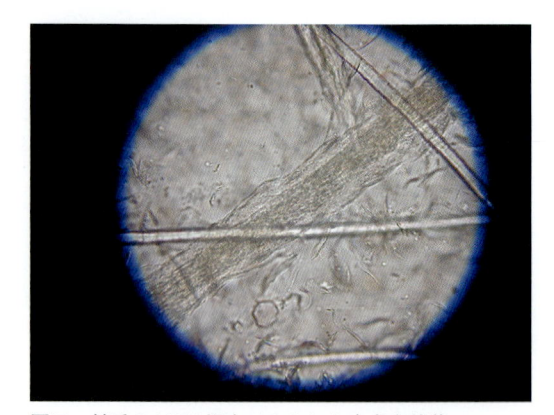

図7　被毛のKOH標本でみられた皮膚糸状菌。

（4）観察・評価
1）イヌニキビダニ
　各ステージのニキビダニ(卵,幼ダニ,若ダニ,成ダニ)を検出できます。正常な犬の皮膚からも検出されることがありますが,非常にまれです。

2）イヌヒゼンダニ
　角化型疥癬では多数のダニや卵が検出されますが,通常疥癬ではダニの寄生数が少なく,検出率は高くありません。

3）ネコショウセンコウヒゼンダニ
　犬のヒゼンダニ症よりは検出率が高いと言われています。

4．毛検査
（1）目的
　毛。毛包内の寄生体の検査

（2）検出できる寄生体
　毛：皮膚糸状菌,まれにツメダニの卵
　毛包内：ニキビダニ(*D. canis*, *D. injai*)

（3）標本の作製
1）鉗子で病変部の被毛をつまみ,引き抜きます。

2）ミネラルオイルを垂らし,カバーグラスをかけ顕微鏡観察します。
　皮膚糸状菌を検出しやすくするためには,KOH溶液を使います。

（4）観察・評価
1）ニキビダニ
　毛検査で毛包内にいるニキビダニを検出できることがあります。検出率はさほど高くありませんが,動物への侵襲が少ないという利点があります。

2）ツメダニの卵
　皮膚から2～3mm離れた被毛に滑らかな殻に覆われた卵(200 × 100μm)が観察されることがあります(図6)。

3）皮膚糸状菌
　毛の表層内部に小さな球形のものが連なってみえます(図7)。

5．くし検査
ツメダニ
（1）目的
　表皮あるいは毛に寄生する比較的大型の寄生体の検査

(2) 検出できる寄生体
- ノミ
- ツメダニ
- ハジラミ

(3) 標本の作製
1) 被毛および皮膚の鱗屑を目の細かい金属のコームで梳きます。

2) コームで集めた毛と鱗屑をスライドグラスにのせ，ミネラルオイルを垂らし，カバーをのせ，顕微鏡弱拡大で観察します。ツメダニは肉眼でも「歩くふけ」として観察できることもあります。

(4) 観察評価
1) ツメダニの特徴的な形態を見つけることができます。

獣医師に伝えるポイント

- 耳垢や皮膚の寄生虫の検査を動物看護士がどこまで行うかは事前に獣医師と話し合っておくとよいでしょう。たとえば，①検査材料の採取は獣医師が行い，顕微鏡観察は看護士が行う，②検査材料の採取から顕微鏡観察まですべてを看護士が行う，など病院によって異なりますので，役割分担を明確にしておく必要があります。
- 皮膚の検査材料の採取を行う場合，どの部位から採取するかが重要になります。獣医師の指示のもと行うか，事前に獣医師と相談し，採取後，獣医師に報告するようにしてください。
- 検査所見は獣医師に十分に報告し，不明な点があった場合には，獣医師に確認してもらう必要があります。
- 検出率を上げるため，複数回にわたり検査材料の採取を行いますので，その回数を獣医師に報告してください。

器具のメンテナンス

- 検査で使用した鉗子，メスなど皮膚や耳道，耳垢に触れたものは，良く洗浄し，消毒または滅菌してください。

動物の家族に伝えるポイント

- 皮膚掻爬検査は，検査によって軽度の出血・紅斑を起こしますので，検査前にご家族に内容を説明する必要があります。
- 人間に感染し症状を起こす寄生虫がありますので，どのように説明するかを獣医師と相談した上で，ご家族に説明してください。

大村知之（おおむら動物病院）

chapter 18 骨髄の検査

> **アドバイス**
>
> 　骨髄検査は，血液の中に異常な細胞が出現している場合に骨髄で白血病が起こっているのかどうかを判定するため，貧血や白血球減少が持続性や進行性にみられる場合や，異常な増加症（白血球，赤血球，血小板）がみられる場合の原因を追及するため，そしてある種の腫瘍の広がりを判定する（リンパ腫，肥満細胞腫）ためなどに行われる特殊検査です。
> 　骨髄検査における動物看護士の役割は，材料採取の補助，標本作製，スクリーニング的な観察です。

準備するもの

- ニューメチレンブルー染色液（図1）
  ニューメチレンブルー（NMB）（和光純薬）を0.1g計る。100mLの0.9％NaClに溶かし，ホルマリン原液を1mL加える。溶解液は濾過して褐色瓶に入れ，ストックとして冷蔵保存する。濾紙（コーヒーフィルターでもよい）で濾過した後の溶液を新しい10mLディスポーザブルシリンジに入れる。メンブランフィルター（ポアサイズ0.2～0.45μm）を装着し，その先に18Gの針を装着する。全体を遮光するためアルミフォイルで巻く。
- Jamshidi 骨髄針（13G）（図2）
- または小児用骨髄針（16G，18G）（図3）
- 吸入麻酔または局所麻酔
- 穴あきドレープ
- ライト・ギムザ染色用器材
  　メタノール
  　ライト液（図4）
  　ギムザ液（図4）
  　染色用バッファー（リン酸バッファー，pH 6.4）（図4）
  　　混合液の作り方（使用直前に調製）
  　　染色用リン酸バッファー
  　　（pH 6.4）　　　　　　　　8.6mL
  　　ライト原液（メルク）　　　　1mL
  　　ギムザ原液（メルク）　　　0.4mL
  キシレン
  スライドグラス・カバーグラス

  封入剤（商品名：ビオライト）（図5）

手技の手順

1．骨髄材料の採取

　猫では大腿骨近位端の転子窩や上腕骨骨頭，犬では同部位あるいは腸骨稜がよく用いられます。生検用の針は，通常は13GのJamshidi骨髄針が使用されます。これは吸引とコア生検の両方ができる針で，骨髄が吸引できない場合細胞診標本が作製できないので，直ちにコア生検を行うことができ，病理組織学的検査の材料が採取できます。あるいは小型犬や幼猫の場合，もっと細い16Gや18Gの針を使用することもありますが，獣医師の指示により準備してください。

　外科手術と同じように，毛刈り，消毒の後，皮膚をわずかに切皮して骨髄針を挿入します。

骨髄の検査 chapter 18

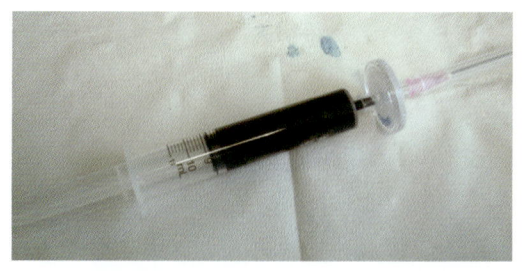

図1　注射筒に入れたニューメチレンブルー染色液。

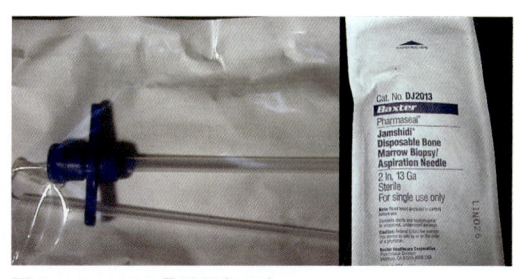

図2　Jamshidi 骨髄針（13G）。

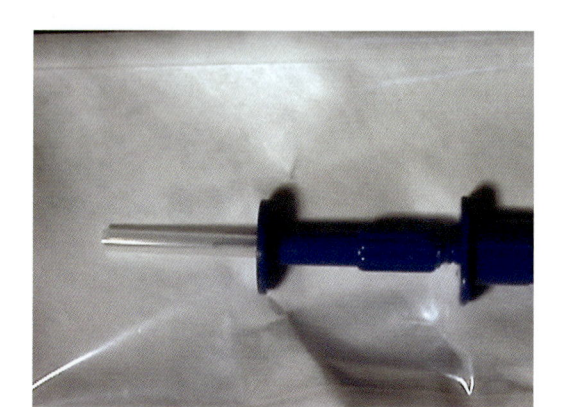

図3　小児用骨髄針（16G, 18G）。

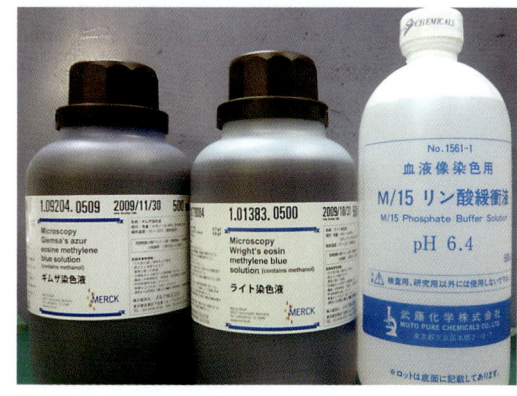

図4　ライト液，ギムザ液と染色用バッファー。

図5　封入剤（ビオライト）。

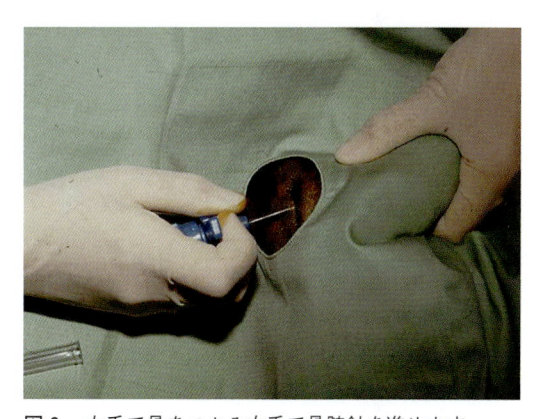

図6　左手で骨をつかみ右手で骨髄針を進めます。

　右利きの術者の場合，左手で上腕骨を保持し，右手で骨髄針を回しながら骨皮質を貫通させます（図6）。骨髄腔に達した後，骨髄針のキャップを回して外し，スタイレットを引き出します。ここで看護士は術者に滅菌の5 mL ディスポーザブル注射筒を渡します。術者は注射筒を装着して吸引します。シリンジのハブ部分に赤いものがみえた時点で吸引をやめ（図7），骨髄針は刺したままでシリンジを外し，骨髄針のキャップがはめられます。術者からシリンジが看護士に渡されるので，骨髄液1滴をカバーグラスにとって塗抹を作り（図8），ニューメチレンブルーを1滴スライドグラスの上にとり，材料をその場で染色して骨髄であることを確認します。

　骨髄であることの確認には，有核細胞が多く採取されていること，脂肪滴がみられるこ

図7　シリンジのハブ部分に吸引された赤い液体がみえます。

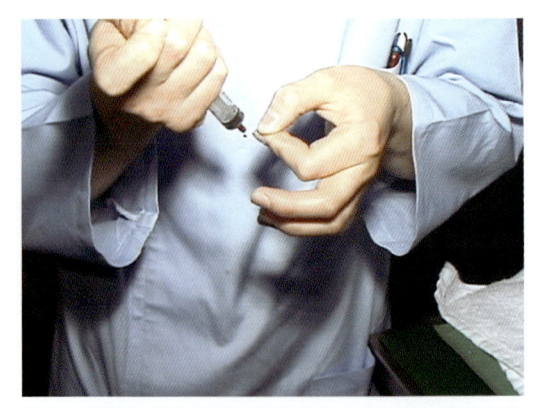

図8　骨髄かどうか確かめるためすぐに塗抹標本を作ります。

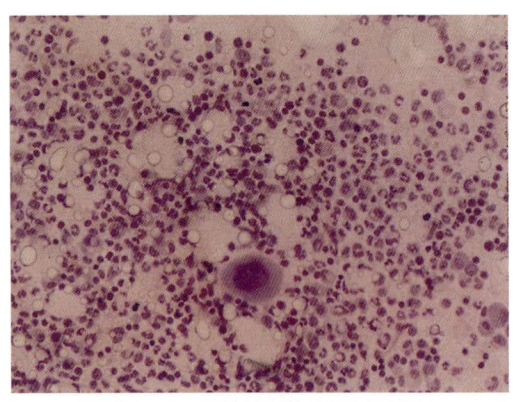

図9　骨髄ならば，脂肪を背景に多量の細胞と，大型の巨核球がみえます。

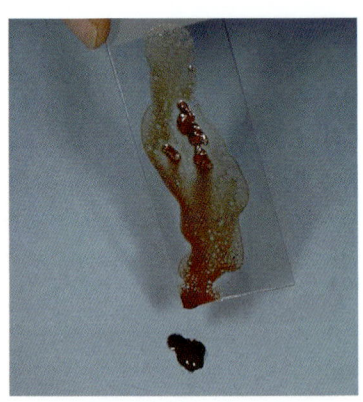

図10　過剰な血液の混入はスライドグラスの上で落とします。

と，骨髄巨核球がみられることを観察します（図9）。骨髄であることが確認されたら，骨髄針を抜いて終了となります。

　多くの材料を塗抹する場合には，やや多めのEDTAと混ぜます。かなり多くの血液と共に骨髄が採取された場合には，血液と骨髄の粒状物（ユニットパーティクル）を分けます。スライドグラスの上で材料を流し，スライドグラスに付着した粒状物だけを塗抹する方法（図10），あるいはEDTA加の材料をペトリ皿にとって，傾けながらピペットで粒状物を採取して塗抹する方法があります。骨髄の塗抹作製は血液塗抹と若干異なるので，十分練習して良好な骨髄塗抹ができるようにしておきます。抗凝固剤を使用しない場合は，迅速に塗抹を作るようにしな いとすぐに固まります。

2．骨髄塗抹標本のライト・ギムザ染色

　塗抹は通常のライト・ギムザ染色で染めますが，血液に比べて長めに染色します。骨髄標本では，フィールド染色，ディフクイック，ヘマカラーなどの簡易染色は使用しないでください。各種の骨髄細胞の鑑別や腫瘍性細胞の同定が困難になります。市販のライト液，ギムザ液に加え，pH6.4の染色用リン酸バッファーを必ず使用します。

　蒸留水や水道水では正しい発色は得られません。染色に先立ち，新しいものが入ったビンからメタノールをピペットで吸い，細胞の上に広げて3〜5分間固定します（図11）。その間に，

「準備するもの」で記載したライト・ギムザ染色液を作製します。染色液ができたら，固定用メタノールを捨てて，標本上に染色液を満載します（図12）。

染色時間は大体45分程度ですが，途中で染色液が下に流れて標本が乾燥しないように注意します。水洗は，流水を直接細胞に当てて，1分程度十分に行います。水洗は血液塗抹よりもやや入念に行って下さい。その後スライドやカバーグラスは立てかけて水を切り，ドライヤーで完全に水分を飛ばします。次にキシレンにつけて，封入剤を1滴つけて封入します（図13）。

40倍の対物レンズで鏡検することが多いため，この封入操作は必須です。

3．骨髄のスクリーニング評価
（1）細胞充実性

全体の細胞充実性（標本中で細胞成分が占める割合）をユニットパーティクルの細胞が多い部分で調べます。

正常像は年齢によって異なり，若齢動物では充実性は高く細胞成分は正常でも75%に達することがあります。中年動物では通常50%，老齢動物では充実性は下がり30〜40%でも正常範囲です。すなわち，中年から老年の動物での正形成とは，脂肪と骨髄細胞が交互にみられる程度の充実性です（図14）。過形成は全面に細胞が塗抹されているものです（図15）。低形成は細胞成分に乏しいものです（図16）。

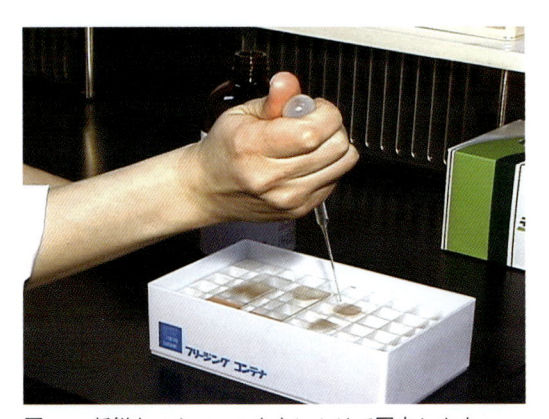

図11　新鮮なメタノールを上にかけて固定します。

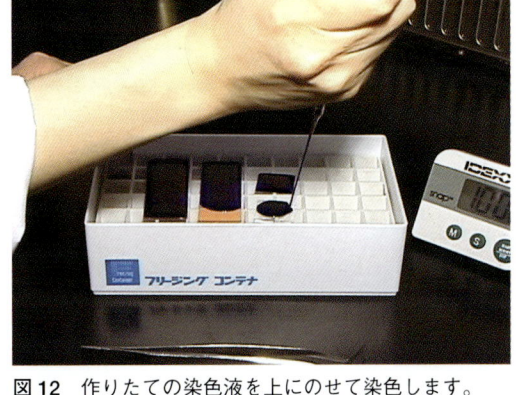

図12　作りたての染色液を上にのせて染色します。

図13　キシレンにつけた後，封入剤で封入します。

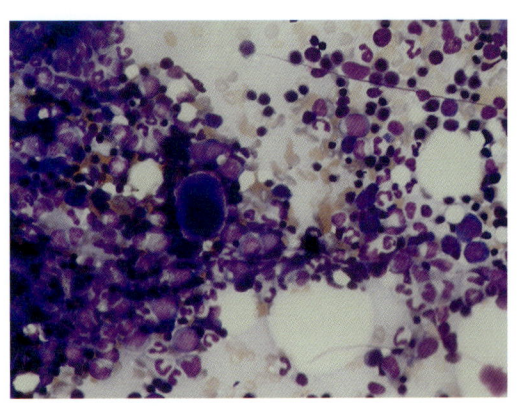

図14　左側の濃い部分がユニットパーティクルです。正形成の標本です。

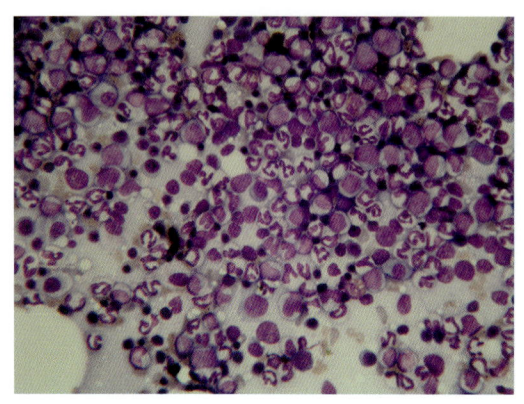

図15　細胞がぎっしりの過形成。

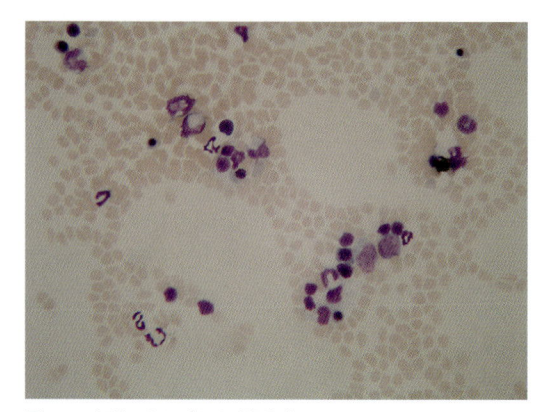

図16　細胞がまばらな低形成。

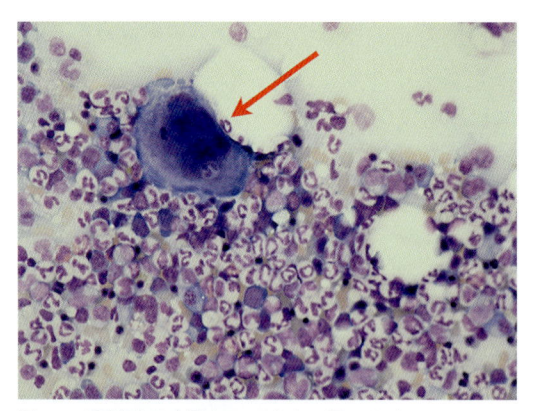

図17　巨核球は大型なのですぐに探せます。

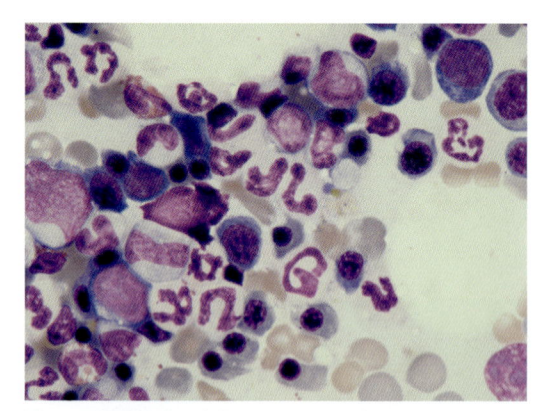

図18　骨髄球系と赤芽球系両方の細胞がみえます。

(2) 巨核球は存在するか

つぎに，低倍率のまま，骨髄巨核球の有無，増減をみます（図17）。結果は，「あり，なし，増加」のいずれかを書きます。

(3) 骨髄球系と赤芽球系の比

骨髄球系と赤芽球系の大体の比（M/E比）を評価します。

400倍の視野で，大体500個の細胞をざっとみます。骨髄球系の細胞群は，骨髄芽球，前骨髄球は大型の円形核を持った細胞で，次第に核は陥凹を持ち，細くなってみなれた好中球の形になってくるので区別できます。赤芽球系は，原赤芽球と前赤芽球の段階では，骨髄球系よりもやや小型で，また細胞質の好塩基性が強いので鑑別できます。また好塩基性赤芽球以降は，核が濃縮気味になり，またほぼ正円にみえるので，骨髄球系とは明らかに異なるのでわかります。

したがって，慣れれば400倍でもM/E比の算出はそれほど困難なくできます。やや大型で核の色が薄めに染まるものが骨髄球系（M），やや小型で濃く染まり核も円形のものが赤芽球系（E）と覚えます（図18）。

ME比は，犬では大体1.25が平均で，猫では大体1.6程度が平均です。

(4) ある系統の過形成はあるか

過形成とは，一般に造血が高まった状態であり，貧血への反応や好中球消費への反応，血小板消費への反応として起こります。

したがって芽球や幼若細胞も増えていますが，それにも増して分化したものの方が多くなっています（図19～21）。

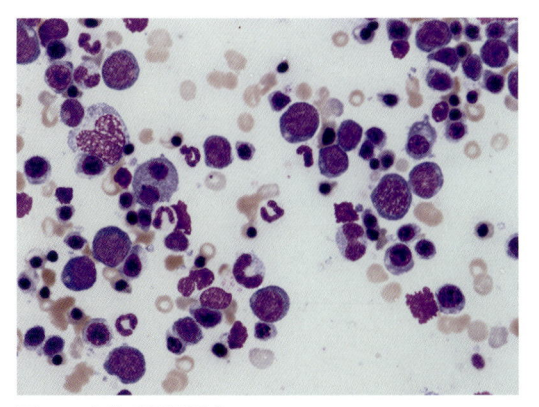

図19　赤芽球系過形成。

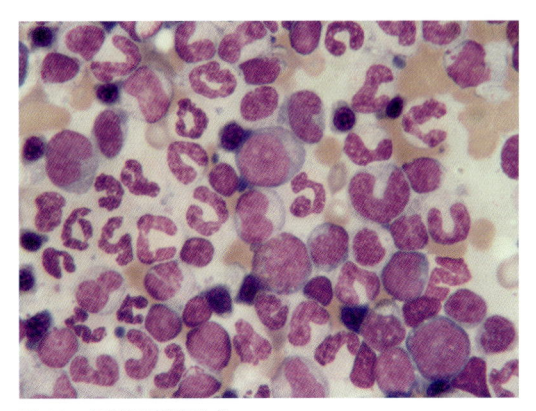

図20　骨髄球系過形成。

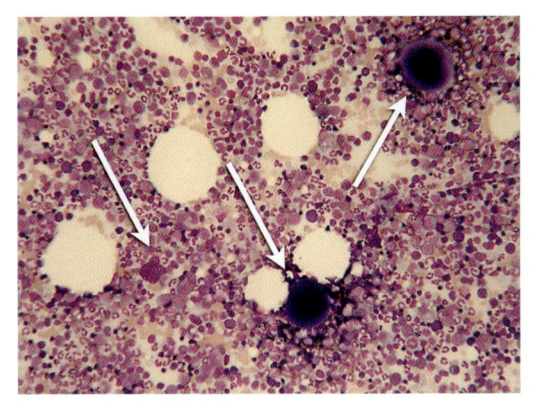

図21　巨核球系過形成。

（5）ある系統の低形成・無形成はあるか

　ある系統をあまり作っていない状態を低形成と呼びます。したがって赤芽球系低形成といえば、骨髄中で赤芽球系細胞が少なく、赤血球造血があまりみられず、最終生産物の多染性赤血球もみられない状態です。無形成とは多くの場合複数あるいは全系統が全くみられなくなった状態をさします。

（6）成熟分化過程は正常か

　幼若なものが少なく、分化したものの方が多い、いわゆる正常のピラミッド構造を形成しているかどうか、最終生産物まで全部の段階が確認されるかどうかをチェックします。

（7）最終生産物は十分あるか

　わかりにくければ油浸レンズで個々の細胞の形態を観察します。

　注目するのは最終段階の細胞で、骨髄球系では桿状核球と分葉核球、赤芽球系では後赤芽球と多染性赤血球です（図22, 23）。

（8）異形成所見はあるか

　骨髄は細胞成分に富み、一見過形成にみえるが、実際には幼若な細胞が多すぎたり、異常な形態の細胞がみられたり、最終生産物が十分にみられない状態です。

　この場合は異常所見なので獣医師の判断を仰いで下さい。異形成における形態異常としては、巨赤芽球、核細胞質分化不一致、2倍体細胞、巨大後骨髄球、巨大桿状核球、輪状核好中球などがあります（図24）。

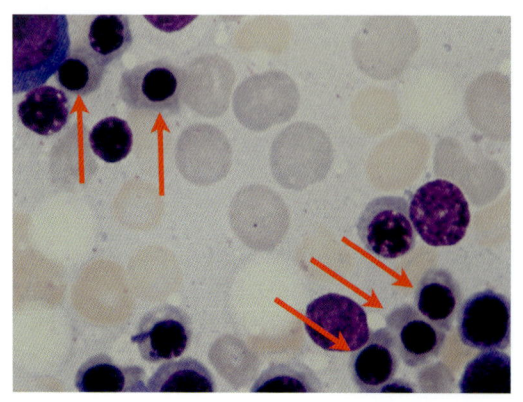

図22 赤芽球系の最終生産物である後赤芽球（矢印）。

図23 骨髄球系の最終生産物である桿状核球。

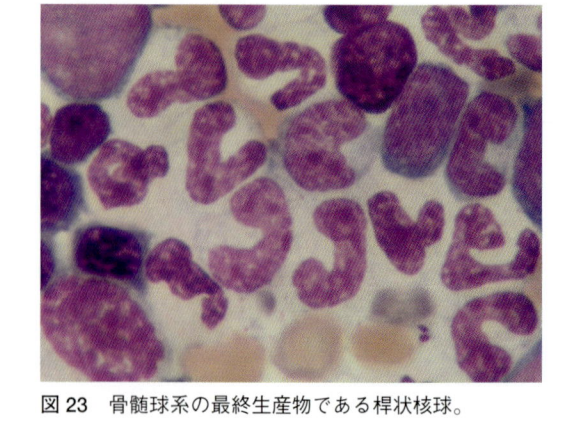

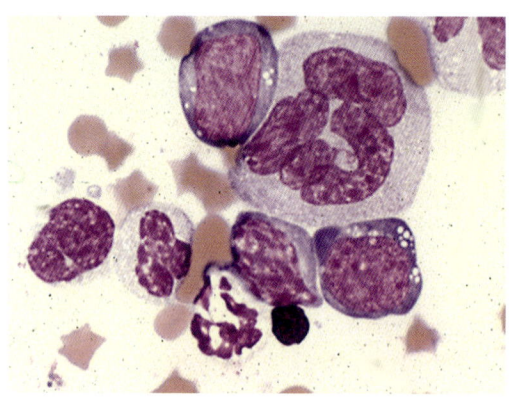

図24 異形成所見の巨大好中球。

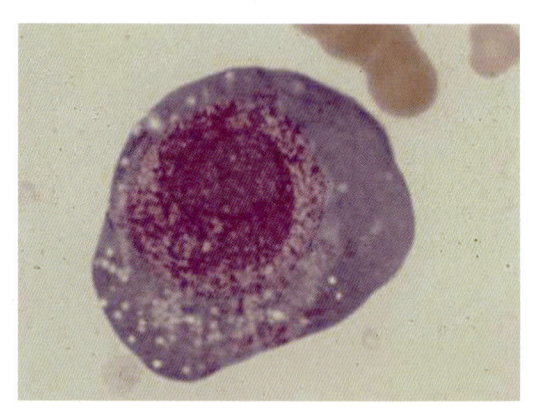

図25 異型性を持った（核小体が大型）赤芽球系細胞。

（9）異型な細胞は出現していないか

　異型な細胞とは，悪性所見を伴った細胞という意味で，すなわち悪性の腫瘍性増殖を示唆する所見となります。

　核の大小不同，核小体の異常，クロマチンの異常，核膜の異常，異常分裂像，核と細胞質の分化アンバランスなど多彩な悪性所見が観察されることがあります。この場合も獣医師の判断を仰いで下さい（図25）。

（10）芽球比率は30％を超えていないか

　幼若細胞が多い場合，急性白血病であると判定するためには，正確な芽球比率を算定する必要があります。

　核を持った細胞の中で，芽球（核小体を持った幼若細胞）の比率が30％以上であれば急性白血病と診断されます。この場合も獣医師の判断

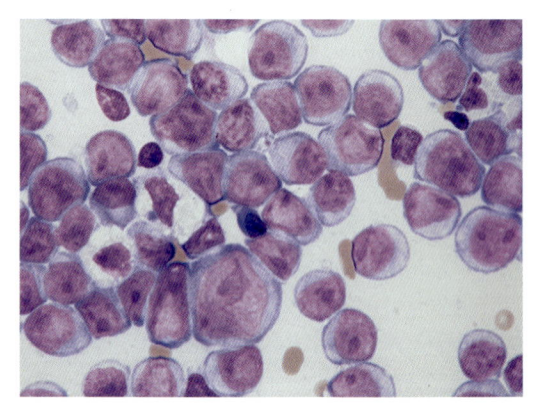

図26 核小体を持った細胞ばかりで芽球比率が高いです。

を仰いで下さい（図26）。

（11）骨髄造血系以外の細胞の増加は

　マクロファージ，リンパ球，プラズマ細胞，肥満細胞などは，正常の標本では1％未満しか

骨髄の検査 chapter 18

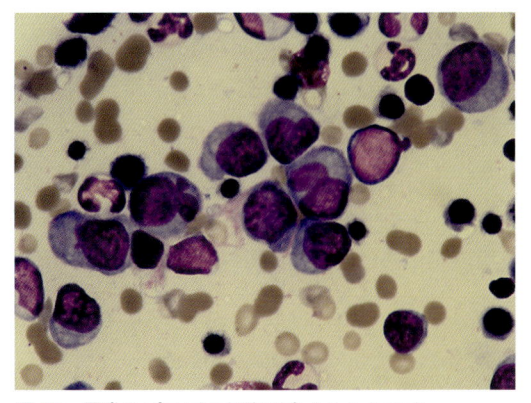

図27 異常なプラズマ細胞が多くみられます。

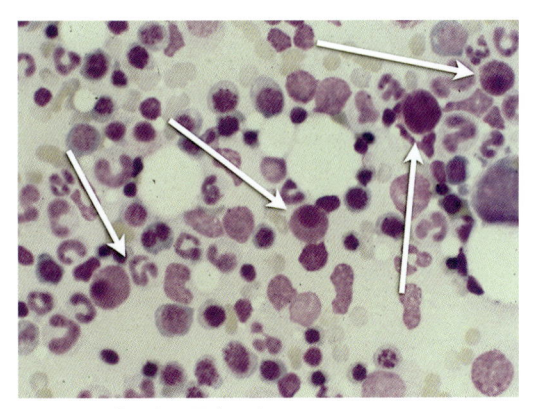

図28 肥満細胞が異常に多いです。

みられません。

ただし，リンパ球，プラズマ細胞の過形成がまれにみられることがあります。過形成があっても，犬ではリンパ球は5％を超えないのが普通ですが，猫では過形成で，20％程度までみられることがあります。異型性がある場合や，芽球比率が高まっている場合，幼若プラズマ細胞が増加している場合には，腫瘍性疾患も疑われるので，獣医師の判断を仰いで下さい（図27）。

骨髄の核を持った細胞中，肥満細胞は1/1,000以下が正常で，それ以上みられる場合は異常所見として報告します（図28）。

器具のメンテナンス

- 骨髄針はきちんと洗浄して，ガス滅菌をかけることで複数回使用できます。
- 針の内部に血液がこびりついたりしないよう，すぐに洗うようにします。

獣医師に伝えるポイント

- 細胞充実度は高いか低いか。
- 巨核球は存在するか，みられないか。
- M/E比はどうか。
- ある系統の過形成はあるか。
- ある系統の低形成・無形成はあるか。
- 成熟分化過程は正常か。
- 最終生産物（桿状核球，多染性赤血球）は十分あるか。

ここまでは，まず動物看護士の観察でしっかりと伝えて下さい。

以下のような所見が疑われる場合には，獣医師の指示を仰いでください。

- 異形成所見（分化成熟の乱れ）。
- 異型な細胞の出現。
- 芽球比率が30％を超える。
- 骨髄造血系以外の細胞の増加が疑われる。
- あってはならない細胞（がん細胞など）が疑われる。

動物の家族に伝えるポイント

- 骨髄検査について聞かれたら，短時間の麻酔をかけて骨髄の中の細胞をみる顕微鏡検査と伝えて下さい。
- これにより，現在ある血液の病気が詳しく診断できる可能性がありますと説明します。

石田卓夫（赤坂動物病院，医療ディレクター）

chapter 19 特殊検査

> **アドバイス**
>
> 特殊検査とは，確定診断に向けて，病気が疑われる臓器系に対して特異的な検査を行うもので，必ずスクリーニング検査の後に行います。
> すなわちスクリーニング検査で悪いと思われる臓器系を特定して，その次に行う性格のものです。したがって，臓器系を絞り込まずに，スクリーニング的に特殊検査を行ってはなりません。

特殊検査の種類

1. 内分泌検査（ホルモン検査）
2. 特殊画像検査（造影検査，内視鏡検査，CT，MRIなど）
3. 細胞病理学的検査（細胞診，病理組織学的検査）
4. 機能検査（肝機能検査，腎機能検査など）
5. 神経学的検査
6. 心臓検査
7. 臓器特異的検査（膵臓など）

1．内分泌検査

詳しくは「内分泌学的検査とは」（第21章）を参照して下さい。

ホルモンは単一のホルモンを1点測定することはできるだけ避け，刺激してどれだけホルモンが出てくるかを評価することが多く行われます。

甲状腺ホルモンに関しては，以前はTSH刺激試験というものがよく行われましたが，現在ではTSH（甲状腺刺激ホルモン）の入手がやや困難なため，かわりに遊離T4やTSH自体の測定を組み合わせて甲状腺機能を評価しています。その他，副腎皮質ホルモンの刺激試験，抑制試験などが行われます。インスリンの測定，上皮小体ホルモンの測定に関しては，それらのホルモンが影響する物質の濃度，たとえば血糖値や血中カルシウム濃度，に照らしてホルモン濃度を評価します。

2．特殊画像検査

造影検査，内視鏡検査，CT，MRIなどを行う場合には，どこの部位を画像で評価するかという部位の特定ができていないと検査ができません。

すなわち，造影剤を入れるのも，内視鏡を入れるのも，消化管のどこをみたいという目的を持って行います。CTやMRIはX線検査で検出できないような病変を探したり，神経系の内部を詳細にみたいという目的で行いますが，それもどこを撮影するかという目的がないとできません。

3．細胞病理学的検査

細胞診や病理組織学的検査は，生検により組織を採材して，顕微鏡検査を行い，確定診断，あるいはそれに近い診断を得るために行います。通常は採材する臓器をスクリーニング検査で特定して，そこから細胞や組織を採取します。

4．機能検査

ホルモンの検査も機能検査ですが，それ以外では肝機能検査，腎機能検査などが代表的です。肝臓では，食前，食後の総胆汁酸，あるいはアンモニアの測定が行われます。腎臓では，ある

物質を血液に注入して，それが腎臓から排泄されて，血中濃度がどう変わるかをみる，クリアランス試験が行われます。

5．神経学的検査

神経学的検査は，身体検査で神経学的疾患が疑われたときに，病気が神経系のどこにあるのかを特定するために行われる検査です。

これで，病変は脊髄であれば脊椎の何番目にあるのか，大脳なのか小脳なのか，大脳であれば右か左か，あるいは深いところか，などを様々な反射などを評価しながら特定します。この検査の後にMRI検査や造影CT検査などを行って，どのような病変が実際にあるのか確かめます。

6．心臓検査

聴診で心雑音が聴かれた場合，心拍リズムの不整が聴かれた場合など，心臓のX線評価とあわせて心電図検査を行います。最近では心臓のエコー，カラードップラー検査も多く行われるようになっています。

7．臓器特異的検査

膵臓に特異的なリパーゼの検査が，犬でも猫でも利用できるようになっています。これで膵炎を検出できます。

8．その他の検査

呼吸器系に関する特殊検査はあまり簡単に行えませんが，痰を細胞診でみたり，食塩液を気管に入れて咳で出てきたものを細胞診で観察し，細菌培養することもあります。

細菌培養は，尿，糞便，傷など様々な材料で行い，使用する抗生物質を決定します。

隠れた炎症を検出するためのCRP検査は，炎症部位を特定できるものではないので，スクリーニング的に用いたり，治療経過の判定のために利用します。

病原体の検査としては，FeLVやFIV感染を検出する検査はよくスクリーニング的に行いますが，その他にも遺伝子検査で下痢の原因，呼吸器疾患の原因，貧血の原因などを確定する検査があります。

獣医師に伝えるポイント

・獣医師はすべて，看護士の出すデータを基に判断を行うのです。検査毎に検体の扱い方，外注検査への出し方が違うので，病院で行っている検査のマニュアルを整備しておきましょう。

動物の家族に伝えるポイント

・看護士が，検査の内容を把握していれば，家族の質問にもある程度答えることはできます。診断を行うべきではありませんが，こういったところを今みているのですという説明はできるでしょう。

・動物には苦痛がかからないこと，採血のためにどれだけ病院にいる必要があるのか説明できるだけでも，家族の安心が得られます。

石田卓夫（赤坂動物病院，医療ディレクター）

chapter 20 クロスマッチ試験の手順

> **アドバイス**
>
> 　クロスマッチ試験とは，輸血する血液と患者の血液が免疫反応を起こし，輸血した血球が壊れたり，輸血によりショック反応が起きる危険があるか，事前に副反応のリスクを評価するための検査です。
> 　輸血は生命に危険が及ぶような大きな副反応を引き起こしかねないため，事前の検査としてクロスマッチ試験は重要で，慎重に実施する必要があります。
> 　またこの検査は手順が煩雑で時間がかかります。できるだけ円滑，正確に検査を行なうには検査手技への理解を深めることと，事前準備をしっかり行うことが重要です。

手技の手順

1．患者・ドナーからの採血

　患者（血液を輸血される動物）・ドナー（血液を提供する動物）それぞれから血球が0.25mL程度得られる量をEDTA（エチレンジアミン四酢酸塩：抗凝固剤）チューブに採血し，（例：PCV＜赤血球容積率＞50％であれば0.5mL，PCV20％であれば1.25mL採血する），この段階でそれぞれのTP/PCVをチェックしておきます（TP：血漿総タンパク）。

　保存血液を輸血する場合は，患者の採血血液とドナーのクロスマッチチューブを用意します。

2．血漿分離（図3）

①患者，ドナーの血液検体をそれぞれスピッツ管に移します。
②遠心分離を行います（3,400rpm，1〜2分）。
③分離された血漿をそれぞれプレインチューブに移します。
④血球が残ります。

3．血球洗浄（図4）

①残った血球に2〜4mLの生理食塩水を加えます。

準備するもの

- カバーグラス（A）
- スライドグラス（B）
- マイクロピペットチューブ（C）
- スポイト（柄の長い物と短い物）（D）
- 生理食塩水（E）
- シリンジ（F）
- 注射針（G）
- プレインチューブ2個（H）
- スピッツ管4本（I）
- サンプルカップ2個（J）
- 遠心分離機（速度調節可能なもの）
- 37℃加温槽（無くてもよい）

※プレインチューブ・スピッツ管・サンプルカップ各2セットには，それぞれ患者名，ドナー名を事前に記載したラベルを貼っておきます。また，残りのスピッツ管2本には，主試験・副試験と記載したラベルを貼っておきます（図1，2）。

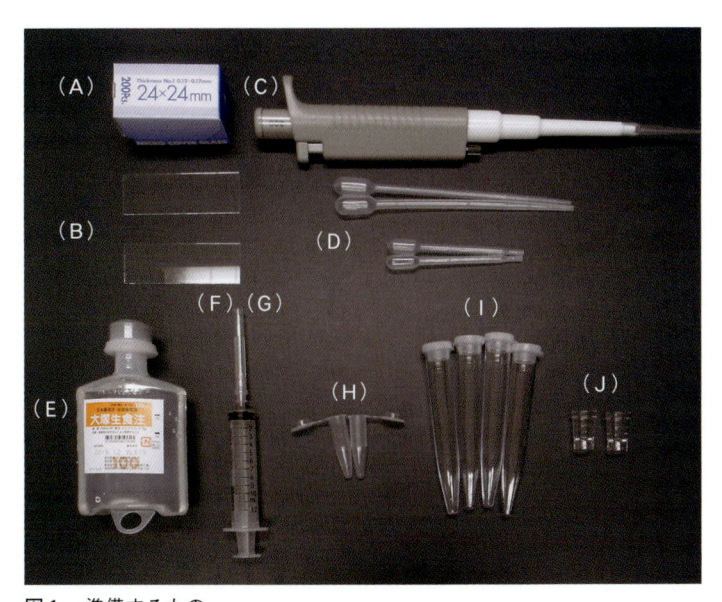

クロスマッチ試験の手順 chapter 20

図1 準備するもの。

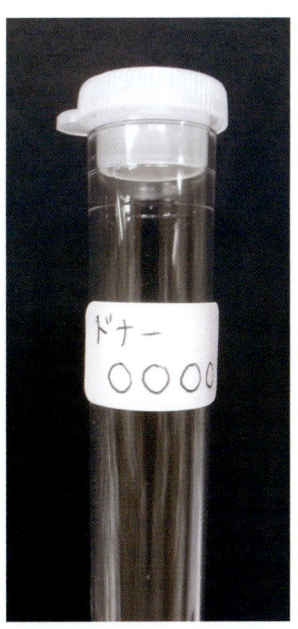

図2 事前に記名したラベルを貼っておきます。

②転倒混和します。
③遠心分離をします(3,400rpm, 1～2分)。
④遠心分離された上清を捨てます。
⑤洗浄された血球が残ります。
　計3回, 洗浄を行います(2回, ①に戻る)

4. 血球浮遊液の作製(図5)

サンプルカップ2個に生理食塩水を0.8mLずつ入れ, 患者・ドナーそれぞれの洗浄した血球をマイクロピペットで20μLずつ加え混和します。

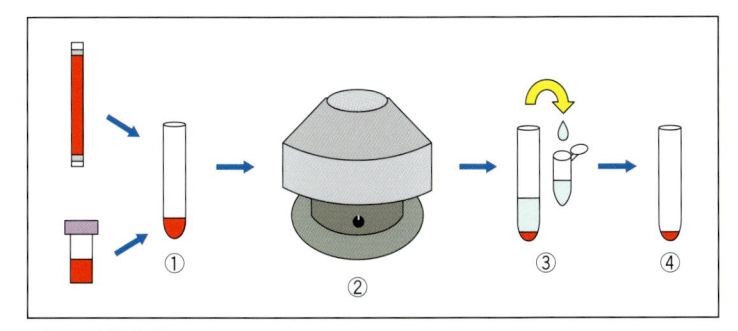

図3 血漿分離。

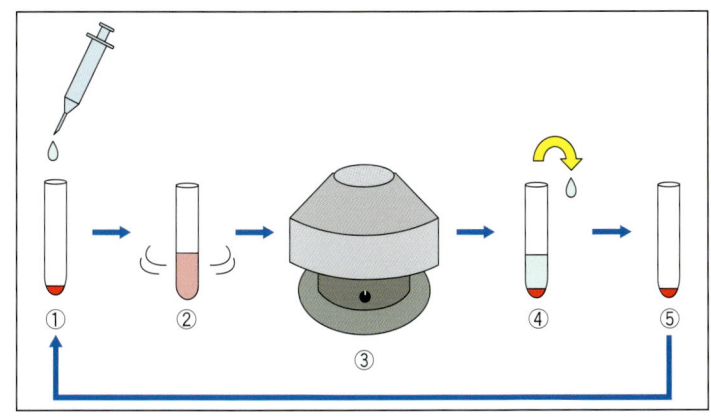

図4 血球洗浄。

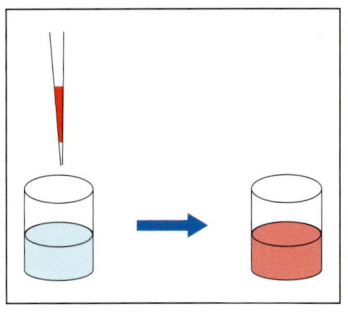

図5 血球浮遊液作製。

169

5．クロスマッチ試験(図6)

（1）スポイトで患者の血漿2滴とドナーの血球浮遊液1滴を主試験のスピッツ管に入れます。同様にドナーの血漿2滴と患者の血球浮遊液1滴を副試験のスピッツ管に入れます。

（2）37℃の加温槽で15分加温します(無い場合は室温で30分静置します)。

6．評価

加温後の肉眼で観察した時の状態と，液をスライドグラスにとって顕微鏡で観察した時の状態で以下のように評価します。

（1）試験管内の上清が溶血している様子がみられるか，みられないか。

（2）肉眼的に，試験管を穏やかに振とうして大型凝集塊がみられるか，みられないか。

（3）肉眼的に，試験管を穏やかに振とうして小型凝集塊がみられるか，みられないか。

（4）顕微鏡観察で血球の凝集がみられるか，みられないか。

以上のポイントがすべて「みられない」の評価ならクロスマッチ試験は適合，1つでも「みられる」ならば不適合です。（4）の凝集は，連銭による血球の集合でないかどうか注意深く評価します。カバーグラスに軽く触れ血球塊を刺激したときに，容易に塊が分離する場合や，生理食塩水で薄めることで塊が分離する場合は凝集ではありません(図7〜11)。

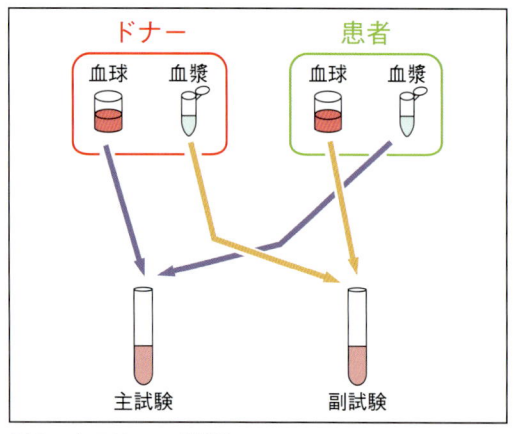

図6　クロスマッチ試験。

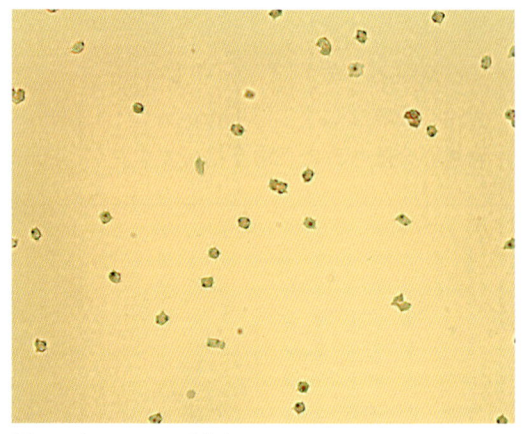

図7　クロスマッチ適合。

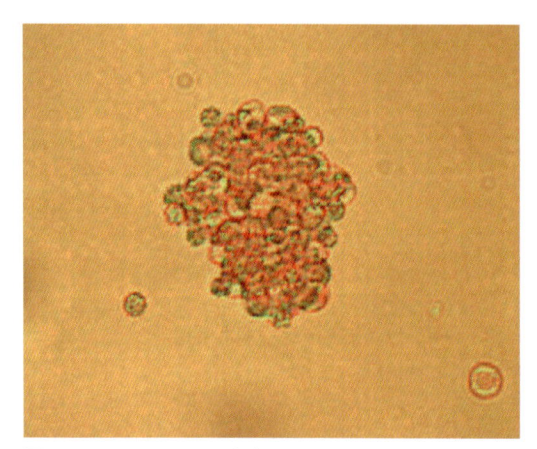

図8　クロスマッチ不適合。

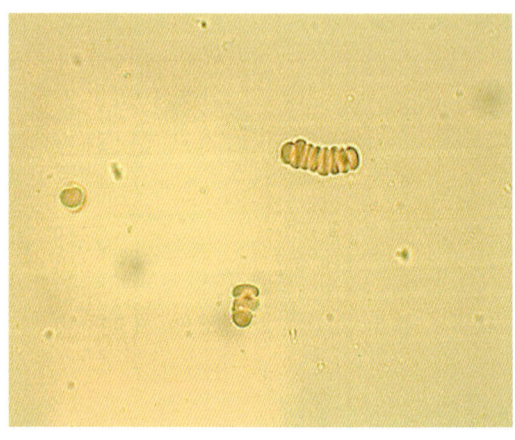

図9　連銭(血球の平面が互いに重なり合って貨幣を積み重ねたような集合)。

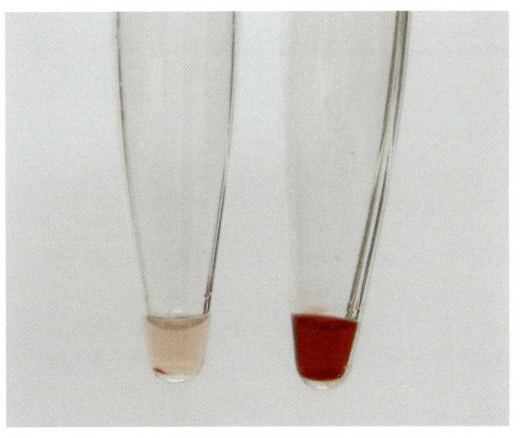

クロスマッチ試験の手順 chapter 20

図10 溶血。右の試験管は肉眼的に溶血が確認されました。

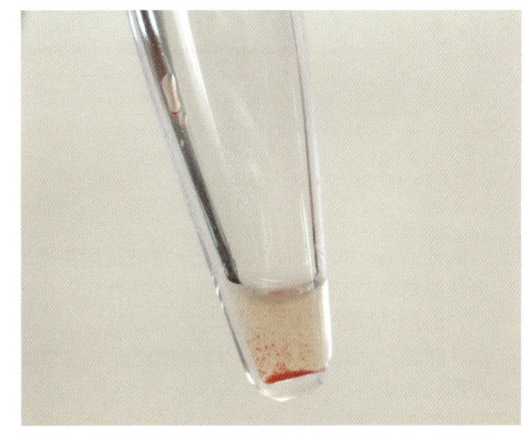

図11 肉眼的に凝集が確認されたクロスマッチ試験。

獣医師に伝えるポイント

■クロスマッチ前後でのドナー情報の確認
・輸血する患者や血液のとり違いはあってはならないものです。安全で適切な輸血を実施するために，クロスマッチの前と後で確認を徹底しましょう。
・どのドナーの血液とどの患者についてクロスマッチ試験を実施するのか確認しましょう。
・血液製剤のタイプ（新鮮全血，保存全血，新鮮凍結血漿，凍結血漿のいずれであるか）を確認しましょう。
・血液製剤または献血予定ドナーの血液型，TP/PCVを確認しましょう。

■結果について
・クロスマッチ試験の適合，不適合評価は主観的になりがちであり，難しいものです。
・最終的な判断は獣医師に委ねるべきですが，「6．評価」の項であげている4点について観察し，主試験，副試験それぞれでの結果を獣医師に伝えましょう。

■クロスマッチ試験結果の管理
・患者によって複数輸血を行なうケースがあります。
・適合しやすいドナーを選ぶために，過去にどのドナー血液とクロスマッチ試験を行い結果がどうであったか，どの患者の血液を実際に輸血したか，をきちんと記録しておきましょう。

器具のメンテナンス

・遠心分離機は，年1回定期的にメンテナンスをしましょう。

動物の家族に伝えるポイント

■クロスマッチ試験とは
・飼い主にとってクロスマッチ試験という言葉は聞きなれないものです。どういった検査であるのか，分かりやすく簡単に説明しましょう。

■結果について
・適合・不適合は，獣医師に評価を確認してもらってから伝えましょう。
・クロスマッチ試験が適合であっても，輸血の副反応が起こらないとは言い切れないことに注意して下さい。（クロスマッチ試験では白血球抗体等による免疫反応は評価できないため）「輸血の副反応の危険性は，低いことが確認されました」と伝えましょう。

内田恵子（ACプラザ苅谷動物病院）

chapter 21 内分泌学的検査とは

> **アドバイス**
>
> 内分泌系とは生体の機能を一定に維持するための「ホルモン」を分泌して，成長，物質代謝，性行動，自律運動などを調節する器官系のことを指します。
>
> このような働きを持つ主な内分泌器官としては，視床下部，下垂体，上皮小体，甲状腺，副腎（皮質・髄質），膵臓，卵巣，精巣などがあります。内分泌器官が病気になると，全身性に様々な症状が現れます。
>
> 本章では臨床の現場で多くみられる甲状腺疾患，副腎疾患，糖尿病に関して，重要と思われる検査を分かりやすく解説します。

[Ⅰ．甲状腺疾患]

甲状線疾患と甲状腺ホルモンのメカニズム

甲状腺ホルモンには，細胞の中で活性型として働くトリヨードサイロニン（T3）と，血漿中で輸送型として存在するサイロキシン（T4）があります。これらの甲状腺ホルモンは，全身の細胞に作用して代謝を活発にさせる触媒のような働きを持っています。

甲状腺ホルモンは下垂体から分泌される甲状腺刺激ホルモン（TSH）の刺激によって分泌が促されます。さらにTSHの分泌は視床下部から分泌される甲状腺刺激ホルモン放出ホルモン（TRH）によって調節されます。血液中の甲状腺ホルモン濃度が上昇すると，ネガティブフィードバック機構が働き，下垂体によるTSHの産生が抑制され，反対に甲状腺ホルモンの産生量が抑制されます（図1）。

小動物の甲状腺疾患には，犬に多く認められる甲状腺機能低下症と，猫に多い甲状腺機能亢進症があります。

A．甲状腺機能低下症の診断

診断の手順

甲状腺機能低下症の診断は以下に示す3つのステップで進めます。甲状腺の病気が疑われたら，すぐに甲状腺ホルモンの測定を行うのではなく，特徴的な臨床症状や一般臨床検査的所見が認められた場合に行うのが一般的です。これはホルモン検査が他の一般血液検査に比べ高額

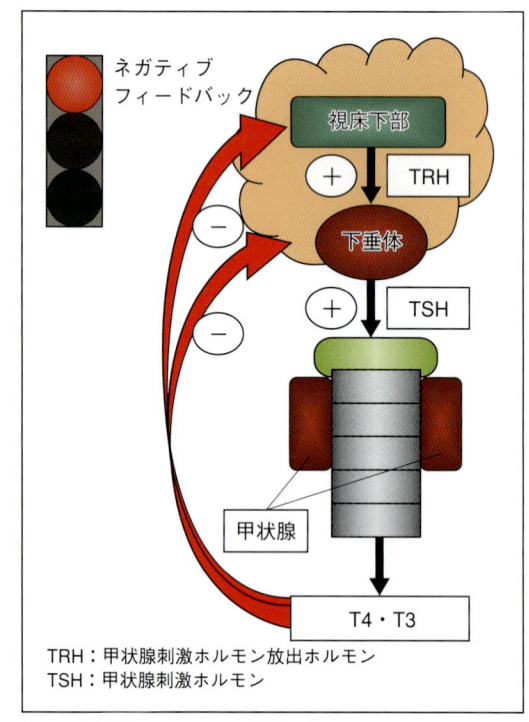

図1　甲状腺ホルモンの分泌調節。

TRH：甲状腺刺激ホルモン放出ホルモン
TSH：甲状腺刺激ホルモン

内分泌学的検査とは chapter 21

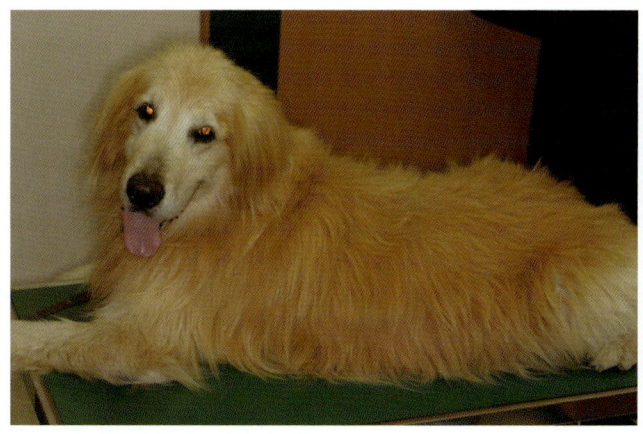

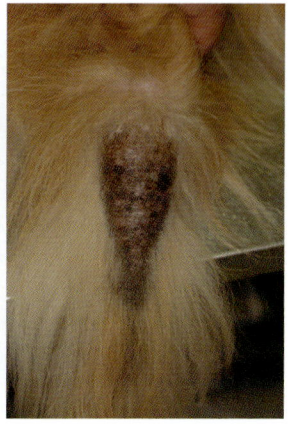

図2　甲状腺機能低下症の犬に認められたラットテール（ネズミのシッポのような脱毛した尾）。

表1　甲状線機能低下症の臨床症状と身体検査所見。

細胞代謝の低下による変化	神経・筋の変化	眼の変化
元気消失	発作	角膜の脂肪沈着
無関心	前庭症状	角膜潰瘍
運動不耐性	顔面神経麻痺	ブドウ膜炎
肥満	咽頭麻痺・巨大食道	
寒冷不耐性	ナックリング	生殖器系の変化
	運動失調	雌
皮膚の変化		不定期な発情周期
被毛の粗剛	消化器系の変化	不妊
両側性の脱毛	便秘	虚弱子・死産胎子
ラットテール	食欲低下	乳腺の発達・乳汁分泌不全
皮膚の乾燥・鱗屑		雄
皮膚の色素沈着	心血管系の変化	性欲の低下
脂漏症	徐脈	精巣萎縮
粘液水腫	低血圧	精子数の減少

であることも原因しています。ただし，最近では定期健康診断の検査項目の中に甲状腺ホルモン（T4）を必須項目として行う動物病院も増えています。この場合には，早期発見・早期治療の概念に基づいた検査と考えますので，一般外来の検査とは別に考えましょう。

1．臨床症状・身体検査所見
2．一般臨床検査と臨床病理（ホルモン検査以外）
3．甲状腺機能検査（T4，f T4，c-TSH）

1．臨床症状と身体検査所見

内分泌疾患は臨床症状の有無が最も重要な診断的要素です。したがって日常臨床では，まずこの病気を疑う臨床症状を確認してから臨床検査の実施を考慮します。甲状腺機能低下症は犬に多い疾患で，猫にはめったにありません。甲状腺ホルモンが欠乏すると体の代謝が「不活発」になり様々な症状が現れます。発症してからの期間や病気の重症度により異なりますが，肥満，運動不耐性（疲れやすい），皮膚の異常（ホルモン性の痒みの無い脱毛と色素沈着）がよく認められる代表的な臨床症状です（図2，表1）。5

表2　甲状腺機能低下症の臨床病理学的検査所見。

一般血液検査
軽度の正球性正色素性非再生性貧血
血清生化学検査
高コレステロール血症
高トリグリセリド血症
アラニンアミノトランスフェラーゼ(ALT)活性上昇
アスパラギン酸アミノトランスフェラーゼ(AST)活性上昇
アルカリフォスファターゼ(ALP)活性上昇
クレアチンキナーゼ(CPK)活性上昇
軽度の高カルシウム血症

表3　甲状腺機能検査　各項目の基準値。

T4	0.9～4.4
fT4	9.0～32.2
TSH	0.02～0.32

犬の各甲状腺ホルモンの基準値。
T4値は色々な病気によって低下する傾向にあるので注意が必要。

表4　基礎T4値を基にした甲状腺機能低下症に関する一般的評価。

>2.0　　μg/dL	否定可能
1.5～2.0	ありそうもない
1.0～1.5	どちらともいえない
0.5～1.0	可能性あり
<0.5	かなり疑われる

T4値の結果を判断するための評価基準(アイデックス・ラボラトリーズ)。
T4値は甲状腺機能低下症の基準値(低値)を満たしても，T4値単独で甲状腺機能低下症と確定診断しない。他の諸検査や臨床症状を総合して診断する必要がある。

～6歳以降の犬で特別過剰に食事をあげているわけでもないのに，肥満体で喜んで運動しないなどが，典型的な初期症状です。

2．一般臨床検査および臨床病理学的特徴

体の基礎代謝の低下に伴う臨床病理学的変化(血液学的変化，血液化学的変化)が認められます。高コレステロール血症および，軽度の非再生性貧血が特徴的な所見です(表2)。

3．甲状腺機能検査

犬の甲状腺機能低下症を診断する場合に行われる検査には，c-TSH(犬の内因性甲状腺刺激ホルモン)，T4(サイロキシン)，fT4(フリー・サイロキシン)などがあり，これらを総合して診断する必要があります。T4およびfT4が基準値より低値で，c-TSHが基準値より高値を示した場合が典型的な甲状腺機能低下症の検査所見です。しかし全ての検査値が診断基準を満たさない場合でも，甲状腺機能低下症の可能性や，その病気の初期である場合もあります。特にT4値は甲状腺以外の様々な病的要因に影響を受けて低下する傾向にあるためfT4やc-TSHの結果と合わせて評価する必要があります。またT4値を判断する場合には基準値をそのまま適用するのではなく，表4に示すような評価基準(検査機器，検査機関によってそれぞれ異なった基準がある)を適用する必要があります(表3，4)。

犬のT4値は午前中に高値を示す傾向があるため，一般的に午前中に採血します。採血した血液は血清分離を行った後に検査機関に送付します。アイデックス・ベットテスト(図3の上と下図参照)は院内でT4の検査が可能です(図3)。T4値は絶食，溶血，凍結などの影響

を受けにくいため，検体の取り扱いに特別な配慮は必要ありません。

※fT4：蛋白に結合していないT4で，実際に生理活性をもつT4の分画です。

4．甲状腺正常疾患群（Euthyroid sick syndrome）について

甲状腺機能が正常な犬でも，血清T4濃度が0.5〜1.0μg/dLまで低下することがよくあります。特に心臓疾患（心筋症など）や貧血などの重度な基礎疾患を有する犬では0.5μg/dL未満にまで低下することがあります。このように甲状腺機能が正常な犬で，併発疾患によって甲状腺ホルモン濃度が低下する状態を甲状腺正常疾患群：Euthyroid sick syndromeといいます。

したがって，甲状腺機能検査の結果を解釈する場合には併発疾患の有無を評価することが必要です。ただし，fT4は併発疾患の影響を受けにくく，TSHは脳下垂体の反応性を良く反映するため，微妙なT4値を示す犬では特に有用な検査です。

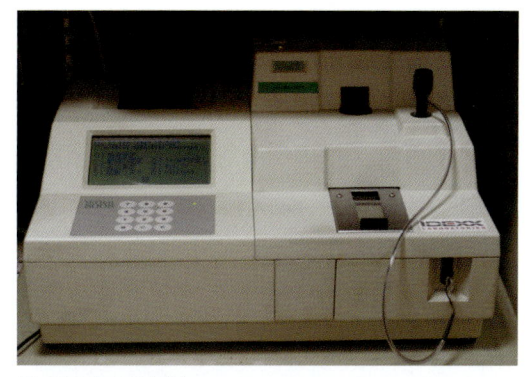

① (Vet Testの本体)。

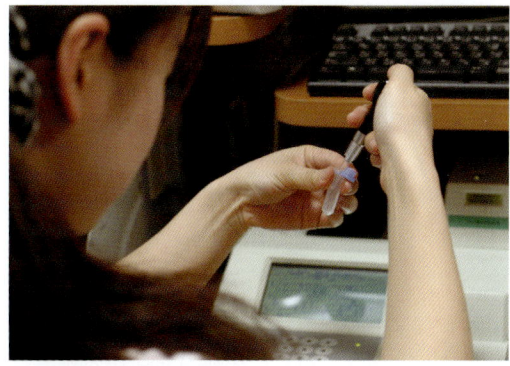

② (血清を分注するところ)。

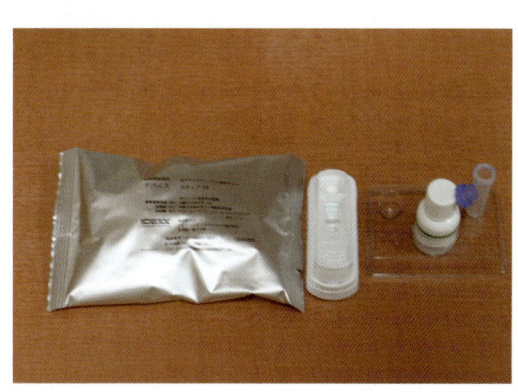

③ (T4を院内で測定するための試薬キット＜スナップT4キット＞)。

図3　院内における甲状腺ホルモンの測定（アイデックス・ラボラトリーズ　VetTest）(①〜③)。

獣医師に伝えるポイント

・日常，実際に機器を用いて血液検査を行うのは動物看護士や新人の獣医師であることが多くなります。

・甲状腺機能低下症の最も特徴的な変化として高コレステロール血症や高TG血症があります。この場合には遠心分離した血清（または血漿）が乳び（糜）と言って乳白色に濁ります。

・12時間以上の絶食後に採血した場合には，食後の高カイロミクロン血症と呼ばれる一貫性の乳びは起こりませんから，乳びが認められた場合には必ず担当獣医師に伝える必要があります。

・問診やダイエットの相談もまた看護士の主要な業務です。

・家族から「年のせいか運動を嫌がり，太ってきた」という話を耳にした場合には，甲状腺機能低下症の重要な臨床症状の目安ですので，獣医師に確実に伝達することが大切です。

B. 甲状腺機能亢進症の診断

診断の手順

猫の甲状腺機能亢進症の診断は，犬の甲状腺機能低下症と同様に以下の3つのステップで診断します。多くの場合10歳以上の猫に発症しますので，診断上年齢因子がとても重要な要素になります。

1．臨床症状・身体検査所見
2．一般臨床検査と臨床病理（ホルモン検査以外）
3．甲状腺機能検査（T4, fT4）

1．臨床症状と身体検査所見

甲状腺ホルモンの過剰が原因で，体の代謝が異常に亢進することに関連した臨床症状と身体検査所見が認められ，多くの症例が10歳以上で発症します。体重減少，多飲多尿，消化器症状（嘔吐・下痢），頻脈，活動の亢進などが主な症状で，中でも消化器症状は多食が主な原因とされています（表5）。甲状腺機能亢進症は心筋への作用や高血圧も重要な診断の要素で，高血圧症は脳神経障害や眼底出血に発展することがあります（図4）。

欧米では甲状腺の腫大が身体検査所見の上位にありますが，日本国内の臨床の現場では（私の経験上）触知可能なほど肥大する例は，欧米の報告ほど多くありません。

2．臨床病理学的検査所見

体の代謝が異常に亢進することに関連した所見が認められます。つまり，代謝が活発になると生体内の酸素が過剰に消費され，これに関連して赤血球数が増加（多血症）し，肝酵素値が上昇（肝細胞の低酸素症）します。肝臓が病気ではないのに肝臓酵素（ASTやALT）が上昇するのも特徴的な一般臨床検査所見のひとつとなります（表6）。

持続的な高血圧症によって腎臓が障害されることもよくありますが，高血圧による潅流過剰

表5　甲状腺機能亢進症の臨床症状と身体検査所見。

体重減少	虚弱
多食	パンティング（浅速呼吸）
嘔吐	糞便量の増加
下痢	皮下脂肪の減少
多飲多尿	甲状腺の腫大
活動の亢進	頻脈
被毛の減少	爪の伸長
脱毛	振戦（不随意で規則的な震え）

図4　甲状腺機能亢進症の猫の高血圧に伴って認められた眼底出血。右目の瞳孔内が赤く見えます。

表6　甲状腺機能亢進症の臨床病理学的検査所見。

一般血液検査
多血症
好中球増多症
リンパ球減少症
好酸球減少症
単球減少症

血液化学検査所見
アラニンアミノトランスフェラーゼ（ALT）活性上昇
アスパラギン酸アミノトランスフェラーゼ（AST）活性上昇
アルカリフォスファターゼ（ALP）活性上昇
血清尿素窒素の上昇
血清クレアチニンの上昇
高リン血症

が腎機能の低下を覆い隠していることがありますので，腎臓機能の慎重な評価も重要です。

3. 甲状腺機能検査

　甲状腺機能亢進症の確定診断はT4とfT4の測定によって行います。猫のTSHは現在行われていません(検査法が確立されていないため)。T4が誤って高値を示すことはまずありませんので，高値が認められれば(一般的にT4が＞6.0μg/dL)診断はほぼ確定的です。このような場合はfT4まで測定する必要はないでしょう。

　本疾患が疑われていながらT4値がグレーゾーン(2.5から4.0μg/dLの間)を示す場合は併発疾患によるT4値の低下の可能性を考えます。この場合，fT4は影響を受けにくいので，fT4が高値であれば甲状腺機能亢進症を強く疑うことができます(表7)。

表7　基礎T4値を基にした甲状腺機能亢進症に関する一般的評価。

>4.0　μg/dL	かなり疑われる
3.0〜4.0μg/dL	可能性あり
2.5〜3.0μg/dL	どちらともいえない
<2.0　μg/dL	ありそうもない

> **獣医師に伝えるポイント**
>
> ・高齢の猫(10歳以上)で，食欲があるのに体重が減少傾向にあったり，落ち着きがなく，頻脈を示すような場合は，甲状腺機能亢進症を疑う必要性があります。
> ・看護士は，高齢猫の家族との会話において，上記のような症状の主訴があることに気づいたら，獣医師にその旨を報告しましょう。

[Ⅱ. 副腎疾患]

副腎皮質機能検査

　副腎皮質は生命を維持するうえでとても重要なホルモン(ミネラルコルチコイドと糖質コルチコイド)を生成・分泌する臓器です。

　ミネラルコルチコイドの代表例はアルドステロンで，尿細管に作用してナトリウムの再吸収を促すとともに，カリウムの排出を促進することで血液中の水分量を保持します。血圧や体の血液(血漿)総量はこのホルモンによってコントロールされています。ミネラルコルチコイドが不足すると，脱水症状とともに腎臓に流れる血液の量が減少して腎不全に発展します(アジソン病＝副腎皮質機能低下症)。

　糖質コルチコイドの代表例はコルチゾールで，血糖値の上昇作用，異化(物質分解代謝)亢進，抗炎症作用，抗ストレス作用など生体の恒常性を維持する非常に重要なホルモンです。ホルモン分泌の調節は，脳の視床下部および下垂体と副腎が相互に調節し合って行われています。視床下部から分泌される副腎皮質刺激ホルモン放出ホルモン(CRH)は下垂体に作用して副腎皮質刺激ホルモン(ACTH)の分泌を刺激することで副腎皮質からの副腎皮質ホルモンの分泌を促進させます。

　一方，副腎皮質ホルモンが上昇すると視床下部および下垂体にネガティブフィードバック(抑制的調節)が起こり，反対に副腎皮質ホルモンの分泌が抑制される仕組みになっています。精神的・肉体的ストレスが起こるとCRHの分泌が増加します(図5)。

　副腎皮質に関連する疾患には，コルチゾールの過剰分泌に関連した症状を示す副腎皮質機能亢進症(クッシング症候群)と，グルココルチコイドとミネラレコルチコイドの欠乏による虚脱症状，脱水症状，電解質の不均衡を主な症状とする副腎皮質機能低下症(アジソン病)があります。

A．副腎皮質機能亢進症の診断

診断の手順

副腎皮質機能亢進症の診断は，
1. 特徴的な臨床症状・身体検査所見
2. 一般臨床検査所見
3. 副腎皮質機能検査

の3つを総合的に評価して行います。典型的な臨床症状（ビール腹＜ポットベリー＞，多飲多尿，多食，皮膚の菲薄化，脱毛など）を確認することが他の臨床検査と同様に重要な要素になります。

1．臨床症状と身体検査所見

ほとんどの症例で多飲多尿，食欲の亢進が認められます。80％以上の症例で何らかの皮膚症状があり，これらは毛根の休止，コラーゲンの減少（皮膚の菲薄化），免疫抑制などが原因で起こります。肝臓の腫大，内臓脂肪の増加，骨格筋の萎縮・虚弱化などによって腹部が膨満（ビール腹＝ポットベリー）します（図6，表8）。

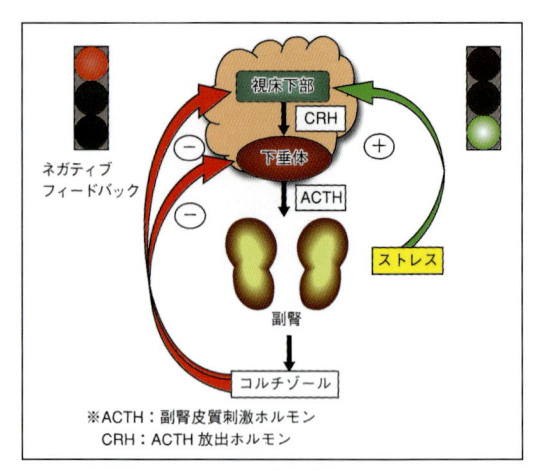

図5 副腎皮質ホルモンの分泌調節。

表8 副腎皮質機能亢進症の臨床症状と身体検査所見。

多飲多尿	神経症状（下垂体巨大腺腫）
多食	昏迷
元気消沈	運動失調
皮膚症状	旋回
内分泌性脱毛	目的のない徘徊
面皰（アクネ）	ロボット様歩行
過剰色素沈着	行動の変化
皮膚の石灰沈着	呼吸窮迫ー呼吸困難
表皮萎縮	（肺血栓塞栓症）
腹部膨満	打撲傷
肝腫大	精巣萎縮，不妊症
筋の萎縮	

表9 副腎皮質機能亢進症の臨床病理学的検査所見。

一般血液検査
軽度の多血症
好中球増多症
好酸球減少症
リンパ球減少症

血清生化学検査
アルカリフォスファターゼ（ALP）活性上昇
アラニンアミノトランスフェラーゼ（ALT）活性上昇
血清クレアチニンの上昇
高コレステロール血症
高トリグリセリド血症
高血糖

尿検査
低張尿，等張尿
尿路感染
蛋白尿

2．一般臨床検査および臨床病理学的検査所見

一般血液検査では多血傾向（一般に軽度），好中球数の増加，好酸球数およびリンパ球数の減少（ストレスパターン）が認められます。

一般血液化学検査では90％以上でアルカリフォスファターゼ活性（ALP）の上昇が認められ，他に高コレステロール血症および血清クレアチニン濃度の低下（多飲・多尿が主な原因）が高率に認められます（表9）。ただし，副腎皮質機能亢進症特有の変化ではなく，補助的な診断基準のひとつです。

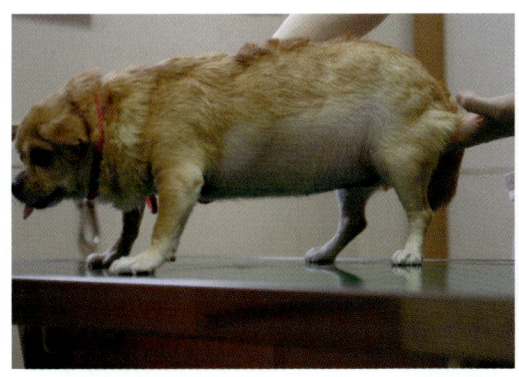

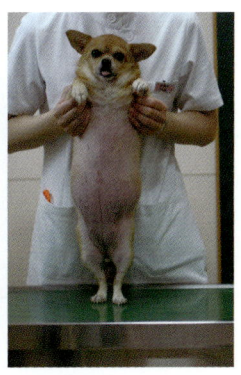

図6　副腎皮質機能亢進症の犬に認められた腹部膨満と皮膚の菲薄化。

3．副腎皮質機能検査

　副腎皮質機能亢進症は，ステロイド製剤の過剰あるいは長期投与に起因する医原性クッシング症候群と，内因性コルチゾールの増加による自然発生性クッシング症候群に分けられます。また，自然発生性クッシング症候群の原因には，下垂体性(PDH)と副腎腫瘍性(AT)があります。副腎皮質機能検査では，まずコルチゾール過剰であることを内分泌学的に確定し，次にPDHとATを鑑別します。

　コルチゾール過剰を調べる検査には，

（1）尿コルチゾール／クレアチニン比
（2）ACTH刺激試験
（3）低用量デキサメサゾン抑制試験
　　　(LDDST)

などがあります。
　PDHとATの鑑別には，

（4）画像診断
（5）高用量デキサメサゾン抑制試験
　　　(HDDST)

などがあります。

（1）尿コルチゾール／クレアチニン比（UCCR）

　尿中のクレアチニン濃度とコルチゾール濃度の比を測定することで，尿中に排泄されるコルチゾールの総量を推定する方法です。人では1日に排泄された全ての尿(24時間尿)に含まれるコルチゾールを定量する方法が取られますが，動物では現実的に不可能なためUCCRで代用します。副腎皮質機能亢進症を疑う場合のスクリーニング検査として利用されます。また，他の副腎機能検査がグレーゾーンの時に補助的検査としても有用です。ストレスの影響を最小限にするために，採尿は自宅で(朝がのぞましい)行います。この検査の特異性は20％と低いが，感度は100％に近いため，副腎皮質機能亢進症を除外する検査としては非常に良い方法です。

＊UCCRの基準値：正常犬では 1.35×10^{-5} 未満

（2）ACTH刺激試験

　合成ACTH(コートロシン®注：酢酸テトラコサクチド)を(犬は0.25mg/head，猫は0.125mg/head)を筋注し，視床下部－下垂体－副腎軸の反応性を評価する検査です。コルチゾールの測定は投与直前と投与1時間後の2回行います(図6)。この検査の感度は60～80％程度で，特異性は85～95％です。

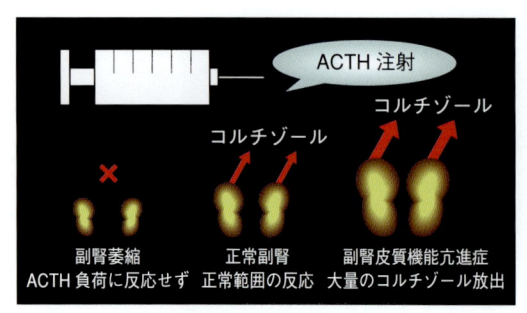

図7 ACTH刺激試験の手技。

検査結果の評価は，
1．投与後のコルチゾール値が6〜17μg/dLが正常基準範囲
2．18〜24μg/dLは境界域（ボーダーライン）
3．24μg/dL以上は自然発生性副腎皮質機能亢進症の強い可能性

と解釈します（図7，8）

（3）低用量デキサメサゾン抑制試験（LDDST）

リン酸デキサメサゾン0.01mg/kgを静脈投与し，視床下部−下垂体−副腎軸の反応性を評価する検査です。デキサメサゾン（Dexa）を投与すると正常では下垂体からのACTH分泌が抑制されます。しかし，副腎皮質機能亢進症ではACTH分泌に対して抑制効果が働かずにコルチゾール濃度が低下しないことを診断指標とします。

コルチゾールの測定は
① Dexa投与前
② 投与4時間後
③ 投与8時間後
の3回行います。

ATの場合は下垂体フィードバック機構に無関係（勝手に）に副腎の腫瘍からコルチゾールが分泌されているため，抑制は起こりません。

PDHの場合は，ATと同様に全く抑制が起こらない場合と，投与後4時間で約60%にネガティブフィードバックが一過性に起こる場合が考えられます。この場合の抑制（PDHのパターン）とは，投与後4時間でコルチール値が1.4μg/dL以下または，投与前のコルチゾールの50％以下に低下する場合と定義されます（図9）。

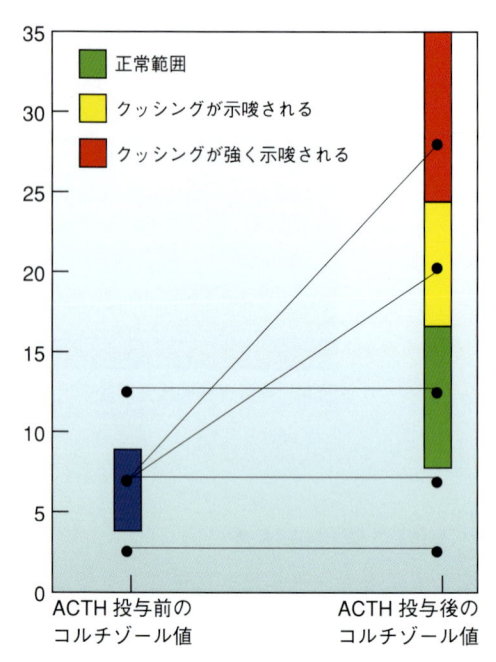

図8 ACTH刺激試験の結果の解釈。

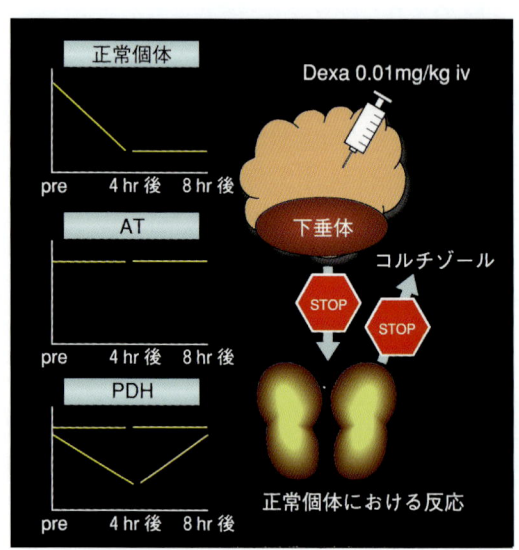

※AT：（副腎腫瘍）
PDH：（下垂体性副腎皮質機能亢進症）

図9 LDDSTの手技および結果の解釈。

内分泌学的検査とは chapter 21

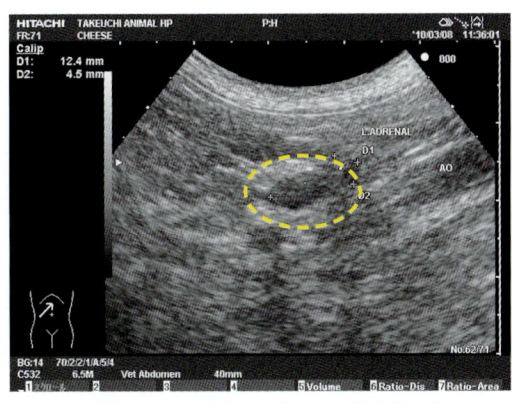

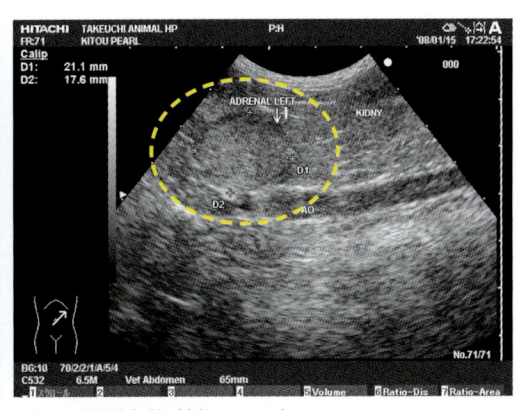

図10 副腎の超音波検査所見（左：正常犬（短軸径 4.5mm）　右：副腎腫瘍（短軸径 17.5mm）。

（4）画像診断

腹部超音波検査は上記の諸検査によって副腎皮質機能亢進症と診断された後にPDHとATを鑑別するための最も有効な方法です。ATは一般的に片側性の単独の副腎腫瘍として確認され、反対側は代償性の萎縮が認められます。大きさは様々で1.5〜8cmを超えるものまであります。PDHでは両側性の副腎の腫大を認めます。

副腎の腫大は最大径（短軸）が7.5mm以上と定義されます（図10）。

（5）高用量デキサメサゾン抑制試験（HDDST）

手技はLDDSTと基本的には同様ですが、HDDSTではリン酸デキサメサゾンを0.1mg/kgで静脈投与します。高用量のDexaを投与するとPDHではネガティブフィードバックが起こるという理論で、古い文献ではATとPDHの鑑別診断法として推奨されていましたが、診断的有用性が低いため**現在はこの方法は推奨されていません**。前記（4）で示した画像診断による鑑別法が最近の主流です。

B. 副腎皮質機能低下症（アジソン病）の診断

診断の手順

副腎皮質機能低下症は、小動物の内分泌疾患の中でも比較的発症頻度の低い病気ですが、適切な診断および治療が施されないと即座に生命にかかわる内分泌疾患です。一般臨床検査上最も注目すべき点は、**低ナトリウムおよび高カリウム血症**です。また、突然の虚脱状態を示すような症状を示す犬では、鑑別診断の中にこの副腎皮質機能低下症を考慮する必要があります。

1. 臨床症状と身体検査所見

副腎皮質が主に自己免疫性に破壊されることで、コルチゾール（グルココルチコイドとミネラルコルチコイド）が不足し様々な全身性の臨床症状を示します。副腎組織は自己免疫性に徐々に破壊されてゆきますので、発病初期の臨床症状はあいまいで、電解質のバランスの異常

獣医師に伝えるポイント

- 特徴的な臨床症状としての多飲多尿、脱毛または、腹部膨満などに注目し、このような症状が認められたら獣医師に伝えましょう。
- 多飲・多尿や多食などは獣医師よりも看護士のほうが早期に発見できる症状です。食欲が旺盛になるこのような病気は、家族が病気であることに気付かないことがよくあります。
- このような病気があることを認識して、早期発見に努めましょう。

181

以外に特別な臨床症状を示しません。

　病期が進むと明確な臨床症状として嘔吐，下痢，食欲不振などの消化器症状や，低血糖および低血圧に起因する全身症性の臨床症状を示します。

　一方，アルドステロンの欠乏による循環血液量の減少で低血圧症や高窒素血症（腎前性），突然の虚脱（粘液水腫性昏睡）など深刻な全身症状に発展します（表10）。

2．一般臨床検査および臨床病理学的検査所見

　一般血液検査では軽度の非再生性貧血やリンパ球数および好酸球数の増加が認められます。もっとも重要な所見は低ナトリウムおよび高カリウム血症で，Na 濃度と K 濃度の比（Na/K）が 25 以下になると本疾患が強く示唆されます。その他には低血糖，代謝性アシドーシス，循環血液量の低下に伴う腎前性高窒素血症（BUN の上昇）が問題となります（表11）。

3．副腎皮質機能検査

　確定診断は ACTH 刺激試験によって行います。ACTH 刺激試験は副腎の予備能力を検査するもので，方法は副腎皮質機能亢進症の診断と同じです。

表10　副腎皮質機能低下症の臨床症状と身体検査所見。

元気消沈	体重減少
食欲不振	震え
嘔吐	多飲多尿
虚弱	腹痛
下痢	

表11　副腎皮質機能低下症の臨床病理学的検査所見。

一般血液検査	一般血液検査
非再生性貧血	高カリウム血症
好中球増多	低ナトリウム血症
好酸球増多	低クロール血症
リンパ球増多	腎前性高窒素血症
	高リン酸血症
	高カルシウム血症
	低血糖
	代謝性アシドーシス

副腎皮質機能低下症の診断基準：
ACTH 投与前後のコルチゾール値が 2.0μg/dL 未満

　注意）医原性クッシング症候群（ステロイドの過剰な投与による副作用）の場合は ACTH 投与前が＜2μg/dL で，投与後が 2〜8μg/dL を示します。医原性クッシング症候群は，ステロイド剤の投薬歴などと総合して診断する必要があります。

獣医師に伝えるポイント

- 副腎皮質機能低下症は，急性副腎クリーゼという急激な虚脱状態で動物病院に来院することがよくあります。
- 生命に関わる可能性の高い疾患ですので，治療に際しては慎重な配慮が必要です。少しでも気になる異常を認めたら，早急に獣医師に報告するよう努めましょう。
- 日常検査で，低ナトリウムと高カリウムを同時に認めた場合はアジソン病の可能性がありますので，早急に獣医師に連絡する必要があります。

[Ⅲ．糖尿病]

糖尿病の診断およびモニタリング

　糖尿病はインスリン分泌量の不足により引き起こされる疾患です．インスリンは生体内で糖が細胞内に入るための「鍵」の役割を果たしています．つまり，インスリンが不足すると細胞は糖を利用することができないため飢餓状態となり，様々な臨床症状を示すようになります．

　糖分が利用できないと，生体は脂肪を代替エネルギー源として利用しますが，脂肪をエネルギー源として利用するとケトン体が代謝産物として蓄積し，ケトアシドーシスという生命にかかわる病態に発展します．このため，糖尿病のモニタリングにおいては尿中のケトン体の有無を確認することが重要な検査項目のひとつとなります．

　糖尿病は病態に応じてⅠ型とⅡ型に大別することができます．Ⅰ型糖尿病は膵臓のβ細胞の破壊（主に自己免疫性に）によりインスリンが絶対的に不足する糖尿病で，犬はこのタイプの糖尿病がほとんどです．

　一方Ⅱ型糖尿病は主に肥満などの環境因子によりインスリン抵抗性（インスリンが十分な効果を示さない）によってインスリンの相対的な不足による糖尿病のタイプで，猫の糖尿病の約60％を占めています．Ⅱ型糖尿病は成人に認められる糖尿病に類似し，早期診断・早期治療によって，インスリン療法を必要としない状態に戻すことが可能な場合がしばしば認められています．

診断の手順

1．臨床症状と身体検査所見

　最も特徴的な臨床症状は多飲多尿および多食です．体重の減少が認められるのは糖尿病が進行した状態で，初期は食欲の亢進があるため肥満が認められます．動物の家族は食欲が旺盛だと糖尿病に気づかないことがよくあります．

表12　糖尿病の臨床症状と身体検査所見．

多飲多尿
多食
体重減少または肥満
被毛粗剛
虚弱
感染症（皮膚炎，膀胱炎，子宮蓄膿症など）
白内障（犬）
糖尿病性ニューロパチー（猫）
歩行障害（猫）
脱水
嘔吐・下痢
低体温

削痩，白内障および神経障害（ニューロパチー）などは，長期の糖尿病コントロールの過程で認められる症状で，発病の初期に認められることはありません（表12）．

2．一般臨床検査および臨床病理学検査所見

　血糖値の上昇および尿糖の検出が最も重要な検査所見です．また，脂質代謝の変化により中性脂肪およびコレステロール値の上昇がしばしば認められます．猫はストレス性高血糖症（250〜300mg/dLまで）がしばしば認められるため，動物病院での採血によって300mg/dL程度までの高血糖が認められても，即座に糖尿病と診断はできません．

　脱水が認められる症例においては多血傾向，高タンパク血症（TP，Alb），BUN，Na，K，Clの増加が認められます（表13）．

3．糖尿病に関連した検査とモニタリング法

（1）空腹時血糖値

　糖尿病を疑う場合，最も簡単な指標は持続的な空腹時の高血糖です．血糖値は食後および空腹時などで大きく変動するため，糖尿病の診断

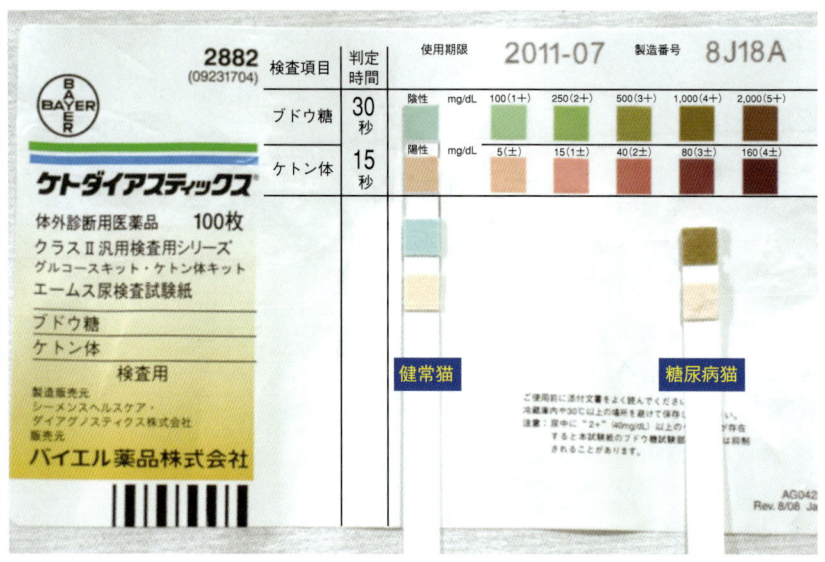

図11 糖尿病猫における尿糖の検出。

を行うときには最低8時間以上絶食後における空腹時の血糖値を基準とし，空腹時血糖値の上昇が持続的に認められる場合に糖尿病と診断します（**表14**）。

（2）尿糖の検出
腎臓の腎尿細管における糖の再吸収には閾値（有効最小値）が存在しており，血糖値がその閾値を超えた場合に尿中に糖が出現します。この閾値は犬で血糖値175〜225mg/dL，猫で275〜325mg/dLと考えられています（**図11**）。

（3）フルクトサミン値
過去1〜2週間の平均血糖値と高い相関性を持つため，長期間の血糖値のモニタリングの指標として利用されています。また猫の血糖値の評価時において，一過性の高血糖と本当の糖尿病の高血糖とを鑑別する補助的な評価としても有用な検査になります。

血糖値は食事や運動の影響を受けるため，1回だけ任意のタイミングで測定しても診断的意義はあまりありません（**表15**）。

表13 糖尿病の臨床病理学的検査所見。

一般血液検査
通常は特異的変化なし

血液化学検査所見
高血糖（必須）
高コレステロール血症
高トリグリセライド血症
ALT活性上昇
ALP活性上昇

尿検査
尿糖（必須）
ケトン尿（ケトアシドーシス）
蛋白尿
細菌尿

表14 空腹時血糖値の基準参考値。

	犬	猫	単位
血糖値	63〜110	47〜151	mg/dL

（4）糖化ヘモグロビン値
過去1〜2カ月の平均的な血糖値を反映するため，人の糖尿病の診断や経過観察に広く用いられています。

内分泌学的検査とは　chapter 21

表15　糖尿病治療に対するフルクトサミン値の評価（犬・猫）。

コントロール状況	μmol/L
●基準正常値	225～365
●非常に良好なコントロール	300～400
●良好なコントロール	400～450
●まずまずのコントロール	450～500
●不良なコントロール	>500
●長期の低血糖	<300

表16　糖尿病治療に対する糖化ヘモグロビン値の評価（犬・猫）。

コントロール状況	犬（%）	猫（%）
●基準正常値	1.7～4.9	0.9～2.8
●非常に良好なコントロール	4.0～5.0	1.0～2.5
●良好なコントロール	5.0～6.0	2.0～2.5
●まずまずのコントロール	6.0～7.0	2.5～3.0
●不良なコントロール	>7.0	>3.0
●長期の低血糖	<4.0	<1.0

　長期間にわたる持続的な高い血糖の指標としてフルクトサミンとともに有用な検査になります。検体は，全血を用います（表16）。

（5）連続血糖曲線

　インスリンの効果が不安定で用量の変更を考慮する時や，インスリンの種類を変更する場合などに行う検査です。

　朝のインスリン注射から夜の注射まで数時間ごとに血糖値を測定し，インスリンの効果の経時的な流れを評価します（図12）。測定間隔は使用しているインスリン製剤により異なり，一般な中時間作用型は2時間ごと，ランタス®のような長時間作用型では3時間ごとに測定します。

　検査当日は朝食を自宅で済ませてもらい，来院してもらいます。

　インスリンを注射する前に採血を行い，注射直前の血糖値を測定します。朝の注射は家族に自宅で使用しているインスリンを，獣医師の目の前でしてもらいます。インスリンの効果が不安定な原因として，家族の注射手技，インスリンの保存，取り扱いなどがかなりあるためです。

　血糖値の測定は複数回行うため，動物にストレスを与える可能性があることから図13（次ページ）のように耳から採血して簡易血糖測定キットで測定する場合もあります。

4．糖尿病性ケトアシドーシス

　高血糖が長期間持続すると状態が急激に悪化

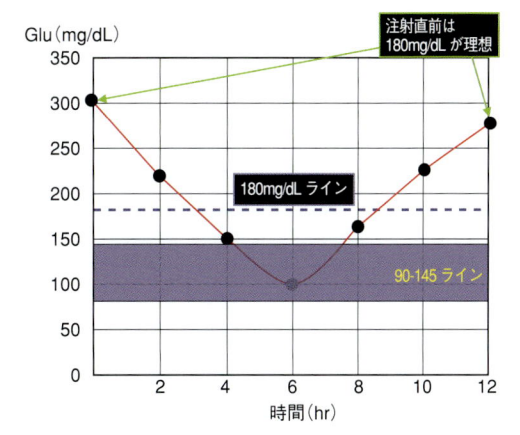

図12　理想的な血糖曲線の例。

し，生死に直面した状況で動物病院に来院することがよくあります。血糖値の持続的な増加は，利尿効果によって重度な脱水を生じます。また，脂質代謝異常は，エネルギー源としての脂肪分

獣医師に伝えるポイント

・糖尿病の治療は，他の内分泌疾患と比べてインスリン注射や食事管理など，自宅で家族に実行してもらうことがほとんどです。

・家族は不安な気持ちを抱えており，その分看護士が家族と獣医師との間に入り，治療を円滑に行えるようにサポートする必要性があります。

・家族の自宅管理の様子，家族の治療に対するモチベーションなどを，獣医師に正確に伝えるようにしましょう。

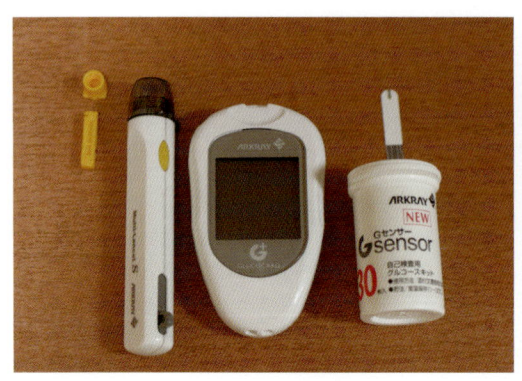

①ホームモニタリング用血糖測定キット。

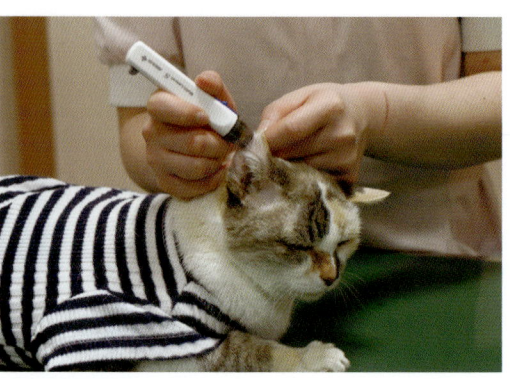

②耳介辺縁静脈にランセットで針を刺して小さな血液の玉を作ります。

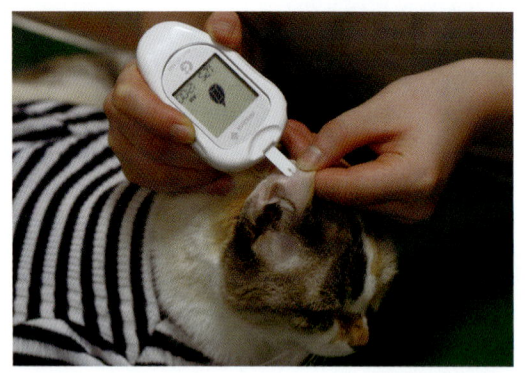

③試薬チップに血液を吸い込ませるとすぐに測定が開始されます。

図13 簡易血糖測定キットを用いた血糖値測定(①〜③)。

解を起こし，結果として副産物であるケトン体を体内で増加させます。ケトン体は，弱酸性物質であるため蓄積は重度の代謝性アシドーシスを招き，動物は多くの場合昏睡状態に陥ります。

糖尿病が疑われる症例や糖尿病をインスリン療法で治療中の動物が重篤な状態で来院した場合には，尿検査用のスティックで尿中ケトン体の有無を確認する必要性があります。採尿がうまくできない場合には，血清や血漿を尿検査試験紙に摘果して代替することも可能です。

竹内和義(たけうち動物病院)

愛玩動物看護師国家試験の出題範囲を完全網羅！
愛玩動物看護師の教科書 全6巻

編：緑書房編集部
B5判　オールカラー
各巻定価4,950円（本体4,500円＋税）

好評発売中

必要な情報がコンパクトに
まとまっているので、
勉強時間の確保が難しい
現職の動物看護師の皆様におすすめ！

新たに国家資格となった愛玩動物看護師の国家試験出題範囲を網羅したテキストシリーズ。豊富なビジュアルと簡潔にまとまった文章で、動物看護の知識と臨床技術をわかりやすく解説。国家試験合格を目指す現職の動物看護師の皆様に最適な内容。

充実の解説と豊富なビジュアルで合格をサポート！

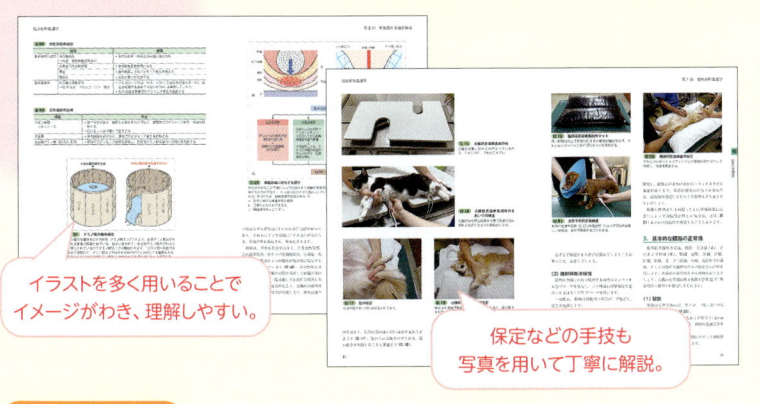

イラストを多く用いることで
イメージがわき、理解しやすい。

保定などの手技も
写真を用いて丁寧に解説。

統計データは数字だけでなく
グラフも掲載し、わかりやすい。

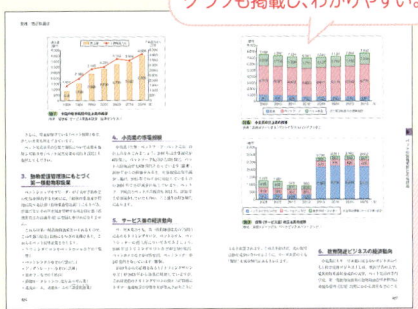

CONTENTS

第1巻 基礎動物学 296頁
ISBN978-4-89531-768-9
1. 生命倫理・動物福祉
2. 動物形態機能学
3. 動物繁殖学

第2巻 基礎動物学 324頁
ISBN978-4-89531-769-6
1. 動物行動学
2. 動物栄養学
3. 比較動物学
4. 動物看護関連法規
5. 動物愛護・適正飼養関連法規

第3巻 基礎動物看護学 384頁
ISBN978-4-89531-770-2
1. 動物看護学概論
2. 動物病理学
3. 動物薬理学
4. 動物感染症学
5. 公衆衛生学

第4巻 臨床動物看護学 480頁
ISBN978-4-89531-771-9
1. 動物内科看護学
2. 動物外科看護学
3. 動物臨床検査学

第5巻 臨床動物看護学 420頁
ISBN978-4-89531-772-6
1. 動物臨床看護学総論
2. 動物臨床看護学各論
3. 動物医療コミュニケーション

第6巻 愛護・適正飼養学 480頁
ISBN978-4-89531-773-3
1. 愛玩動物学
2. 人と動物の関係学
3. 適正飼養指導論
4. 動物生活環境学
5. ペット関連産業概論

株式会社 緑書房 Midori Shobo Co.,Ltd

〒103-0004　東京都中央区東日本橋3-4-14　OZAWAビル
販売部　TEL.03-6833-0560　FAX.03-6833-0566
webショップ　https://www.midorishobo.co.jp

chapter 22 微生物検査法とは

アドバイス

　微生物とは目に見えないほど小さい生き物のことをさし，日常の臨床ではウイルス，クラミジア，リケッチア，細菌，真菌，原虫などが重要です。これらによる感染症の症状は非特異的なことが多いため病変から特定の微生物を検出して診断し，必要に応じて得られたデータから治療法を選択します（図1）。これが微生物検査で，伴侶動物医療での主な目的は感染性疾患が疑われる症例の診断と治療方針決定の2つです。

　微生物検査には感染症一般，特に細菌感染のスクリーニングとして行う場合と，目標とした病原体の証明のために行う場合の2つがあります。

　たとえば膀胱炎の動物から採取した尿を培養する場合は，細菌感染によるものかどうか，もしそうであればどのような細菌が原因で，その細菌はどのような抗生物質が有効かを調べることが目的です。

　一方，臨床所見からジステンパーが疑われる動物では，ジステンパーウイルスがいるか，いないかという特定の目標を持って検査を行う場合があります。

準備するもの

- **採材器具：**
採材用の器具は必ず滅菌したものを用います（図2，3）。必要に応じて注射器など医療用の滅菌器具を用いることもできます。また，器具によっては使用のつど火炎滅菌を行うこともあります（図4）。

- **滅菌容器：**
検体を検査センターや院内の検査室に運ぶまでの容器です。汚染や乾燥を防ぐため滅菌された密閉容器を用います（図5）。嫌気培養用の輸送容器（嫌気ポータ：図6）にはガスが充填してあるため，傾けないで開封・操作する必要があります。

- **培地：**
検査センターに依頼する際，検体によっては専用の培地が必要です（図7）。通常は依頼する検査センターから入手可能です。真菌培養用の培地は院内でも使用可能です（図8）。

- **バーナー：**
燃焼するバーナーの周囲では上昇気流が発生するため落下細菌の影響が少なくなることと火炎による固定や滅菌が行えることから，できれば用意しておきたい器具です。ブンゼンバーナーと呼ばれるガスバーナー（図9）が理想ですが，ポータブルのコンロ（図10）などでも代用できます。院内にはアルコールなど引火性の薬剤があるため火の取り扱いには注意しなければなりません。

- **各種検査キット：**
院内で行えるELISA（エライザ）などの検査キットが普及しています（図11）。感度も特異性も臨床上十分なものが多くなっていますので，揃えておくと迅速な診断が行えます。

- **染色液など：**
スライドグラスと染色液（図12）があれば，塗抹標本などでグラム染色を行うことが可能です。グラム染色を行えば細菌を陽性と陰性の2群に大きく分けることができ（図13），診断や抗生物質の選択に際して非常に有用です。

- **廃棄物用容器：**
微生物検査の検体は，必ず専用の廃棄物用容器（図14）に廃棄して密封し，廃棄物処理専門業者に処理してもらいます。

- **消毒剤：**
検査終了後は，適切な消毒剤を用いて噴霧や清拭により検査台と周囲の消毒を行います。

微生物検査法とは chapter 22

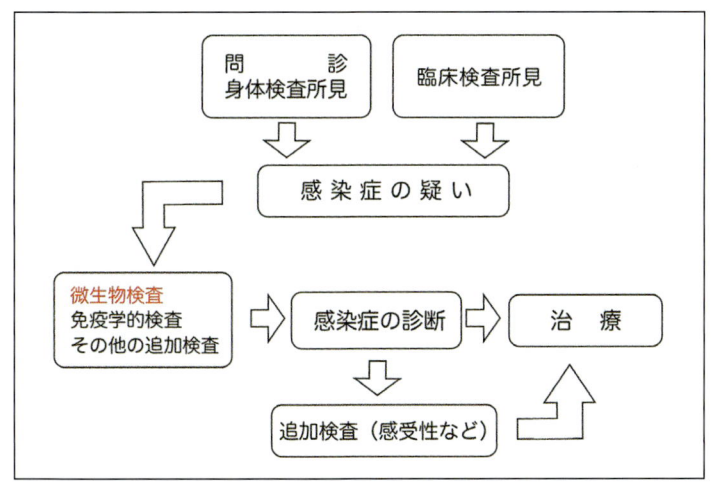

図1 診療の流れの中での微生物検査の位置。微生物検査は主訴，身体検査所見および臨床検査所見などから感染症が疑われる症例に対して行われます。

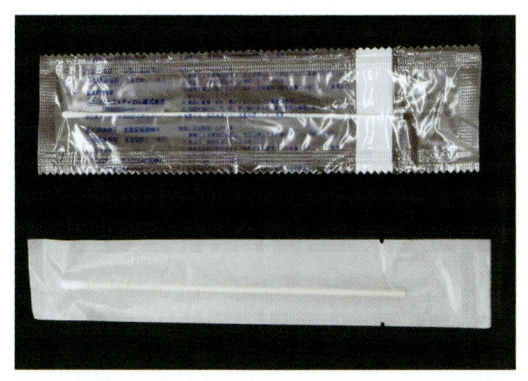

図2 綿棒は滅菌されたものを使います。上はプラスチック製，下は柄が木製です。PCR検査にはプラスチック製のものが適しています。

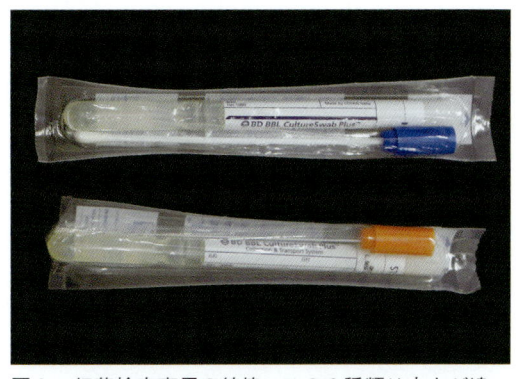

図3 細菌検査専用の綿棒。この2種類は太さが違います。キャップを持って採材し，密栓すれば容器の内部に手を触れずに検体を送付することができます。内部には輸送用の培地が入れられています。

図4 エーゼ（白金耳：細菌検査用の器具。培地からの細菌の採取，塗抹などに使用します）の火炎滅菌。このように赤熱すればその部分は無菌と考えられます。

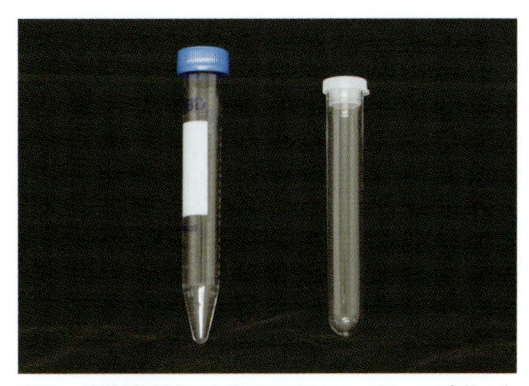

図5 滅菌試験管。左側はスクリューキャップ式，右側は押し込み式キャップ式です。押し込み式キャップはスクリューに比べて密閉性が劣りますが，慣れれば片手で密栓できるため，手術時に術者が使用する場合などに便利です。

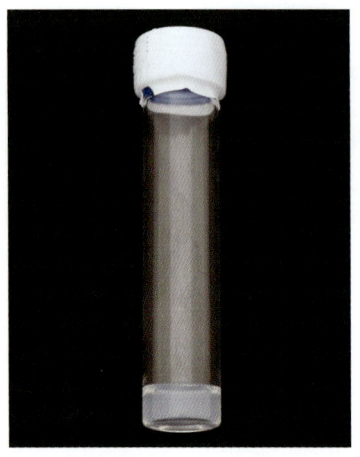

図6 嫌気培養用の輸送容器です。炭酸ガスが充填されており、嫌気性菌を有害な濃度の酸素に接触させずに輸送することができます。

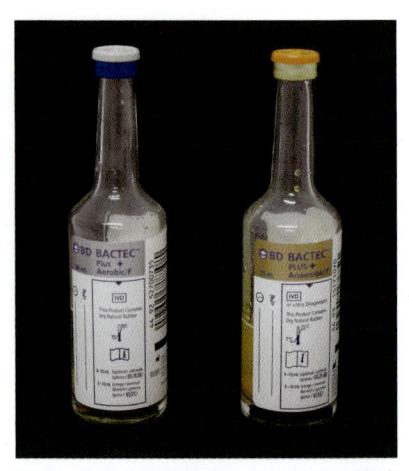

図7 血液の細菌検査には専用の血液培養ボトルを用います。好気用(左)と嫌気用(右)があります。

図8 簡易培養キット。左側は細菌用、右側は真菌用です。密栓して培養できるため、院内でも比較的安全に培養が行えます。

図9 ブンゼンバーナー。これは無菌キャビネット内に設置されたバーナーで、フットスイッチにより操作します。炎が確認しやすいように後ろ側に黒いスクリーンがあります。

図10 ポータブルのコンロ。ブンゼンバーナーはガス管の取り回しが必要など制約がありますが、ポータブルのものは周囲に気をつければどこにでも持って行くことができます。ホームセンターで購入することができます。

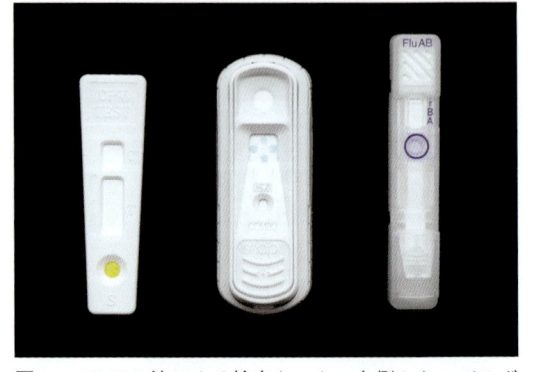

図11 ELISA法による検査キット。左側から、パルボウイルス、猫白血病ウイルスと猫免疫不全ウイルス(抗体検査)、インフルエンザの検査用のデバイス(機器)です。いずれも説明書通りに扱えば臨床上十分な感度と特異性があります。

微生物検査法とは

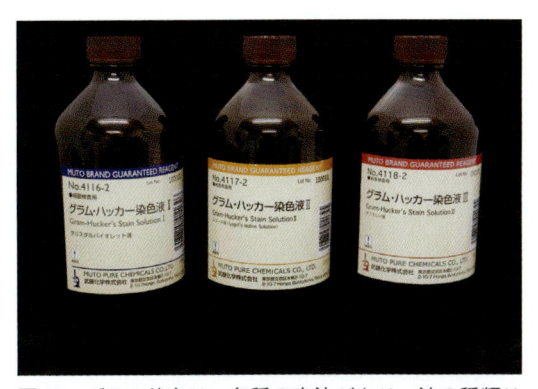

図12 グラム染色は、各種の変法があり、液の種類は少しずつ違いますが基本的に3種類の試薬を使用します。院内で調製することもできますが、既製品を購入すれば安定した染色性が得られます。

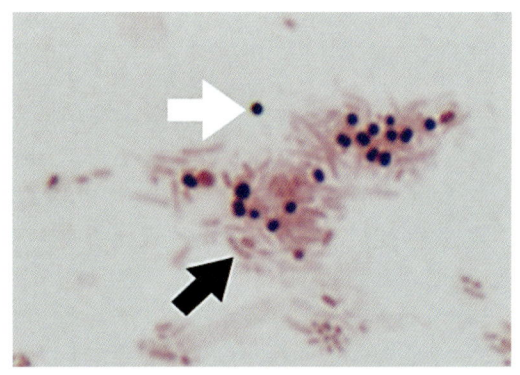

図13 歯肉炎の猫の歯肉ぬぐい液を直接スライドグラスに塗抹し、火炎固定後グラム染色を行った標本を高倍率で撮影したものです。白矢印はグラム陽性球菌、黒矢印はグラム陰性桿菌。このように陰性と陽性の菌が1つの視野に見える場合は良いのですが、どちらか片方だけだと判断が難しい場合もありますので注意してください。

手技の手順

検査の種類には大きく分けて、病変部などから得られた検体を直接確認する方法と、微生物自体やその一部（核酸など）を培養や複製により増やしてから確認する方法があります。直接確認する方法の中には、形態を観察して判断する場合と、免疫学的な方法により判定する場合があります（表1）。直接確認する方法は院内でも可能ですが、病原体を増やすことになる培養では拡散防止措置がとられた検査室と専門技術が必要なため、ほとんどは依頼検査となります。

ここではまず採材前のポイントについて説明し、次に採材時のポイントを一般的な事項と検体や部位ごとに説明します。

図14 廃棄物は専用の容器に廃棄し、密封して専門業者に処理を委託します。

1. 採材前のポイント

はじめに検体の性状を記録します。検査用の容器に採取した検体は全体の一部分であることが多いため、全体の性状は採材担当者が確認して記載します。

(1) 量

採取された全体の量をできるだけ数字で、たとえば「右胸腔から30mLの胸水が得られた」というように記載します。

(2) 色調

すべての検体で色調を記録します。組織などでは正常な色調を基準に退色（色が薄くなった状態）や充血、色素の有無などを観察して記載します。液体ではたとえば暗赤色、黄色など見たままの色で表現します。

(3) 臭気

採材後に密閉されると、当然臭気は確認できなくなります。膿汁など検体によっては、臭気の情報で原因菌がある程度絞り込める場合もあります。肉眼的に正常に見える組織でも腐敗臭

表1　伴侶動物の臨床で行われる主な微生物検査。

1）形態観察

　最もよく行なわれる方法です。検体中の微生物をスライドグラスに塗抹して、無染色またはギムザ染色などの染色法を用いて染色後顕微鏡で観察します。塗抹の方法は血液検査や細胞診と同様です。グラム染色を行えば、細菌を赤く染まる陰性菌と紫に染まる陽性菌の、2つのグループに大きく分けることができます。真菌、原虫などでは特徴的な形態により種名まで診断できる例もあります。

2）細菌培養

　培地を用いて細菌を一定の条件下で増殖させ、形態的、生化学的特性などから同定（細菌の種の確定）を行ないます。細菌には、大きく分けて好気性菌（酸素の存在下で増殖する菌）と嫌気性菌（酸素が存在すると増殖できない菌）があり、体表や粘膜面など空気に触れている組織からの培養では好気性菌のみの、また、体腔の貯留液や糞便など嫌気性菌の増殖も疑われる場合には好気性菌と嫌気性菌の両方の培養を行なうのが一般的です。嫌気性菌の培養では特別な容器が必要です。多くは培養・同定の後に薬剤の感受性試験を行ないます。

3）真菌培養

　真菌用の特殊な培地を用いて培養を行ない、形態的特徴などから同定を行ないます。院内でも可能なキットがあります。依頼検査では通常真菌の種名が報告されます。一般に、結果が出るまでに細菌培養より長い時間が必要です。

4）薬剤感受性試験

　ディスクを用いた拡散法と、最小発育阻止濃度（MIC）の測定を目的とした希釈法があります。これによって有効な抗生物質を知ることができます。通常は培養による細菌の同定後に行われますが、院内検査では同定を行なわないでディスク法を実施する場合もあります。依頼に出す際は、どの抗生物質の組み合わせで試験するかを獣医師に確認します。検査した抗生物質の感受性について通常3段階での評価が報告されます。

5）PCR（ポリメラーゼ連鎖反応）法

　DNAの2本鎖は加熱により分離し、温度を下げるとまた結合すること、DNAの複製が1方向のみであることの2つの特性を利用して、検体中に特定の塩基配列が存在するかどうかを確認する方法です。微生物の種に特有の塩基配列を探すことで、目標とする微生物の証明に使用されるほか、医学生物学分野で様々な用途に広く応用されています。生物の基本的構成要素である核酸を対象とするため、ウイルス、細菌、真菌、原虫など非常に多くの微生物の検査が可能です。RNAウイルスなどに対しては逆転写酵素を用いたRT－PCR法を行います。非常に感度が高いため、偽陽性反応に注意する必要があります。

6）ELISA（エライザ）法

　酵素を結合させた抗体（または抗原）を用いて、発色反応によりウイルスなどの抗原（または抗体）の存在を確認する方法です。各種のキットが市販されており、院内で行なうことも可能です。

7）ウイルス培養

　ウイルスはそれ自体では増殖できないため、あらかじめ培養した動物の細胞などに接種して増殖させてから同定します。細胞培養のための特殊な設備と技術が必要なため、外注検査となります。

8）その他－免疫学的検査法

　蛍光抗体法や赤血球凝集試験（HA試験）などがありますが、通常は検査センターに依頼して実施します。

　血清中の抗体の検査も、広い意味で微生物学的検査に含む場合があります。

を発していることがあり，診断の助けになります。

（4）混濁

液体では，透明であったか，混濁していた（濁っていた）かを記録します。

（5）血液混入の有無

尿や糞便などの検体では，血液が混じっていたかどうかが重要なポイントになる場合があります。見た目だけではなく，可能であれば試験紙などでも確認し，記載します。

2．採材時のポイント

環境中の雑菌が検体に混入すると，どの菌が本当の原因菌か判断できなくなります。したがって，各種検体を採材して容器に密栓するまでは無菌操作が原則です。微生物学における無菌操作は本来非常に厳密ですが，臨床の現場では外科手術程度の操作で実際上問題はありません。

検体はすべて病原微生物に汚染されていると考えられるため，周囲に対する汚染の防止にも配慮します。

一般的な注意事項は以下の通りです。

（1）容器は近くに置く

容器は手の届く場所に置いて，むき出しの検体を持ったまま歩き回ることのないようにし（図15），検体への汚染と検体から周囲への汚染の，両方を防ぎます。

（2）検体は速かに容器に入れる

採材後は直ちに検体を密栓のできる容器に入れます。時間がたつと，乾燥により細菌が死滅したり核酸が変性したりする可能性があります。容器に入れる際は，検体と容器の両方が汚染されないよう十分注意します（次頁の図16〜19）。

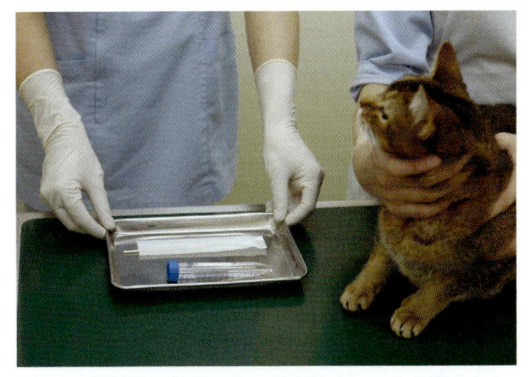

図15　採材用の容器は常に手の届くところに置きます。ここではスピッツが採材用の綿棒と同じバットの上に置いてあります。置いてある向きにも注意してください。一度持てば持ちかえることなく密栓までできます。密栓のしかたは図16〜19を参照してください。

（3）アルコールなどの消毒剤が検体に混入しないようにする

採材時にアルコールやその他の消毒剤が付着，混入すると微生物が死滅して培養できない場合があります。膀胱や胸腹腔の穿刺など刺入部の消毒が必要な場合は消毒剤が完全に乾燥してから採材します。

（4）できればバーナーのそばで

手術材料などで検体を別室に運搬した後の採材では，できるだけ清潔な検査台のバーナーの近くで処理を行うのが理想です（次頁の図20，21）。

3．検体別の注意点

いずれの検体でも依頼検査では，通常は検査センターに搬送するまでは冷蔵し，宅配便などを利用する時は必要に応じて冷蔵便または冷凍便を選択します。検査の種類によっても異なりますので詳細は検査センターに確認し，表などにして貼っておくと良いでしょう（図22）。院内検査に使用する場合も高温により雑菌が繁殖しますので，すぐに検査を行わない場合はできるだけ専用の冷蔵庫で保管してください。

検査センターへ送付する際は，密栓し，さらにチャック袋などで内容が漏れないように厳重に包装します。

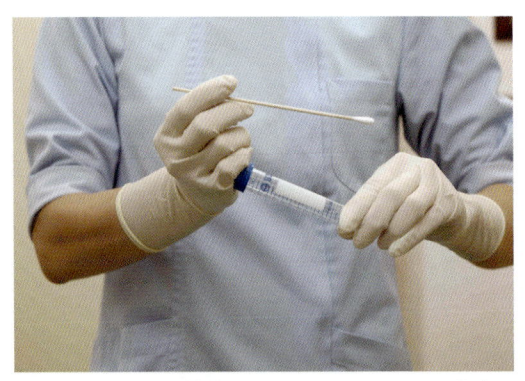

図16 綿棒による検体の採取が終わりました。綿棒を持った手の小指でスピッツのキャップをつかみます。そのまま左手で本体側をまわしてキャップを外します。右手でキャップをまわすと綿棒を振り回すことになるので注意。検体，本体，キャップのいずれも置いてはいけません。最後まで持ったままです。

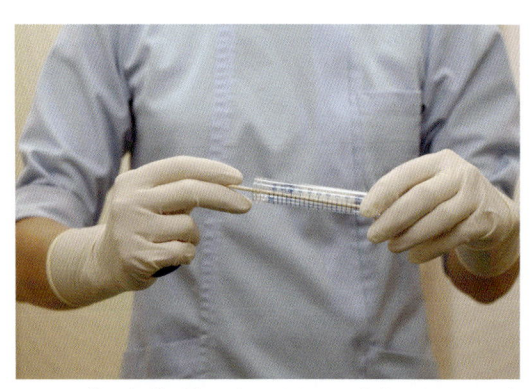

図17 落下細菌が入らないように，本体はなるべく水平に保ちます。本体の口の部分に触れないよう慎重に綿棒を挿入します。キャップは右手で掴んでいます。

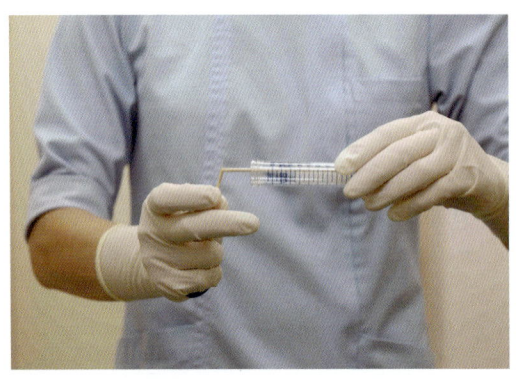

図18 十分な深さまで入ったら，手で持っていた部分より綿球側で柄を折ります。プラスチック製のものでは消毒した鋏（はさみ）で切断します。

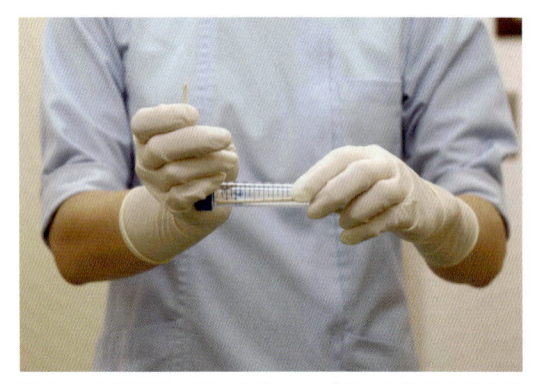

図19 右手に持っていたキャップを，本体にかぶせて密栓します。この時本体の口が反対の手に触れないように注意しましょう。

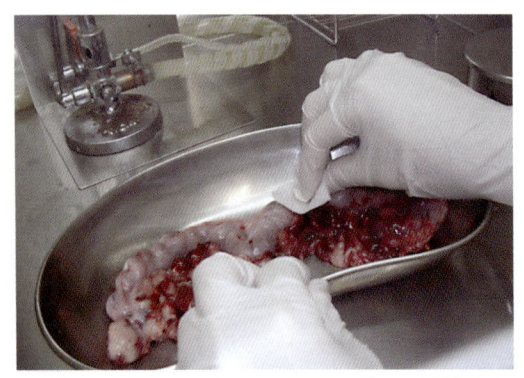

図20 キャビネット内のバーナーの横での採材です。子宮の内腔から膿汁を採取しようとしています。管腔臓器の内部からの採材では，まず表面をアルコールで消毒します。

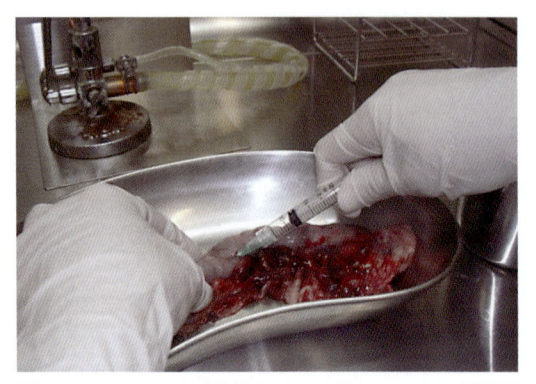

図21 アルコールが乾燥するまで待ってから，採材用の注射針を刺入します。このような形での採材では落下細菌の影響が大きくなりますので，できるだけバーナーから30cm以内の場所で行います。

（1）尿

原則として膀胱穿刺により得られた尿だけを用います。遠心分離を行う場合も，滅菌スピッツを用いるなど無菌的に扱います。

院内検査では，沈渣の直接鏡検で細菌や真菌などの確認が可能です。

（2）糞便

細菌培養のための専用の容器がある場合は，説明書に従って規定の量を採材します。

院内でELISAのキットなどを使って伝染性疾患の検査をする場合は，周囲への汚染を防ぐため十分注意します。家庭で採材してもらう場合は，容器の外側も汚染していると考えて扱います。院内検査では他に，直接鏡検で細菌や真菌，原虫などの確認が可能です。

PCR法などでも，規定の採材法と輸送法が指定されていますのでそれに従います。

（3）血液

細菌培養に用いる場合は，上記の専用培地に接種して検査センターに依頼します。

ELISAなどのキットを用いた院内検査では，それぞれの説明書に従って処理します。直接鏡検で主にヘモプラズマやバベシアなどの原虫の確認が可能です。また，細菌が確認できる場合もあります。

PCR法では，ウイルスやヘモプラズマなどの証明が可能です。この場合も検査センター指定の方法で採血，輸送します。

いずれの場合でも抗凝固剤を使うかどうか，使う場合は何を使うかについて注意が必要です。

（4）膿汁

化膿は主に細菌感染が原因ですので，膿汁は最も多く検査される検体です。ほとんど水様のものから固体に近いものまで様々ですが，滅菌綿棒に付着させて密封すれば，ほとんどの検体の採材が可能です。液状のものは，注射器で吸引して試験管に移すことも可能です。細菌培養は，好気と嫌気の両方で行います。

スライドグラスに直接塗抹すれば，グラム染色やギムザ染色で菌体を確認できる場合もあります（図23）。

取り扱う際は周囲への汚染に注意。

（5）胸腹水

血液などの液状検体と同様に扱いますが，細菌感染を疑う場合は菌数が多い場合があるため，膿汁同様周囲への汚染には特に注意が必要です。細菌培養は好気と嫌気の両方で行います。

院内検査では，直接鏡検で細菌などの確認が可能です。

（6）粘膜

粘膜や皮膚には正常でも常在細菌がいます。細菌培養の場合，常在細菌が採取されても診断的意義はありませんので，できるだけ病変部から直接採材します。結膜ではまず眼脂を清潔なティシュペーパーなどで取り去ってから，粘膜上で綿棒をまわしながら採材します（図24, 25）。

口腔内からの採材では，粘稠性の高い唾液な

・感染症検査			
猫白血病ウイルス抗原(FeLV)	血清・血漿	0.2mL	常温
猫免疫不全ウイルス抗体(FIV)	血清・血漿	0.2mL	常温
猫コロナウイルス抗体(FCoV)	血清・血漿	0.2mL	常温
トキソプラズマ抗体(TOXO)	血清・血漿	0.2mL	常温
犬糸状虫抗原(フィラリア)	血清・血漿	0.5mL	常温
FeLV(IFA) ELISA結果	EDTA全血	0.5mL	冷蔵
FIV(WB) ELISA結果	血清・血漿	0.2mL	常温
・リアルタイム			
猫上部呼吸器疾患パネル(FURD)	結膜スワブ・深咽頭スワブ		冷蔵
犬呼吸器疾患パネル(CRD)	結膜スワブ・深咽頭スワブ		冷蔵
結膜スワブ・深咽頭スワブはプラスチック軸の滅菌綿棒で採取し，乾燥させ滅菌スピッツに2本一緒に入れる			
猫ヘモプラズマ症(FHM)	EDTA全血	0.2mL	冷蔵
犬ジステンパー(CDV)	症状により異なる（検査案内を参照）		冷蔵
猫下痢パネル	便	5g	冷蔵
犬下痢パネル	便	5g	冷蔵

図22　よく依頼する検査では検体の種類や量，輸送方法などを表にしておきましょう。片手に検体を持ったまま調べるのは危険です。

どが検体に混入すると検査が行えなかったり，誤った結果が得られることがあるため，目的の部位以外に触れないようできるだけ注意します。

鼻粘膜では，分泌物が乾燥して固まっていることがあるので，次項の皮膚と同様固形部を剥離してから，粘膜に直接綿棒を押し当てて採材します。

PCR法によるウイルス検査の採材も手順は同じですが，プラスティック製の綿棒が指定されている場合があるため，注意してください。

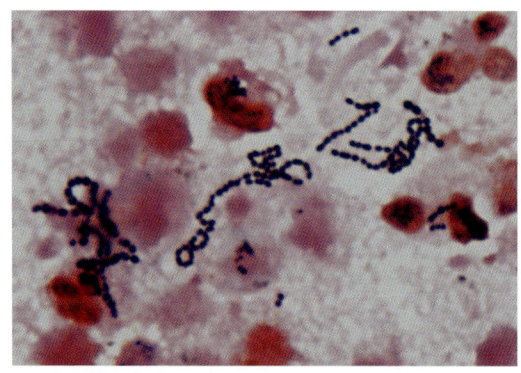

図23 猫の上腕部に見られた膿瘍の，直接塗抹グラム染色像。細胞の間にグラム陽性の連鎖球菌（濃紫色の数珠状の細菌）が認められます。この所見からペニシリン系抗生物質を選択しました。

（7）皮膚

細菌と真菌の培養のために採材することが，ほとんどです。皮膚では，痂皮がある場合は剥離してその下から採材します。皮膚をつまんで押し出すようにしながら，綿棒を押し付けて採材すると良いでしょう（図26, 27）。真菌培養などで被毛を検体として用いる場合は，滅菌したピンセットでなるべく皮膚に近い部分をつかんで，引き抜きます。真菌培養ではアルコールによる採材部位の消毒が可能です。

膿瘍の中心部では，生きた細菌が少ないのでなるべく中心部は避け，膿瘍壁をこするように採材します（図28）。注射器で吸引する際も中心部近くは避けます。

院内検査では，直接鏡検で細菌や真菌などの確認が可能です。

（8）各種の手術材料

小さな組織は，術者があらかじめ滅菌シャーレなどの容器に入れて，検査担当者に渡します（図29）。滅菌シャーレは，パラフィルムなどで封をすればそのまま受け入れてくれる検査センターもあります。膿盆などに入れられた比較的大きな臓器・組織は，滅菌ガーゼをかけるなどして汚染を防いでから検査室に運び，採材します。

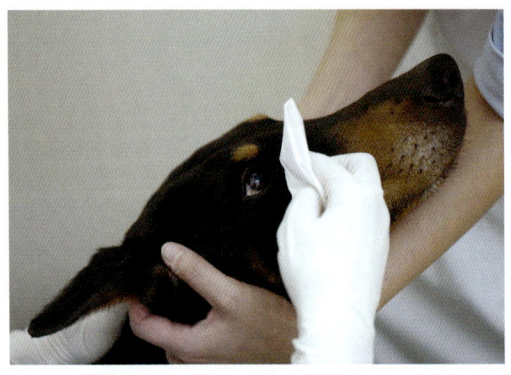

図24 結膜からの採材は，細菌培養やPCR（ポリメラーゼ連鎖反応）検査などで行います。眼脂がついていたらまず軽く拭き取ります。その時，汚染の原因となるので直接結膜に触れないようにします。

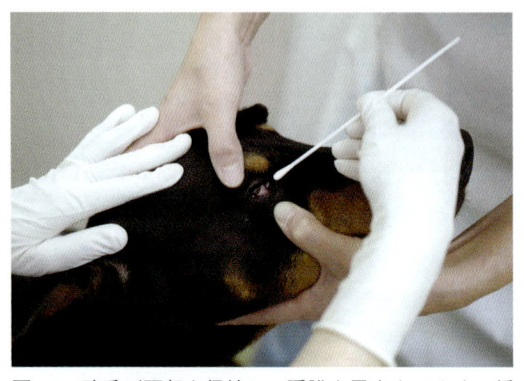

図25 助手が頭部を保持し，瞬膜を露出させます。採材者は動物が頭を引いても危険がないように鼻側から綿棒を結膜に近づけ，結膜面で先端を転がすようにして採材します。

微生物検査法とは chapter 22

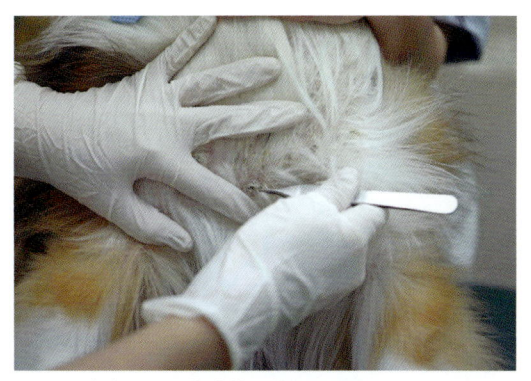

図26　皮膚から細菌培養の検体を採取しています。痂皮（かさぶた）がある場合はまず痂皮を剥離します。病変部の細菌に直接影響するためアルコールは使ってはいけません。

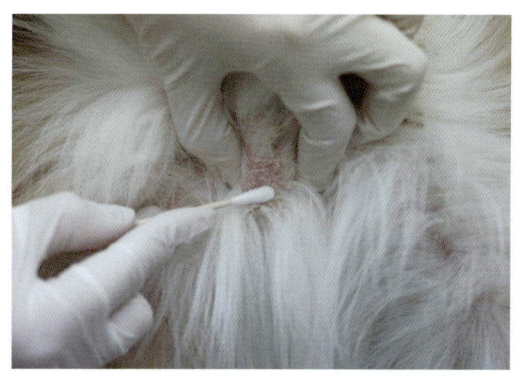

図27　綿棒などで皮膚を強くこすり採材します。この時反対の手で皮膚をつかみ，しぼるようにすると採材が容易です。

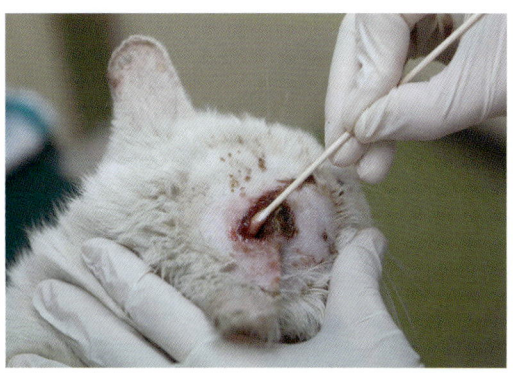

図28　猫の頭部膿瘍からの細菌培養用の検体の採材です。膿瘍では中心部を避け，膿瘍壁をこするように採材します。ここでは上に持ち上げるように綿棒を膿瘍壁に押し付けています。

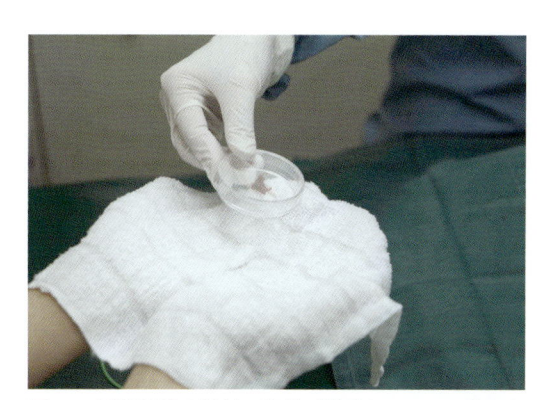

図29　手術材料の採材。術者が滅菌シャーレに入れた検体を滅菌タオルを広げて受け取っています。この後タオルをかぶせて検査室に運びます。

器具のメンテナンス

- 器具は使い捨てが理想です。ただし，ピンセットや鉗子などについては，乾熱滅菌，湿熱滅菌，火炎による滅菌などを行います。ガス滅菌ではガスの残留がないことが絶対条件です。
- 検査台とそのまわりは，検体取り扱いの前後に検体の種類に応じて消毒をします。
- バーナーを使用する場合は，検査後に器具栓と元栓がしっかり閉められているか確認します。
- 専用の容器や培地，検査キットなどは，常に在庫を確認して必要な時にすぐ用意できるようにしておきます。
- 廃棄物は検査終了後できるかぎり速やかに密閉し，専門業者に依頼して処理します。

獣医師に伝えるポイント

採材した検体を，検査担当の獣医師に手渡す場合に必要な項目です。

・動物の情報：
動物の名前，カルテ番号など動物を特定できる情報は必ず検体とセットで記録，伝達します。検体が人の手から手にわたる都度確認する必要があります。

・疾病の情報：
伝染性疾患かそれ以外の感染症かは，院内感染などの予防のために重要です。緊急性があるかないかも，検査をオーダーした獣医師に確認して伝えます。

・検査についての情報：
真菌培養か細菌培養かといった検査の種類と，たとえば細菌培養であれば嫌気と好気両方で行う，などといった具体的な方法について明確にしておきます。

・検体の種類：
尿なのか血清なのか，など検体の種類はまず確認します。依頼検査では検査依頼書に記載し，検体と一緒にしておきます。院内検査でも依頼書があればそれに記載します。付箋は，はがれると分からなくなるので注意。

・検体の性状：
量，色調，臭気，混濁，血液混入の有無など（既述）について伝えます。

動物の家族に伝えるポイント

検査結果の解釈や予後の説明は通常獣医師が行いますので検査前の説明が主になります。

・検査の目的：
獣医師の指示に従って，行う検査の目的を伝えます。ウイルス検査なのか，細菌培養なのかといった基本的な情報と，可能であれば疑う疾患名も伝えます。

また微生物検査は，臨床徴候や検査所見など疑う理由や背景があるわけですから，具体的なそれらの理由についても説明します。

伝染性疾患の場合には，現在のその地域の発生状況などを，許される範囲で伝えることも必要です。

・検査の方法：
「検査」と聞くとご家族は多少とも不安になりますので，何を検体として採取するのか，どのようにして採取するのか，そのことで動物には影響がないのか，などについて説明します。

・結果が出るまでの時間と待っている間の注意：
院内検査では，動物とご家族に待ってもらうか，依頼検査と同様一旦帰宅してもらうかを伝え，帰宅してもらうのであればいつごろ結果が出るか，連絡は病院からするのかご家族がするのか，あるいは来院してもらうのかなどを伝えます。

院内で待ってもらう際は，結果が出るまでの時間と，どこで待つのかを具体的に説明します。

依頼検査の場合には，次に来院する場合は，動物を連れて来るのかどうかも伝えます。

・結果が出た後：
ウイルス検査などでは，その結果に従って院内感染（動物→動物の感染）や業務感染（動物→人の感染）が発生しないように配慮しながら行動しましょう。

院内検査で伝染性疾患が確定してもあわてないこと。自分自身で的確な判断ができなくなりますし，ご家族にも不安を与えます。

栗田吾郎（栗田動物病院）

好評発売中

動物病院スタッフのための
犬と猫の心臓病ガイド

監修：**福島隆治**（東京農工大学農学部附属動物医療センター）
編著：**大森貴裕、平尾大樹**（東京農工大学農学部附属動物医療センター）

B5判　224頁　オールカラー　定価 11,000円（本体 10,000円＋税）　ISBN978-4-89531-868-6

動物病院スタッフが知っておきたい犬と猫の心臓病の診療に関する様々な情報を、豊富なビジュアルとともに紹介するガイドブック。

心臓の解剖から検査、主な疾患、治療の概要まで、犬と猫の心臓病に関する基本的な情報をわかりやすく解説。投薬のコツや手術時の留意点など、臨床現場で役立つケアテクニックも掲載。動物看護師はもちろん、若手の臨床獣医師まで幅広く活用できる一冊。

●**主な心臓病**
先天性心疾患、後天性心疾患、高血圧、不整脈、心膜・心筋疾患に分け、代表的な心臓病の特徴・病態、好発品種、症状、検査とその異常、治療について解説。

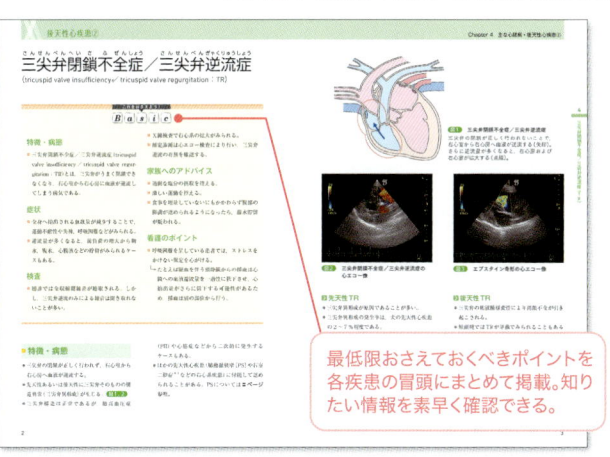

最低限おさえておくべきポイントを各疾患の冒頭にまとめて掲載。知りたい情報を素早く確認できる。

簡潔な解説と多数のイラストで、視覚的に理解がしやすく、インフォームド・コンセントにも活用できる。

●**検査のポイントと現場で役立つケアテクニック**

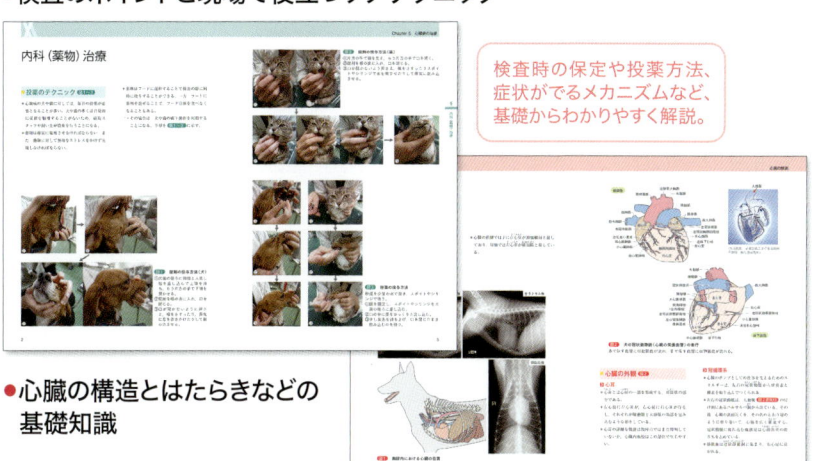

検査時の保定や投薬方法、症状がでるメカニズムなど、基礎からわかりやすく解説。

●**心臓の構造とはたらきなどの基礎知識**

CONTENTS
1. 心臓の解剖とはたらき
2. 心臓病が疑われるときにみられる主な症状
3. 心臓の検査
4. 主な心臓病
   【先天性心疾患】
   心室中隔欠損／心房中隔欠損／動脈管開存症／大動脈狭窄／肺動脈狭窄
   【後天性心疾患】
   僧帽弁閉鎖不全症・僧帽弁逆流症／三尖弁閉鎖不全症・三尖弁逆流症／犬のフィラリア症（犬糸状虫症）／猫のフィラリア症／肺（血栓）塞栓症／血管肉腫／大動脈小体腫瘍
   【高血圧】
   高血圧／肺高血圧症
   【不整脈】
   洞頻脈／洞徐脈／洞性不整脈（呼吸性不整脈）／心室期外収縮／上室期外収縮／心房細動／房室ブロック／洞不全症候群／電解質異常
   【心膜・心筋疾患】
   拡張型心筋症／肥大型心筋症／拘束型心筋症／心タンポナーデ／心内膜炎
5. 心臓病の治療
付録　飼い主さんからのQ&A

株式会社 緑書房
Midori Shobo Co.,Ltd

〒103-0004　東京都中央区東日本橋3-4-14　OZAWAビル
販売部　TEL.03-6833-0560　FAX.03-6833-0566
webショップ　https://www.midorishobo.co.jp

[索 引]

[和 文]

【 あ 行 】

アスパラギン酸トランスフェラーゼ(AST)(GOT) 122
アミラーゼ(AMYL) 125
アラニンアミノトランスフェラーゼ(ALT)(GPT) 122
アルカリフォスファターゼ(ALP) 122
アルブミン(ALB) 11, 123, 124
アンモニア(NH3) 118, 122, 123, 166
ＥＤＴＡ 91, 96, 98, 102, 108, 109, 119, 160, 168
異形成 163, 164, 165
Ⅰ型糖尿病 183
1段階プロトロンビン時間(PT) 129, 130
インスリン 125, 166, 183, 185, 186
ウイルス培養 192
うさぎの血液像 117
ＡＣＴＨ(副腎皮質刺激ホルモン) 90
ＡＣＴ用試験管 128, 129
エタノール 100, 115
ＥＬＩＳＡ 188, 190, 192, 195
遠心分離機 130, 142, 145, 150, 151, 168
黄疸 19, 102, 121, 123

【 か 行 】

開口器 80, 82
外耳 40, 41, 42, 43, 45
外耳炎 40, 42, 43, 45, 46, 49, 152
外耳道 40, 41, 43, 45, 46, 47
回転混和 93
火炎滅菌 188, 189
拡大鏡 30
過形成 41, 42, 141, 161, 162, 163, 165
カセッテ ... 46, 47, 58, 60, 62, 66, 68, 71, 80, 84
活性化凝固時間(ACT) 128
活性化部分トロンボプラスチン時間(APTT) 129, 130
カリウム(K) 126, 183
カルシウム(CA) 96, 125, 166
感染症 21, 43, 44, 45, 152, 188, 189, 198
浣腸 80, 82
気管挿管 82
気管チューブ 80, 82, 83
ギムザ染色液 135
凝固系スクリーニング検査 128
クエン酸ナトリウム 96, 130
グラム染色キット 147, 148
グリッド 58, 59, 62, 63, 71
グルコース(GLU) 124
γグルタミルトランスフェラーゼ(GGT) ... 123
クレアチニン(CRE) 122, 184, 185
クレアチニンキナーゼ(CK) 125
クロール(CL) 126
クロスマッチ試験 168, 170, 171
グロブリン(GLB) 11, 123, 124
血液化学スクリーニング検査 10, 118
血液塗抹チェックシート 116
血液塗抹標本 102, 104, 108, 112
血中尿素窒(BUN) 122
検眼鏡 14, 18
検査センター 92, 95, 100, 130, 131, 194
検耳鏡 14, 17, 19, 21, 41
甲状腺機能亢進症 122, 124, 172, 176, 177
甲状腺機能低下症 40, 124, 172, 173, 174, 175, 176, 181
甲状腺疾患 172
甲状腺正常疾患群 175
甲状腺ホルモン 166, 172, 174, 175, 176
黒化度 60, 61, 62, 71
骨髄巨核球 162
固定用メタノール 108, 134, 161, 137

【 さ 行 】

細菌培養 46, 167, 192, 195, 196, 198
細隙灯顕微鏡 30, 31, 32, 33

細胞診 ……………10, 43, 45, 46, 98, 134, 139, 141, 146, 147, 154, 158, 166, 167, 192
散乱線 …………………58, 60, 61, 70, 71
自己凝集 …………………………………110
視診 …………………………………15, 20
自動血球計数器 …………………………103
自動現像機 ………………58, 59, 62, 71
Jamshidi 骨髄針 …………………158, 159
触診 ………16, 17, 20, 21, 22, 23, 24, 25, 26, 27, 28
シルマー涙液試験紙 …………………30, 35
心音 …………………16, 20, 22, 24, 26, 27
真菌培養 …………………188, 192, 196, 198
心雑音 ………………20, 23, 25, 27, 50
心電図 ……………50, 52, 53, 54, 55, 56, 76, 77, 78, 87, 167
心拍数 ………………15, 17, 22, 23, 25, 26, 50, 52, 54, 55, 87
スクリーニングエコー検査 ………9, 10, 74
生検 ……11, 44, 80, 82, 83, 84, 87, 158, 166
増感紙 ………………………………58, 60, 71
総コルステロール(TCHO) ………………124
総蛋白(ＴＰ) ……………103, 104, 106, 123
総ビリルビン(T-BiL) ……………………123

【 た 行 】

蛋白測定用屈折計 …………………102, 103
中性脂肪(TG) …………………………124, 189
聴診 ………………22, 23, 24, 25, 26, 27, 50
聴診器 ………………14, 16, 20, 21, 22, 23, 25, 27
直像検眼鏡 …………………………30, 33, 34
低形成 ……………………161, 162, 163, 165
ディフクイック染色 ………………………139
伝染性疾患 ………………………………195, 198
転倒混和 ………………93, 120, 138, 169
倒像検眼鏡 …………………………30, 34, 35
糖尿病 ………122, 124, 126, 142, 145, 172, 183, 184, 185, 186

動物用血液凝固分析装置 …………………131
特殊検査 ……………………………10, 166
トノベット ………………………………38
トノペン ……………………………37, 38
トリアージ ………………………………14

【 な 行 】

内視鏡 …………………………80～87, 166
内視鏡生検鉗子 …………………………81
内視鏡洗浄法 ……………………………85
内視鏡把持鉗子 …………………………81
ナトリウム(Na) ……………………126, 189
Ⅱ型糖尿病 ………………………………183
尿比重 ………………………142, 143, 145

【 は 行 】

バイタルサイン …………………………83, 87
パンオプティック検眼鏡 ………………30, 35
パンティング ……………27, 56, 57, 76, 77, 126
PCR(ポリメラーゼ連鎖反応) ……192, 195, 196
皮膚糸状菌症 ………………………44, 48
皮膚掻爬検査 …………………………155, 157
肥満細胞腫 ………………………………45, 158
フィブリノーゲン ……………………104, 106
副腎疾患 …………………………………177
副腎皮質機能検査 ………177, 178, 179, 182
副腎皮質機能亢進症 ………40, 122, 124, 126, 177, 178, 179, 180, 181, 182
副腎皮質機能低下症 ………125, 124, 126, 177, 181, 182
副腎皮質ホルモン ………………166, 177, 178
不整脈 ……22, 26, 50, 52, 53, 54, 55, 56, 57
フルオレセイン染色 ……………30, 36, 37
ヘパリン ……………………91, 96, 119
ヘパリン処理 ……………………118, 119
ヘマトクリット管 ………………102, 103, 104
膀胱穿刺 ……………………………………195

201

飽和食塩水浮遊法 ……………………… 146, 148
ホルマリン …80, 90, 94, 99, 100, 139, 158

【 ま 行 】

麻酔 ………37, 38, 47, 50, 52, 62, 74, 79,
　　　　　80, 82, 158, 165
脈拍数 …………………………………… 25, 26
滅菌試験管 ………………………………… 189
免疫学的検査法 …………………………… 192

【 や 行 】

薬剤感受性試験 ……………………… 46, 192
溶血 ………92, 93, 94, 104, 109, 113, 120,
　　　　　121, 122, 125

溶血性貧血 ………………………………… 113

【 ら 行 】

ライト・ギムザ染色 ……45, 108, 111, 137, 139,
　　　　　146, 147, 158, 160, 161
ライト染色液 ……………………………… 135
ラッセル音 …………………………… 25, 27, 167
リパーゼ(LIPA) ……………………… 125, 167
リファレンスマーク ……………………… 78, 79
硫酸亜鉛遠心浮遊法 ……………………… 149
リン(P) …………………………………… 125
リンパ腫 ……………………… 124, 140, 158
レーザーフローサイトメトリー方式 ……… 103, 104
連銭 ………………………………… 112, 170

[欧　　文]

ACTH(副腎皮質刺激ホルモン) ……………… 90
ACT用試験管 ……………………… 128, 129
EDTA ……………91, 96, 98, 102, 108,
　　　　　109, 119, 160, 168

ELISA ……………… 188, 190, 192, 195
Jamshidi 骨髄針 …………………… 158, 159
PCR(ポリメラーゼ連鎖反応) ……… 192, 195, 196
γグルタミルトランスフェラーゼ(GGT) ……… 123

[　広告索引　]　　　　　(50音順)

株式会社アステック …………………………… 12
アールイーメディカル株式会社 ……………… 29
アローメディカル株式会社 …………………… 49
日本光電工業株式会社 ………………………101
テルコム株式会社 ……………………………… 72
ロイヤルカナン ジャポン ……………………… 4

■監修者プロフィール

石田 卓夫（いしだ たくお）

1950年東京生まれ。農学博士。
国際基督教大学卒，日本獣医畜産大学（現・日本獣医生命科学大学）獣医学科卒，東京大学大学院農学系研究科博士課程修了。米国カリフォルニア大学獣医学部外科腫瘍学部門研究員を経て，1998年まで日本獣医畜産大学助教授。現在は，一般社団法人日本臨床獣医学フォーラム（JBVP）名誉会長，日本獣医がん学会（JVCS）会長，ねこ医学会（JSFM）会長，日本獣医病理学専門家協会会員および赤坂動物病院医療ディレクター。
研究専門分野は，小動物の臨床病理学，臨床免疫学，臨床腫瘍学と猫のウイルス感染症。今後の研究課題として，培養幹細胞移入による免疫疾患および慢性炎症性疾患の治療がある。

動物病院 検査技術ガイド

2010年　7月10日　第1刷発行
2023年　3月　1日　第3刷発行

監修者	石田卓夫
発行者	森田浩平
発　行	チクサン出版社
発　売	株式会社 緑書房
	〒103-0004
	東京都中央区東日本橋3丁目4番14号
	TEL　03-6833-0560
	https://www.midorishobo.co.jp
デザイン	オカムラ，メルシング
印刷所	カシヨ

Ⓒ Takuo Ishida
ISBN978-4-88500-673-9 Printed in Japan
落丁，乱丁本は弊社送料負担にてお取り替えいたします。

本書の複写にかかる複製，上映，譲渡，公衆送信（送信可能化を含む）の各権利は株式会社緑書房が管理の委託を受けています。

JCOPY 〈（一社）出版者著作権管理機構　委託出版物〉
本書を無断で複写複製（電子化を含む）することは，著作権法上での例外を除き，禁じられています。本書を複写される場合は，そのつど事前に，（一社）出版者著作権管理機構（電話03-5244-5088，FAX 03-5244-5089，e-mail info@jcopy.or.jp）の許諾を得てください。
また本書を代行業者等の第三者に依頼してスキャンやデジタル化することは，たとえ個人や家庭内の利用であっても一切認められておりません。